流致振动型压电俘能器
理论与应用

赵道利　胡珅　孙维鹏　著

中国水利水电出版社
www.waterpub.com.cn

·北京·

内 容 提 要

本书由浅入深、条理清晰、系统全面地介绍了流致振动型压电俘能器。全书共 8 章，第 1 章首先从新型流体能量俘获技术的实际需求出发，引出了流致振动及压电的相关知识；第 2 章搭建了各类流致振动型压电俘能器的数学模型，以此对系统的俘能行为进行评估与预测；第 3 章至第 5 章介绍了相关的试验设备及试验系统，通过试验研究验证数学模型并直观了解能量转换过程；第 6 章在数学模型的基础上，对流致振动型压电俘能器系统进行了非线性分析；第 7 章阐述了相关的数值模拟研究及分析方法，从流体动力学的角度剖析引起各工况下俘能器表现出差异的根本原因；第 8 章阐述了流致振动型压电俘能器的实际应用。

本书主要为工科科研人员提供流致振动型压电俘能器的前沿研究及研究方法，并可以为其在实际工程中的应用提供一定的参考。

图书在版编目（CIP）数据

流致振动型压电俘能器理论与应用 / 赵道利，胡珅，
孙维鹏著. -- 北京 : 中国水利水电出版社，2023.8
ISBN 978-7-5226-1756-5

Ⅰ. ①流… Ⅱ. ①赵… ②胡… ③孙… Ⅲ. ①压电换
能器-研究 Ⅳ. ①TN712

中国国家版本馆CIP数据核字(2023)第160107号

书　　名	流致振动型压电俘能器理论与应用 LIUZHIZHENDONGXING YADIAN FUNENGQI LILUN YU YINGYONG
作　　者	赵道利　胡　珅　孙维鹏　著
出版发行	中国水利水电出版社 （北京市海淀区玉渊潭南路 1 号 D 座　100038） 网址：www.waterpub.com.cn E-mail：sales@mwr.gov.cn 电话：（010）68545888（营销中心）
经　　售	北京科水图书销售有限公司 电话：（010）68545874、63202643 全国各地新华书店和相关出版物销售网点
排　　版	中国水利水电出版社微机排版中心
印　　刷	北京印匠彩色印刷有限公司
规　　格	184mm×260mm　16 开本　12.75 印张　310 千字
版　　次	2023 年 8 月第 1 版　2023 年 8 月第 1 次印刷
定　　价	**88.00 元**

前言
FOREWORD

　　流体能量是巨大的潜在能源，诸如无处不在的风以及占地广泛的水，其可持续性及广泛分布性决定了其在清洁能源中的重要地位。对风能、水能的开发利用的主要形式为风力涡轮机与水轮发电机，它们是能源转型的核心内容和应对气候变化的重要途径。然而，对于如此庞大的流体能量，能够有效利用的部分可称九牛一毛，而风力涡轮机一般应用于沿海、高原等风能密度高的地区，水轮发电机的应用对象一般为大流量、高流速以及高水头的江河。对于在常规地带分布的风，小流量、低流速的河流能量少有有效的利用形式，因此如何有效利用这部分流体能量成为相关研究热点。

　　流致振动现象也常见于在风、水能密度较低的区域，它指的是流体流经固体时会对固体表面施加交替相间的流体力，使得固体发生往复运动，而固体的往复运动又改变流体流态，进而改变作用于固体表面的流体力，这种流体与固体相互作用的现象称为流致振动。流致振动能够将流体能量转化为钝体振动能量，钝体振动能量是更容易被利用的能量形式，通过电磁、接触分离式摩擦电及压电等手段能够将流致振动能量直接转化为电能。其中作为发展时间最长的压电，指的是压电介质在沿一定方向上受到外力的作用而变形时，其内部产生极化现象进而产生电荷的现象。由于压电具有高能量密度、高能量转换效率以及易集成化及小型化等优点，其在振动能量采集方面早有广泛应用，例如利用压电对车辆驶过路面引起的路面振动、动物心脏振动以及人行走时的鞋底振动形变进行能量采集。利用压电手段将流致振动能量加以收集与利用的设备称为流致振动型压电俘能器。

　　正是考虑到低速水流能、小密度风能的有效利用，笔者在阅读了佐治亚理工学院 Alper Erturk 教授 *Piezoelectric energy harvesting*，伦敦大学 J Michael T Thompson 教授 *Nonlinear dynamics and chaos* 以及新墨西哥州立大学 Abdessattar Abdelkefi 教授 *Modeling and nonlinear analysis of piezoelectric energy harvesting from transverse galloping* 等与压电俘能器、流致振动以及非线性等方面的文献资料，于 2014 年以典型的悬臂梁式流致振动型压电俘能器为研究对象，并对其进行了深入研究，不仅完善了流致振动型压电俘能器的相关理论、模型，并进一步对流致振动型压电俘能器的非线性特征进行了分析；依托水槽试验以及风洞试验，对各类流致振动下压电俘能器进行设计与优化以获得更高的输出性能。由于近 20 年来微机电系统（Micro-Electro-Mechanical Systems，MEMS）及无线传感网络（Wireless Sensor Networks，WSN）的迅速崛起牵引着新型俘能技术的飞速发展，而流致振动型压电俘能器，作为新型俘能技术之一，对其的相关研究也显得具有重要的实际应用意义。

本书首先从新型能量俘获技术的实际需求出发，阐述了流致振动、压电的相关理论及研究；考虑到流致振动型压电俘能器涉及流-固-电三相耦合，利用机电耦合控制方程对各类典型的悬臂梁式流致振动型压电俘能器进行了数学建模，并描述了俘能器系统的三相行为；紧接着提出了相关的风洞试验、水槽试验研究方案，从设备的制作、搭建再到试验方案的提出，对俘能器系统进行实际研究的同时确认了数学模型的准确性，在模型的基础上对流致振动型压电俘能器的非线性行为进行了讨论研究；然后简要阐述了有关流致振动型压电俘能器，实质为钝体扰流的数值模拟研究及分析方法；最后就流致振动型压电俘能器的实际应用及未来发展做了简要描述。全书紧扣"理论、实际、应用"的研究宗旨，通过流致振动型压电俘能器的试验研究直观了解了俘能器系统的能量转换过程，在此基础上验证了数学模型、数值模拟的正确性；依托数学模型，深入分析系统的非线性行为、依托数值模拟，分析不同工况下俘能器系统差异性的流体动力学原因；最后落实到实际应用中。全书由浅入深，系统全面地对流致振动型压电俘能器进行了介绍，利于读者对该领域的理解、学习及深入研究。

本书的研究工作和出版得到了国家自然科学基金（No. 52179089、No. 52209115）、西安理工大学省部共建西北旱区生态水利国家重点实验室出版基金和西安理工大学水利水电学院一流学科建设经费的资助。

　　全书共8章，其中第1章、第2章及第4章由赵道利撰写，第3章由胡珅撰写，第5章至第8章由孙维鹏撰写，本书的统筹分工与各部分内容的协调由赵道利负责。在相关内容的研究中，上海交通大学颜志淼副教授、谭婷副教授提供了技术支持与指导，西安理工大学硕士研究生胡新宇、周捷、刘园园、徐行、梁刚刚、陈冉、刘宸涵、赵昂等参与了相关阶段的研究及讨论，江玉森、张根瑞、钟可欣、张玉等参与了文献资料收集整理过程；此外，在进行相关研究的过程中，得到了 Applied Energy、Energy、Nonlinear Dynamics、Energy Conversion and Management、International Journal of Mechanical Science、Ocean Engineering、《太阳能学报》、《振动、测试与诊断》、《固体力学学报》等期刊的认可，也一并表示感谢。

　　期望本书的出版能够为相关科研人员提供一定的帮助。由于笔者水平有限，对多学科交叉的流致振动型压电俘能器进行系统阐述时难免出现纰漏、错误及不妥之处，恳请读者批评指正，以期未来修改与完善。

作者

2023 年 5 月

目录
CONTENTS

前言

1　绪论 1

1.1　新型流体能量俘获技术的需求 1

1.2　流致振动分类及利用 2

1.3　流致振动能量利用形式 11

1.4　流致振动型压电俘能器研究现状 17

1.5　本书结构及主要内容 22

2　流致振动型压电俘能器数学建模 24

2.1　流体动力及力矩 24

2.2　机电耦合控制方程 32

2.3　系统边界条件及特征值分析 36

2.4　机电耦合控制方程解耦及解析解 38

2.5　本章小结 47

3　流致振动型压电俘能器试验研究 49

3.1　悬臂梁式流致振动型压电俘能器制作 49

3.2　风洞试验测试系统搭建 55

3.3　水槽试验测试系统搭建 56

3.4　数据采集系统搭建 59

3.5　接口电路设计与搭建 60

3.6　本章小结 65

4　流致振动型压电俘能器模型验证及物理参量分析 66

4.1　流致振动型压电俘能器数学模型验证 66

4.2　流致振动型压电俘能器物理参量分析及其对俘能器输出的影响 71

4.3　本章小结 88

5   流致振动型压电俘能器系统性能分析   89

5.1   涡激振动式压电俘能器性能分析 ·· 89

5.2   驰振式压电俘能器性能分析 ··· 91

5.3   尾流激振式压电俘能器性能分析 ·· 101

5.4   阵列扰流激振式压电俘能器性能分析 ·································· 121

5.5   本章小结 ··· 131

6   具有电感-电阻电路的驰振式压电俘能器非线性特性分析   132

6.1   驰振压电气动弹性系统建模 ·· 132

6.2   非线性分析 ··· 139

6.3   Hopf 分叉 ··· 142

6.4   结果分析 ··· 150

6.5   本章小结 ··· 162

7   流致振动型压电俘能器数值模拟   164

7.1   流致振动型压电俘能器数值模拟方法 ·································· 164

7.2   流致振动型压电俘能器数值模拟结果 ·································· 166

7.3   本章小结 ··· 177

8   流致振动型压电俘能器应用   178

8.1   环境监测 ··· 179

8.2   状态监测 ··· 182

8.3   微电子设备供电 ·· 184

8.4   本章小结 ··· 187

参考文献 ·· 188

1

绪　论

为了应对全球气候变化，降低碳排放，全球能源环境发生深刻变化，新一轮能源革命蓬勃兴起，大力建设清洁低碳、安全高效的能源体系，是能源发展的必然结果。"十四五"规划强调大力发展分布式清洁能源，将非化石能源占能源消费总量比重提高到 20%，为了实现这一目标，发展新型能源刻不容缓。积极开发和利用例如风能、水能、太阳能等可再生能源是关键，建立安全、清洁、可持续的能源系统是重中之重。

1.1　新型流体能量俘获技术的需求

能源，亦称能量资源或者能源资源，是人类文明进步的基础和动力，也是国民经济的重要物质基础；能源的开发及有效利用程度直接影响到了国民的生产技术及生活水平。能源攸关国计民生和国家安全，关系人类生存和发展，对于促进经济社会发展、增进人民福祉至关重要。依照是否能不断得到补充或是否能在较短周期内再生，将能源划分为可再生能源与不可再生能源，不可再生能源总量会随着不断被消耗而减少，因而大力发展可再生能源已成为当下及未来发展趋势，而可再生能源中蕴含在流体中的能量，例如风能、水能、潮汐能等分布广阔，通过各种能量转化技术将流体能源转化为可供人类使用的电能是关键。

风能是"取之不尽，用之不竭"的可再生能源，与太阳能、生物能、地热和海洋能相比，其再生性居于首位。风能是清洁能源，没有污染物排放，也不产生温室气体，更没有堆放问题，有极好的环境效益和节能效益。全球风能资源十分丰富，根据相关资料统计，每年来自外层空间的辐射能有 $3.8 \times 10^{16} \mathrm{kW \cdot h}$ 被大气吸收，产生 $4.3 \times 10^{12} \mathrm{kW \cdot h}$ 风能。根据世界能源理事会估计，在地球上 $1.07 \times 10^{8} \mathrm{km}^2$ 陆地面积中有 27% 的地区年平均风速高于 5m/s，这些风能都有很大的开发潜力，因此世界风能利用前景十分广阔。我国地处太平西岸、亚洲大陆东部，季风特征明显，冬季季风在华北长达 6 个月、在东北长达 7 个月，东南风则遍及我国东南部。我国拥有丰富的风能储备，保守估计有 32.26 亿 kW，其中陆地可开发利用 2.5 亿 kW，海上可开发利用更是达到了 7.5 亿 kW，两项合计超过了 10亿 kW。进入 21 世纪，我国加大了对风能的开发力度，使高效清洁的风能利用在我国能源格局中占有应有的地位。当前螺旋桨风机是风力发电的主要设备，可分为水平轴式与竖直式。然而现有的风机旋转半径过大，这就不可避免地对鸟类生存环境造成一定的影响；风机间距过大，影响了整个风场的发电能力。各类专家学者对这方面的不足进行了有效的研究，目前也取得了一定的成果。

海洋是一个巨大的能源宝库，仅大洋中的波浪能、潮汐能、海流能等储量就高达天文数字。世界潮汐能储量预估约 10 亿 kW，我国的潮汐能储量达 1.1 亿 kW，可开发利用约 0.2179 亿 kW。在我国，潮汐能主要集中在东南沿海，以潮差和海岸性质看，福建、浙江沿岸开发利用条件最好，其次是山东半岛南岸北侧、广西东部和辽东半岛南岸东侧等。有资料显示，我国沿海的波浪能理论储量达到约 192.9GW，东南各省沿岸均为波浪能丰富的地区。而波浪能储备最多的省份是台湾，达 429 万 kW，约占全国总量的 1/3。据不完全统计，世界海流能的储量超过了 500 万 MW，我国漫长的海岸线拥有极为丰富的海流能储量，理论可开发量达到了 14 万 MW，各沿海省份的海流能储量都非常丰富，不少水道的能量密度达到了 $15\sim30\mathrm{kW/m}^2$，这就为海流能的开发提供了可能。除了海洋能，还有丰富的内陆河湖水能可供开发。世界水能资源理论蕴藏总量为 43.6 万亿 kW·h/a，技术可开发量为 15.8 万亿 kW·h/a，经济可开发量约为 9.5 万亿 kW·h/a。而我国水能资源理论蕴藏量为 6.8 亿 kW，可供开发的约为 3.8 亿 kW。目前水能开发的主要方式是应用各类叶轮机械将动能转换为电能，开发形式较为单一，且水轮发电机组的应用对河流湖泊中的水流要求较高，一般需要满足大流量，高流速或者高水头的条件，而对于小流量、低流速中的水流能量的开发利用亟须技术创新。

无论是世界还是我国，风能、内陆水能，还是潮汐能等流体能量具有庞大的储备，但是目前对这些流体能量的利用往往或存在诸多限制，或开发形式单一。而另一方面，随着微机电系统（Micro - Electro - Mechanical Systems，MEMS）、无线传感网络（Wireless Sensor Networks，WSN）、便携式电子设备以及远距离供电设备的持续发展及在遥感和监测等领域的大范围应用，它们的供能问题日益凸显。这类产品的供电一般采用传统化学蓄电池、安装太阳能板以及布置线路接入市电，然而传统化学蓄电池需要频繁更换，在更换使用过程中无法避免环境污染；设计太阳能供电则存在天气限制问题，一旦遇上长时间的阴雨天气会影响正常使用；而接入市电的方式需要布置大量的电线，所需成本极大。因此，探寻并开发能够持续不断、稳定地为这类产品供电的方法成为关注热点。而流体能量作为分布极其广泛的可再生资源，是解决上述问题的潜在能源之一。

1.2 流致振动分类及利用

流体能量的表现形式之一为流致振动（Flow Induced Vibration，FIV）。流体流经固体时会对固体表面施加交替相间的流体力，使得固体发生往复运动，而固体的往复运动又改变流体流态，进而改变作用于固体表面的流体力，这种流体与固体相互作用的现象被称为流致振动。流致振动中蕴含巨大的能量，同时在特定情况下也伴随着巨大的破坏力，一旦涡街的脱落频率一旦接近结构的固有频率，会对建筑物产生毁灭性的破坏，其中的经典案例是塔科马大桥风毁事故（见图 1-1）。

从 15 世纪中期达·芬奇初次发现卡门涡街现象之后，学者们便纷纷参与到流致振动的研究领域中。通过理论计算、模型实验以及计算流体力学数值模拟等方法的研究，人们不断对流致振动问题进行剖析，并逐渐理解流致振动的诱发机理与发展规律，形成了比较成熟的理论体系。按照钝体（非流线型物体）在流场中发生横向振荡的特点将流致振动划分为涡激振动（Vortex Induced Vibration，VIV）、驰振（Galloping）、尾流激振（Wake Induced Vibration，WIV）及扰流激振（Disturbance Induced Vibration，DIV）。通常来说，涡激振动发生在圆柱形钝体上，而驰振发生在非圆柱形钝体（例如方柱、椭圆柱、三棱柱以及半圆柱等）上，而实际情况中这两种振动方式更为复杂，它们可能单独出现，也可能共同出现且相互之间耦合共存。尾流激振指的是上游固定障碍物产生的尾流涡街对下游钝体产生激励从而使其发生流致振动的形式；而环境中布置在各个位置、各个大小的扰流体对钝体流致振动产生干扰，钝体的这种振动形式为扰流激振，严格来说，尾流激励也属于扰流激励。

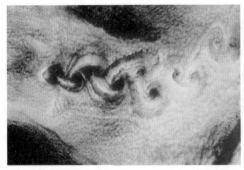

图 1-1 卡门涡街及塔科马大桥风毁事件

1.2.1 涡激振动

涡激振动是一种较为复杂的流固双向耦合物理现象，其特点在于锁定（Lock-in）现象，即圆柱体的振动频率接近其固有频率，此时发生共振现象；当流体流动速度处于 Lock-in 区间之外时，振动幅度很小，其频率接近斯特劳哈尔频率。涡激振动具有较强的非线性、自激性以及自限性等特性。圆柱钝体的涡激振动及其特性见图 1-2。

涡激振动与脱落涡结构密切相关，通常将涡激振动的尾涡模式划分为 2S（单个周期脱落一个强度相近的涡对）、C（2S）（单个周期脱落一个强度相近的涡对，但会合并）、2P（单个周期脱落两个涡对，第一个涡对能量大于第二个涡对）、2T（半个周期脱落两个方向相同的涡，一个方向相反、强度较的涡）、2C（圆柱两侧周期性各释放一对旋转方向相反的涡）、P+S（单个周期脱落一个单独的涡和一个反向旋转的涡对）以及 2Q（半个周期脱落四个涡）等。而这些尾涡模式则对应着不同雷诺数的相应分支，见图 1-3。在低雷诺数下（$10 < Re < 1000$），圆柱的动态响应分为初始分支与下端分支，分别对应着 2S 和 C（2S）尾涡模式，并且共振现象发生在下端分支上；在中雷诺数响应下（$10^3 < Re < 10^4$），质量-阻尼参数（$m \times z$）会影响圆柱响应，当 $m \times z$ 较高时，涡激振动系统只有初始激励与下端两个相应分支，而当 $m \times z$ 较低时，出现了初始分支、上端分支与下端分支，并且共振现象分别发生在初始激励分支与上端分支；在高雷诺数下（$10^4 < Re < 10^6$），

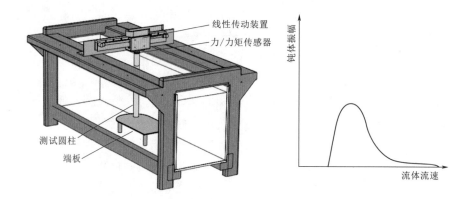

图 1-2 圆柱钝体的涡激振动及其特性

系统的响应分支划分为初始分支（Initial Branch）、上端分支（Upper Branch）及下端分支（Lower Branch），整个阶段一直处于 2P 模式，共振现象发生在上端分支。

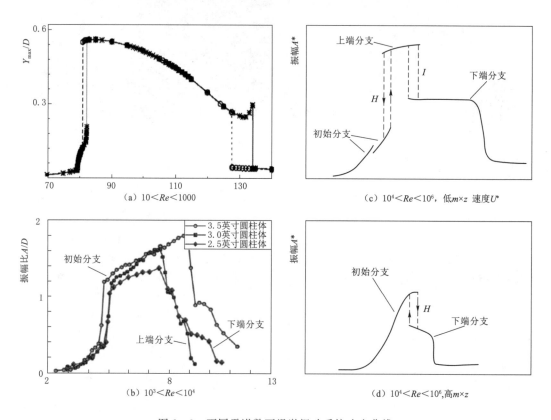

图 1-3 不同雷诺数下涡激振动系统响应曲线

涡激振动的研究始于试验，大量的学者都研究过弹性支承柱体的自激振动与动力特性。Feng 在 1968 年对单个刚性圆柱首先进行了具有开创性的研究，该研究几十年来都被看作涡激振动试验的经典范例。Feng 通过用风洞试验的方法掌握了弹性支承的刚性圆柱的振幅、频率、升力系数及相位差等基本规律，并运用折合流速 $U^* = U/(f_n D)$（U 为流速，f_n 为自由振动频率，D 为圆柱直径）预测了涡激振动的非线性共振区间，即锁定区间。之后与涡激振动相关的试验研究基本集中在分析圆柱体在流体中的强迫振动与直接研究涡激振动现象。

涡激振动的数学经验模型方面也得到了丰富，Bishop 和 Hassan 分析了弹性支承柱体涡激振动的振动响应，首次建立了尾流振子模型，随后，Skop 对此尾流振子模型进行扩展，并在柔性细长柱体涡激振动试验中使用了扩展后的尾流振子模型。Hartlen 和 Currie 提出了尾流振子模型的数学表达式，该表达式需要升力系数的控制方程和结构的振动方程二者联立求解，其中升力系数采用 Van De Pol 方程的近似形式。Wan 和 Blevins 建立了支承结构的涡激振动模型，该模型中引入了隐流体变量，模型中的参数由试验确定，模型也给出了用于二维流场弹性支撑刚性圆柱体的尾流振子模型，并将其推广到了弹性圆柱体上。Francis Biolley 改进了 Van der Pol 尾流振子模型，建立涡激振动微分方程，并用 Hermit 插值函数对立管微分方程进行离散，进一步分析了流速对涡激响应幅值和疲劳寿命的影响。Facchinetti 和 Langre 归纳总结了近 30 年来的尾流振子模型理论及试验研究成果，较为全面地介绍了弹性圆柱体的涡激振动，同时对尾流振子模型做出了一些改进。

而另一方面，随着电子计算机技术的不断发展，利用数值手段进行涡激振动研究的内容也在不断深入，目前主要的几种数值方法包括离散涡法（Discrete Vortex Method，DVM）、雷诺平均法（Reynolds Average Numeral Simulation，RANS）、大涡模拟法（Large Eddy Simulation，LES）以及直接数值模拟（Direct Numerical Simulation，DNS）等。基于这些数值方法，涡激振动的研究内容及相关的延伸方向得到了拓展，可归纳为针对海洋立管的长细柔性圆柱结构的涡激振动研究、刚性圆柱的多自由度涡激振动研究以及考虑三维效应的涡激振动研究等。

至今在风洞与水槽试验、数学建模以及数值方法下，对于圆柱在流场中的涡激振动已形成了较为完整的研究体系。

1.2.2　驰振

对于流致振动的研究并未局限于圆柱形钝体，对其他截面形状的钝体也进行了大量研究，其中以矩形（见图 1-4）、椭圆形、三角形及 D 形等截面居多。与圆柱体的涡激振动响应有所不同，非圆柱扰流的流致振动比较复杂，更为复杂还属带有不规则尖角的一些柱体的流致振动，其复杂的表现为可能发生驰振，也可能伴随着涡激振动。对于涡激振动，其与圆柱类似但也存在一定差异；对于驰振，绕流钝体与圆柱的涡激振动在振动机理和响应上都截然不同，绕流钝体的结构稳定时，是升力抑制结构振动；相反地，绕流钝体的结构失稳时，是升力促进结构振动导致的。驰振发生的条件是水流流速达到一临界速度，此时升力克服柱体或钝体的阻尼力，伴随着高频、低幅的振动。与涡激振动相比，驰振没有锁定区间，或者该锁定区间接近无穷大。驰振强度和振动能量均随流速的增加而增加。

在实际工程应用中，非圆柱形钝体几乎不可能仅仅发生涡激振动或者驰振，这两种振动模式可能耦合存在于同一钝体中，并且涡激振动很可能成为诱发驰振的主要原因。因此判断所发生的流致振动是否为驰振，或者说判别驰振的发生条件成为研究的关键。Den

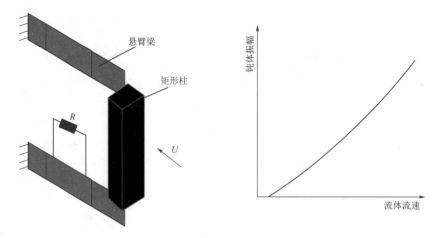

图 1-4　长方体钝体的驰振及其特性

Hartog 于 1956 年首次提出了驰振稳定性的判断准则：

$$H(\alpha_a) = \left[\frac{dC_y(\alpha_c)}{d\alpha_c} + C_d(\alpha_c)\right]_{\alpha_c = \alpha_a} < 0 \qquad (1-1)$$

式中　C_y——升力系数；

　　　C_d——阻力系数；

　　　α_c——入射角；

　　　α_a——攻角，发生流致振动的钝体在振动过程中截面方向与来流方向的夹角。

　　$H(\alpha_a)$ 与升力系数 C_y 对攻角 α_a 斜率的正负值相关，当斜率为负值时，潜在的驰振失稳可能发生。而另一方面，是否发生驰振取决于流体边界的分离情况，当流体边界层未分离时，作用在钝体上的升力随攻角的增大而增大，斜率为正值，驰振失稳不会发生；一旦边界层开始分离，升力随着攻角增大而持续减小，斜率为负，从而发生驰振现象。因此，驰振一般出现在高雷诺数、流速较大的湍流环境中。基于 Den Hartog 提出的驰振稳定性判据，Alonso 进行了大量的风洞试验，从而确定了三棱柱驰振的失稳问题如图 1-5 所示。

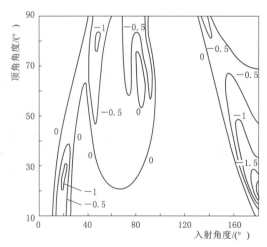

图 1-5　三棱柱的流体入射-顶角与柱体
稳定性关系图

在 Den Hartog 的基础上，Parkinson 为了预测四棱柱的驰振响应，提出了一种准静态的理论方法，这种方法基于一个具有非线性阻尼的振荡器分析模型，Parkinson 进一步对方形、矩形和 D 形截面的钝体进行了静态和动态风洞试验，他发现 D 形截面和短矩形截面的动态响应表现与圆柱形钝体相似，具有涡激振动特征，仅在与冯-卡门涡街共振（Von Karman Vortex Street）显示出不稳定性；而另一方面，正方形与长矩形截面表现出驰振特征，在所有高于临界值的风速下，振幅随风速增加。这些动态结果不仅与使用静态测试数据的理论预测有相当好的一致性，而且说明了在实际应用中发生涡激振动和驰振的条件绝非由钝体是否为圆柱决定。之后，Parkinson 和 Bearman 应用该理论方法研究了细长方柱结构的流致振动。

基于 Parkinson 的研究，Nemes 和 Zhao 进一步研究了类似 Williamson 圆柱的正四棱柱振动响应，并进一步利用风洞试验说明低质量比的方柱可以经历涡激振动与驰振的组合现象，当方柱的攻角与来流对称时，例如钝体为方形或者菱形时，涡激振动与驰振独立存在。然而当对称形消失时，一个混合振动模式的响应被捕捉，这种对应于一个新的涡激振动分支的混合振动模式所产生的振幅远超了两种振动模式独立存在的情况。

之后随着数值方法的不断发展，通过仿真模拟能够清楚观察到非圆柱截面钝体的尾流涡模式。丁林指出当正三棱柱的来流角度为 0°时，其涡激振动初始分支为 2P 模式；当三棱柱的振动处于涡激振动上端分支时，尾流涡呈现 2P+4S 模式；而当柱体进入驰振时，尾流呈 2T+2P 模式，此时单周期内脱落的涡数量多达 10 个。王军雷通过大涡模拟提出了顶角较小的三棱柱在风场中具有较长的漩涡尺度，且十分容易发生"切割"现象，此时小顶角三棱柱的尾流呈现 2S 模式；当顶角变大时，"切割"现象逐渐消除，漩涡尺度变短，但是上下涡间距变大，尾流模式逐渐出现 2P、P+S、2C 等模式。

由此可见，非圆柱钝体所展现出的流致振动响应模式并不仅仅是驰振，也有可能是涡激振动，更有可能是二者的耦合响应；而不同的截面形式的钝体在不同的振动分支下的尾流模式差异显著，因此对于不同形状的钝体应针对不同的情况独立分析。

1.2.3 尾流激振

随着社会经济的发展，越来越多的大跨度桥梁拔地而起。拉索常常作为一种承重构件广泛应用于各种大跨度柔性桥梁中。拉索的空间位置多种多样，当两根或者多根拉索相邻布置时，上游拉索的尾流干扰常常会使下游拉索发生振动，这种现象便为尾流激振，在拉索结构中具有较大危害，因此这种尾流激振现象引起了广泛关注。尾流激振指的是两个以上的结构，下游结构受到上游结构尾流的影响和激励下发生的流致振动类型。

根据上游障碍物数量，尾流激振类型可分为双柱扰流下的尾流激振与多柱扰流下的尾流激振。而根据发生机理，尾流激振又可被划分为尾激涡振、尾激驰振和尾流致颤振，其中尾激涡振是一种限幅限速振动，而尾流驰振与尾流致颤振均是发散性自激振动现象。因此，尾流激振的特征也是复杂的，需要根据特定情况而具体分析。

以串列双圆柱扰流下的尾流激振为例（见图 1-6），当上游固定的障碍物柱体与下游发生流致振动的钝体比较接近时，周围的流体分布由于边界层、剪切层、卡门涡街的影响变得非常复杂。随着两柱之间的距离变化间隙中的漩涡处于不同的发展阶段，因此影响尾流激振的主要因素为双柱间的距离 L 与雷诺数 Re。Zdravkovich 首次根据流体形态将两圆柱的相对距离分为三个不同的区域，尾流干扰区（Wake Interference）、邻近干扰区（Proximity Interference）以及无干扰区（No Interference），但 Williamson 与 Sumner 在"无干扰区域"发现了漩涡脱落的反向同步过程，随后 Gu 将 Zdravkovich 的分类拓展为尾流干扰区（Wake Interference）、邻近干扰区（Neighborhood Interference）以及剪切层干扰区（Shear Layer Interference），然而，Zdravkovich 和 Gu 等提出的分类方案都未能明确解释试验中显示的复杂行为和大范围流动模式。

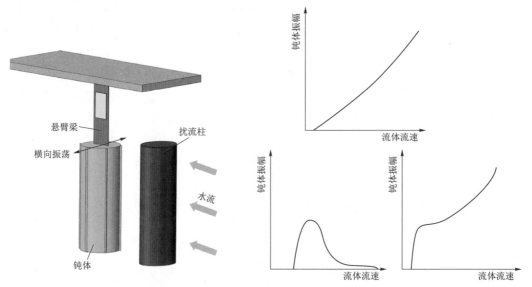

图 1-6　双柱的尾流激振及可能出现的特性

后来经过 Igarashi、Xu、Zhou 以及 Carmo 等多位学者对串列布置的串列双圆柱绕流现象进行了研究，根据流体结构将双圆柱的中心距进行区域划分：①合体区（Extended - Body Regime）；②再附着区（Reattachment Regime）；③共同泄涡区（Co - Shedding Regime），如图 1-7 所示。合体区是指在中心距非常小的区域中两圆柱体周围的流体与单个圆柱周围的流体分布相似，两圆柱在水中对水流的影响相当于一个更大的整体，因此称其为合体区；再附着区是指上游圆柱产生的剪切层不再绕过下游圆柱，而是附着在下游圆柱的表面，这种行为主要涉及上游圆柱体剪切层的依附，以及漩涡在两个圆柱体之间的间隙区域发展与衰弱，通常在(2~5)D 范围内发生。间隙涡流在强度、不对称性和一般特性方面有显著的间歇性变化。共同泄涡区中，上下两圆柱分别产生漩涡脱落现象，相互之间的影响随着中心距的增加逐渐减小直至消失，此时可视两个圆柱相互独立发生涡激振动。再附着区向共同泄涡区转变的中心距称作临界间距，临界间距的大小通常与 Re 有关。

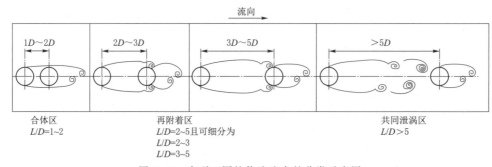

图 1-7　串列双圆柱绕流流态的分类示意图

有关尾流致涡激振动的理论研究已十分成熟，该理论属于结构振动理论，在对复杂的流致振动现象做适当简化的基础上，对振动结构进行受力分析从而获得结构流体载荷及其响应。迄今为止，在大量研究的基础上提出了五种具有代表性的涡激振动模型，分别为简谐力模型、升力振子模型、经验线性模型、经验非线性模型以及 Larscn 模型。而相对于尾流致涡激振动，尾流驰振和尾流致颤振的理论研究较少，这些研究大多数根据振动微分方程组的稳定性来判断驰振是否发生。同样以双圆柱下的尾流激振为例，假设下游柱体截面中心位置为（X，Y），并在水平与垂直两个方向弹性悬挂，顺风向和横风向坐标 X、Y 都以上游柱体的界面中心为原点，则下游柱体的运动方程用该柱体偏离坐标点（X，Y）的位置（x，y）表示为

$$\ddot{m x}+d_x \dot{x}+K_{xx} x+K_{xy} y=F_x$$
$$\ddot{m y}+d_y \dot{y}+K_{yx} \dot{x}+K_{yy} y=F_y$$

(1-2)

式中　　　　　　$\dot{m}$——下游柱体单位长度质量；

$\dot{x}$，$\dot{y}$——x 和 y 方向的阻尼系数；

K_{xx}，K_{yy}、K_{xy}，K_{yx}——约束下游柱体运动的直接弹簧常数和交叉耦合弹簧常数；

F_x，F_y——x 和 y 方向的气动力分量。

在相对自由来流压作用在位于（X，Y）处柱体上平均定常系数的基础上，采用准定常气动力理论，将 x 和 y 方向的准定常气动力表示为

$$F_x=\frac{1}{2}\rho U^2 D\left[\left(\frac{\partial C_x}{\partial x}\right)x+\left(\frac{\partial C_x}{\partial x}\right)y+C_y\frac{\dot{y}}{U_\omega}-2C_x\frac{\dot{y}}{U_\omega}\right]$$
$$F_y=\frac{1}{2}\rho U^2 D\left[\left(\frac{\partial C_y}{\partial x}\right)x+\left(\frac{\partial C_y}{\partial y}\right)y+C_x\frac{\dot{y}}{U_\omega}-2C_y\frac{\dot{y}}{U_\omega}\right]$$

(1-3)

式中　U——上游自由流速度；

U_ω——（X，Y）处方向的尾流平均速度；

D——柱体的横风向投影宽度；

C_x，C_y——x 和 y 方向上的振动位移，可通过风洞试验获得。

有关尾流激振的理论研究在经过现场实测与风洞试验、水槽试验的验证后基本上能够作为相关研究基础。而除了理论分析，风洞试验以及随着计算机发展不断兴起的数值模拟也成为研究尾流激振的主要方法。而除了上述的双柱下的尾流激振，多柱下的尾流激振中障碍物柱体的数量及布置位置对发生流致振动的钝体的影响也受到了关注，如图 1-8 所示。

1.2.4　扰流激振

对于多柱扰流下的流致振动，除了放置在上游的障碍物所产生的尾流会对下游钝体发生的振动产生影响，还存在诸多情况，例如并列排布的双柱系统中，当双柱距离足够近时，其中一个柱体势必会对另一个柱体的振动产生影响；或者将障碍物布置到发生流致振动的钝体的下游，下游的障碍物也会影响上游钝体表面涡的产生及脱落等。诸如此类钝体受到外部障碍物的影响（非尾流影响），进而影响自身的流致振动及脱落涡的形态及强度的现象，称为扰流激振（Disturbance Induced Vibration，DIV）。

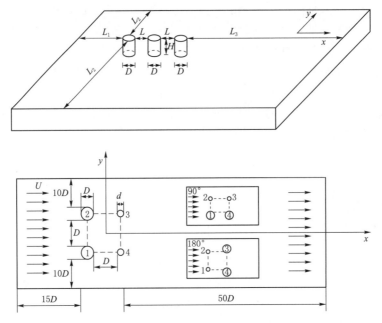

图 1-8 三柱和四柱下的尾流激振数值模拟模型

经典的扰流激振为并列双圆柱下的流致振动。在均匀流场中并列双柱圆柱体之后，在一定的雷诺数范围内的漩涡发放是其振动的主要诱因。与单一圆柱体的涡激振动不同，双柱后的漩涡发放由于存在柱体与柱体之间的相互干扰，使得流畅变化不仅与雷诺数有关，而且与双柱间的距离有关。张大中将变化规律总结为：当约化间距 $L/D<1.2$ 时，双柱后的尾流为单一涡街；当约化间距 $1.2<L/D<2.2$ 时，两个柱体后分别形成具有双稳态性质的宽窄尾流；当约化间距 $2.2<L/D<4$ 时，两柱后的尾流形式为耦合涡街；当 $4<L/D$ 时，两柱间的相互干扰作用消失，所产生的尾流涡街互不影响。当双柱处于双稳态区间时，由于柱体偏流的影响，使得一根柱体后的尾流为宽尾流，而另一个柱体后的尾流为窄尾流，此时双柱所对应的涡脱落频率也不一样，如图 1-9 所示。

在发生流致振动的钝体下游放置一个障碍物，由于下游障碍物的存在，会在其与发生流致振动的柱体之间产生间隙推动，从而影响振动。因此布置在下游的障碍物流体流动产生干扰进而对上游钝体的流致振动产生影响，也是一种扰流激励。如图 1-10 所示，当障碍物被布置在钝体下游时，会对钝体在流场中的振动响应产生影响，这种影响显然与二者之间的距离 L 有关，当 L 足够大时，障碍物对钝体产生的间隙推力为 0；而一旦二者之间的间距 L 较小，下游障碍物对上游障碍物的影响规律便会变得复杂，这种间隙推力对上游钝体的流致振动有促进作用。

除了上述的并列双柱的相互干扰以及将障碍物布置在下游的形式，阵列扰流也是扰流激振的一种典型形式。阵列扰流激振的灵感来自钝体在自然水流中受到水草的干扰，大量随处分布的水草极大程度上影响了钝体的流致振动。如图 1-11 所示，使用阵列分布的细长柱体模拟水草，以半圆柱钝体和悬臂梁组成的弹性系统置于阵列中心，半圆柱钝体在水流与干扰柱体的耦合作用下发生的流致振动也可被称为扰流激振。当分别拔出半圆柱前方、后方和两侧的扰流柱时，半圆柱的振动响应发生变化。

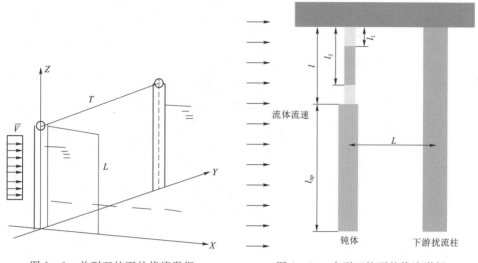

图 1-9 并列双柱下的扰流激振   图 1-10 串列双柱下的扰流激振

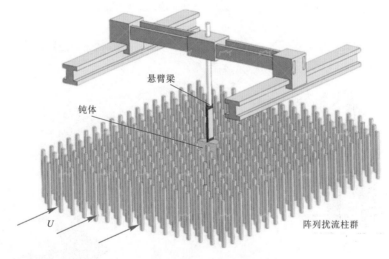

图 1-11 阵列分布下的扰流激振

1.3 流致振动能量利用形式

　　流致振动现象是典型的流固耦合现象，其在空气动力学、水动力学以及海洋动力学中均有涉及，其对工程结构物具有巨大的破坏作用，高耸建筑物、海洋结构物以及大跨度柔性建筑物等具有钝体特征的结构物的疲劳破坏多是由于流致振动引起的。由于流致振动对工程的强大破坏力，这种潜在能量使得其在工程领域中具有相当可观的研究价值。将自然环境中的流致振动能量通过各种手段加以俘获并利用成为热点，目前流致振动能量的利用形式主要分为电磁式、摩擦电式以及压电式。

1.3.1 电磁式

电磁式俘能在流致振动能量利用中的应用是基于切割磁感线这一基本原理,在水流的冲击作用下,钝体发生流致振动,而钝体振动带动动子切割磁感线,进而产生感应电动势,最终实现发电。该类设备一般设有电磁发电机,而钝体的振动也会通过某些传动装置进行转化,进而满足切割磁感线的要求。

由密歇根大学 Bernitsas 教授及其科研团队提出的 VIVACE(Vortex - Induced Vibration for Aquatic Clean Energy)是电磁式流致振动能量转化器研究的突破点和里程碑。所开发的 VIVACE 具有良好的俘能性能,并满足加利福尼亚能源委员会(CEC)和美国能源部(DOE)对海洋能源利用装置提出的 8 个基本要求:高能量密度、不影响通航、不减少珍贵的岸线资源、随海洋生物和海洋环境友好、维护费用低、迈永、满足生命周期成本目标以及 10~20 年的寿命。VIVACE 主要由振动圆柱、传动结构以及发电机组成。其中振动圆柱的主要作用就是将海洋流中的能量转化为振动机械能;传动结构由弹簧、齿轮系统等组成,负责振动机械能的传动及保证圆柱在海水中的持续振动;发电机将由传动结构传递过来的振动机械能转化为电能。

VIVACE 发电原理及装置图如图 1-12 所示,置于海水中的圆柱体在脱落漩涡的作用下发生横向振动,从而带动传动齿轮系统工作,进一步使发电子动子旋转进行切割磁感线,最终产生感应电动势而发电。值得注意的是,VIVACE 及与其配套使用的圆柱被动湍流装置(Passive Turbulence Control,PTC)的成功开发与投入使用说明,利用电磁式方法对流致振动能量的开发利用具有重要意义。

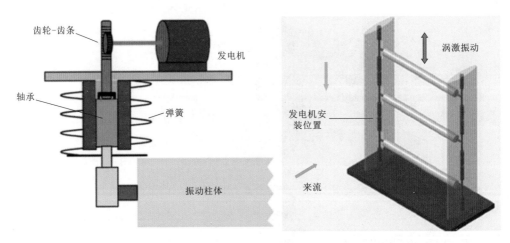

图 1-12 VIVACE 发电原理及装置图

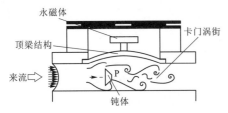

图 1-13 Wang 提出的流致振动发电设备

除了 VIVACE 这种利用钝体的流致振动能量来发电的形式,台湾中兴大学的 Wang 也设计了一种新型永磁体振动发电设备,如图 1-13 所示。这种发电设备并不直接依靠于钝体在水中的流致振动,而是利用钝体在水中产生的卡门涡街。绕流钝体后方产生交替脱落的漩涡使顶梁结构发生形变，顶梁结构推动永磁体向上运动从而切割磁感线进而发电。然而这种发电装置仅仅利用了涡街一侧的漩涡，使得仅一半的涡街能量得以利用，所以其能量转化效率很低，其瞬时输出功率仅为 $1.77\mu W$。

传统的水力发电机组在工作时，能量转换路线是将流体能量转化为转子的旋转机械能，最后再转化为电能，而利用电磁式对流致振动能量进行利用是首先将流体能量转化为振动机械能，再将振动机械能转化为动能。二者在能量转化类型方面的区别仅仅在于流体能量向电能转化的中间形态。

1.3.2 摩擦电式

用摩擦的方法使两个不同的物体带电的现象，称为摩擦起电（或两种不同的物体相互摩擦后，一种物体带正电，另一种物体带负电的现象）。摩擦起电（Electrification by Friction）是电子由一个物体转移到另一个物体的结果，使两个物体带上了等量的电荷。得到电子的物体带负电，失去电子的物体带正电。因此原来不带电的两个物体摩擦起电时，它们所带的电量在数值上必然相等。摩擦过的物体具有吸引轻小物体的现象。

基于摩擦发电原理，王中林团队于 2012 年首次提出了摩擦纳米发电机（Triboelectric Nanogenerator，TENG），这是一种将自然界中丰富的机械能转化为可利用的电能的能量俘获及转化装置，具有结构简单、成本低及能量转化效率高等特点。如图 1-14 所示，TENG 以摩擦起电和静电感应的耦合效应为基础，并基于自供电纳米技术，当电极接触时，摩擦电负性相差较大的摩擦材料接触，材料会在分开时携带等量的电性相反的电荷，从而在两种材料之间形成电势差。负载将材料的背电极连接起来，电子由于电势差的驱动在电极间流动以平衡两材料间的静电电势差。当两种摩擦材料再次接触时，电势差消失，从而使电子反向流动。这样不断地接触分离产生了交流电，摩擦纳米发电机的输出端将输出交变的电流脉冲信号，进而对外部输出电能。

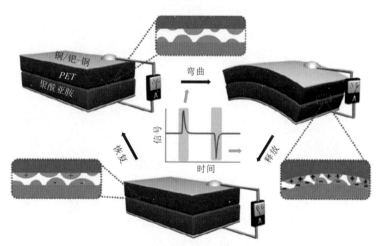

图 1-14 摩擦纳米发电机的发电原理

在 TENG 的设计基础上，结合流致振动理论，能够实现对水能、风能、波浪能以及潮汐能等流体能量的高效利用。一种基于颤振的摩擦纳米发电机（FE-TENG）如图 1-15 所示。FE-TENG 主要由风驱动部分和 TENG 单元组成。聚对苯二甲酸乙二醇酯

（PET）带由一根细线悬空，与 PET 带相连的弹性硅胶球位于正六面体壳内，6 台 FE - TENG 单元被放置在正六面体的每一侧，实现从任意方向收集风能。当风吹动 PET 带时，其会发生流致振动，同时带动弹性硅胶球开始摆动，撞击布置在六面体中的 FE - TENG 单元，造成 FE - TENG 的接触分离从而将发电。

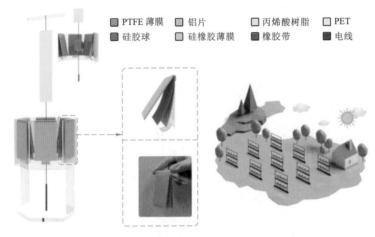

图 1 - 15　基于颤振效应的摩擦纳米发电机

利用摩擦纳米发电机俘获流致振动能量，并将其转化为电能已成为当今的研究热点。摩擦纳米发电机的发明使得流体能量的俘获利用迎来了新发展，在环境监测、能源俘获等领域均取得了丰硕成果。但是一方面 TENG 对于摩擦材料的厚度要求极高，其在流体环境中的老化、更换是亟待解决的问题；而另一方面，TENG 在输出高电压的同时，输出电流十分低，这也令 TENG 也成为热门研究方向。

1.3.3　压电式

利用压电式俘获和利用流致振动能量是基于压电效应。压电效应指的某些电介质在沿一定方向上受到外力的作用而变形时，其内部会产生极化现象，同时在它的两个相对表面上出现正负相反的电荷。当外力去掉后，它又会恢复到不带电的状态，这种现象称为正压电效应。当作用力的方向改变时，电荷的极性也随之改变。相反，当在电介质的极化方向上施加电场，这些电介质也会发生变形，电场去掉后，电介质的变形随之消失，这种现象称为逆压电效应。

早在 1880 年，皮埃尔·居里和雅克·居里兄弟就发现了石英晶体的压电效应，经过多年的发展，压电材料的研究已经相当成熟。通过居里兄弟的研究可知，压电式俘能器的能量密度比摩擦式和电磁式要高出 3～5 倍。对压电材料施加压力，在压电片内部将会产生电位差。电位差的大小与压电材料与施加压力大小息息相关。

压电材料分为无机压电材料和有机压电材料。其中无机压电材料主要指的是压电单晶体及压电陶瓷，压电晶体一般指压电单晶体，是指按晶体空间点阵长程有序生长而成的晶体。这种晶体结构无对称中心，如水晶（石英晶体）；压电陶瓷是指用必要成分的原料进行混合、成型、高温烧结，由粉粒之间的固相反应和烧结过程而获得的微细晶粒无规则集合而成的多晶体，其中具有代表性的是高钛酸铅（PZT）。相比于压电单晶，压电陶瓷压电性强、介电常数高、可以加工成任意形状，单稳定性差。有机压电材料又称压电聚合物，例如偏聚氟乙烯（PVDF）及宏观纤维复合材料（MFC）等，这类材料具有材质柔韧、低密度、低阻抗和高压电电压常数等优点，发展十分迅速。不同种类的压电材料如图 1-16 所示。

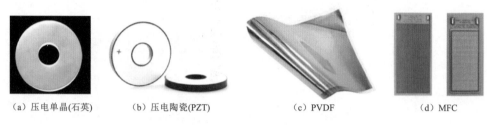

(a) 压电单晶(石英)　　(b) 压电陶瓷(PZT)　　　　(c) PVDF　　　　(d) MFC

图 1-16　不同种类的压电材料

有关流致振动压电式俘能的研究开展的相对较早，比较典型的有悬臂梁式、eel 式（鳗鱼式或摆旗式）以及树式等，如图 1-17 所示。悬臂梁式主要通过钝体产生的尾流涡街以脉冲形式作用于压电梁材料，使其发生高频往复形变实现发电；摆旗式则是利用尾流涡街带动后侧柔性压电振子发生摆动进而发电；树式则是直接将钝体与粘贴压电材料的梁连接，钝体在流场中发生流致振动使压电材料弯曲发生形变，进而实现流体能量向电能的转化。

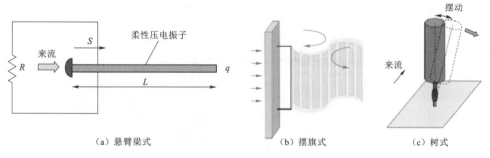

(a) 悬臂梁式　　　　　　(b) 摆旗式　　　　　(c) 树式

图 1-17　流致振动压电能量采集的三种方式

1.3.4 结合式

为了提高能量转化效率，将电磁式、摩擦电式及压电式中的两种或者三种结合起来，从而达到充分俘获并利用流致振动能量目的，在实际应用中是十分可靠的。

如图 1-18 所示为一种结合摩擦纳米发电机与压电式的流致振动俘能器（Synergetic Hybrid Piezoelectric - Triboelectric Wind Energy Harvester，SHPTWEH）。当风速大于采集器的起始流速时，钝体发生流致振动，带动 MFC 压电片发生形变进而转化为电能，这部分为 SHPTWEH 的压电模块。粘贴正性压电材料的悬臂梁在振动的同时不断与限位侧的负性压电材料接触和分离，形成了一种摩擦纳米发电机，这便是 SHPTWEH 的摩擦电模块。一方面摩擦电模块的限位边界可以限制梁在高风速下的最大形变，防止其发生疲劳断裂；另一方面压电式与摩擦电式的结合大大提高了流致振动俘能器的采集功率，在 14m/s 的风速下，与不添加 TENG 模块的工况相比，SHPTWEH 的平均输出功率提高了 2.3 倍。

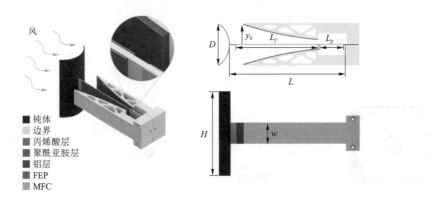

钝体
边界
丙烯酸层
聚酰亚胺层
铝层
FEP
MFC

图 1-18　TENG 与压电相结合的能量采集器

如图 1-19 所示是一种基于涡激振动的新型压电-电磁混合俘能器，它可以利用涡激振动现象将水流动能转化为电能。能量收集器由压电部分和电磁部分组成。一个压电换能器（PZT）附着在固定在水道中的基底层（铜悬臂梁）上。铜悬臂梁和圆柱体与弹簧连接，弹簧中间固定有一块永磁铁。用铜线缠绕的有机玻璃管固定在水道中。当水流流过圆柱形钝体时，涡流脱落刺激圆柱体，使永磁体垂直振动。有机玻璃中铜线的磁通会发生变化，产生输出电压 V_2。同时，弹簧导致铜悬臂梁弯曲，由于 PZT 周期性地受到应力的影响，从而产生输出电压 V_1。

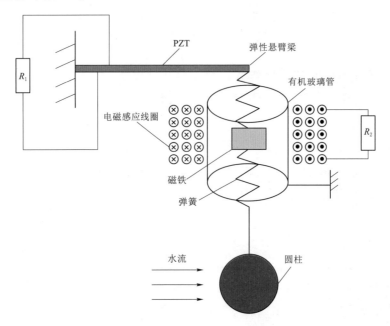

图 1-19　压电式与电磁式结合的能量采集器

将如图 1-20 所示的流致振动俘能装置整体置于磁场中，实现电磁式、摩擦电式与压电式三者结合。粘贴 PTFE 材料的上基板振子在风场中发生振动，由于基座的限制，其职能沿着下基板轨道运行，运行过程中与下基板表面粘贴的 PET 压电材料发生摩擦产生电荷，形成摩擦电系统；上基板安装有一块强磁铁，在两侧的悬臂梁上也安装了极性相反的强磁铁，当上基板接近一侧时会在磁力排斥作用下使悬臂梁和 MFC 压电片发生形变，从而形成了压电系统；上基板在运动过程中切割磁感线，形成了电磁系统。这种装置能够极大幅提高俘能效率与输出，并且在启动之后能够适应小风速的环境，大大拓宽了其工作流速范围。

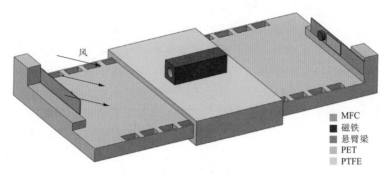

图 1-20 TENG、压电式与电磁式相结合的能量采集器

1.4 流致振动型压电俘能器研究现状

早在 20 世纪末，一些学者便将流致振动的概念引入流体发电当中，同时作为新兴发电材料的压电材料也被应用到该领域内；随后，根据流致振动的分类，各种各样的压电能量采集器被相继提出，其中最经典的当属涡激振动式压电俘能器、驰振式压电俘能器以及尾流激振式压电俘能器。

1.4.1 涡激振动式压电俘能器

最初人们在压电能量采集器上流致振动的应用以涡激振动为主。比如，2010 年佐治亚理工学院研发出一种树式布置的涡激振动压电俘能器（Vortex - Induced Vibration Piezoelectric Energy Harvester，VIVPEH），如图 1-21 所示，截面为圆形的钝体在风场的作用下发生涡激振动产生机械能，连接钝体的杆可以对压电球产生形变作用从而产生电能。通过捕捉这种涡激振动压电俘能器的锁定（Lock - in）区间，当风速为锁定区间内的

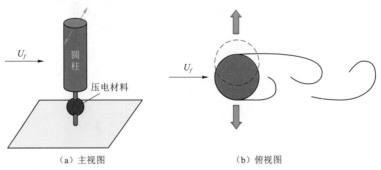

图 1-21 树式涡激振动压电俘能器

值时，圆柱形钝体发生共振，使其振幅达到最大值的同时，让压电俘能器的输出功率达到最大。试验测试后发现在 1～3m/s 的风速下，该能量采集器可以产生最多 20μW 的电能。

  然而，为了满足无线通信设备、低功耗嵌入式设备以及无线传感设备等装置的供电要求，如何提高压电俘能器的输出电压及功率成为热门研究方向。而在相对较高的雷诺数下，发生涡激振动的对象仅局限于圆柱体，为了增强圆柱体在流场中的涡激振动响应以及提高压电俘能器的性能，其自身质量、压电片长度以及悬臂梁的长度受到了关注。研究发现压电片长度与压电俘能器的输出电压呈正相关，而圆柱体的质量以及悬臂梁的长度则存在一个最优值。这些对涡激振动式压电俘能器的各个组成部件参数的研究为其最佳设计提供了有意义的重要参考。

  除了试验研究，对涡激振动式压电俘能器的数学建模也取得了一定成果。对涡激振动式压电俘能器进行数学建模具有重要意义，不仅能免去探索最优结构的试验研究过程中耗费的时间与成本，还能为评估及预测投入使用中的涡激振动式压电俘能器的振动响应及输出性能等。

  经典的单悬臂梁涡激振动式压电俘能器模型如图 1-22 所示，主要结构包括压电陶瓷片 PZT、悬臂梁以及一个圆柱形钝体。基于 Van Der Pol 模型来模拟圆柱形钝体受到的升力；VIVPEH 系统的运动方程根据欧拉-伯努利梁理论（Euler-Bernoulli Beam）计算得到；应变—电压关系方程由高斯定理得到；结合运动方程及应变—电压关系方程得到 VIVPEH 的总控制方程，并使用伽辽金程序（Galerkin Procedure）离散梁的位移变量，解耦总控制方程得到振动位移及输出电压、功率的解析解。这种非线性模型在经过十几年的试验验证之后已经逐渐成为涡激振动式压电俘能器的经典表达。

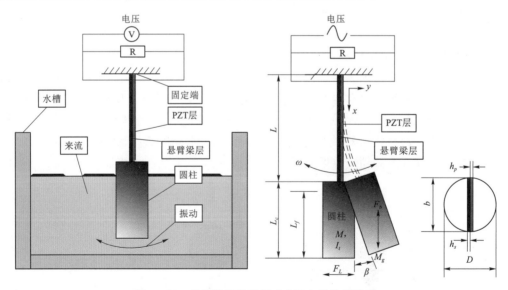

图 1-22 单悬臂梁涡激振动式压电俘能器模型

1.4.2 驰振式压电俘能器

  在相对较大的雷诺数下发生驰振的钝体主要指的是非圆柱体，非圆柱体包括了多种形式：一种是钝体主体的形状为非圆柱例如三棱柱、方柱、椭圆柱以及 D 形柱等；另一种则是在钝体主体的表面添加各种形状的小型附着物，以达到驰振的效果。驰振式压电俘能器（Galloping Piezoelectric Energy Harvester，GPEH）的相关研究已取得诸多成果。

　　当来流是发生振动的唯一能量来源时，改变钝体的主体形状结构是十分值得研究的方向。一旦将圆柱形钝体改变为非圆柱体，其发生的涡激振动的锁定（Lock-in）区间被取消，流致振动类型由涡激振动变为驰振，并且驰振响应会随着流体流速的增加而维持在一个较大的区间。经典的研究对象为截面形状为矩形、椭圆形、D 形以及等腰三角形的钝体，如图 1-23 所示。

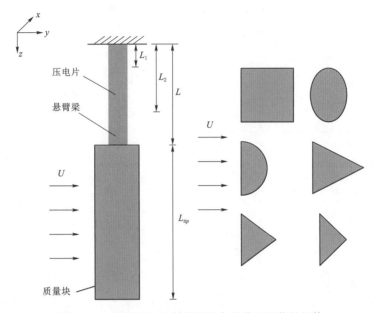

图 1-23　驰振式压电俘能器及各种截面形状的钝体

　　Sun 对比了顶角为 80°的等腰三角形与半圆柱截面柱体在驰振式压电俘能器系统中的表现，他发现与三棱柱俘能器相比，半圆柱体俘能器的起始速度较小，但收获的功率更大，几乎是三棱柱俘能器的两倍。这表明相同情况下半圆柱在驰振系统中展现出优于三棱柱的性能。

　　Shi 研究了椭圆柱的长短径比对驰振式压电俘能器性能的影响，将椭圆柱钝体的迎水面宽度均设置为 50mm，对比了短径分别为 50mm、40mm、30mm、25mm 和 20mm 的情况，发现在短直径在 20～50mm 的范围内，驰振式压电俘能器的输出电压会随着短直径的减小而增大。Shi 进一步利用数值计算方法，发现短径越小，椭圆柱两侧边缘的高表面曲率迫使边界层分离形成挤压在钝体上的漩涡面积更大、强度更强。

　　王定标在风洞中搭建了一种三角形截面压电俘能器，并借助二阶范德波尔控制方程将压电俘能器的主要部件等效为电子元件，进而基于等效电路法建立了与变三角截面驰振压电振动俘能器相对应的等效电路模型。通过风洞试验与模型计算了等腰三角形顶角分别为30°、60°和 90°情况下驰振式压电俘能器的输出功率与振动响应位移，发现压电振动俘能器的响应位移、输出电压和输出功率随着等腰三角形钝体顶角的增大而增大，且增长率随着钝体顶角的增大而减小。

除了改变钝体的主体形状结构，通过在钝体表面添加小型附着物也是实现驰振的手段。王军雷将钝体表面与这些小型附着物的组合称为超表面（Metasuface），具有独特特性的超表面已广泛应用于诸如电磁学、热学以及声学等诸多领域。王军雷将附着物的形状设计为凸圆柱、三棱柱以及楔形并包裹在方柱上（见图1-24），旨在探究超表面在空气动力学系统设计中的潜在应用，并发现具有凸圆柱、三棱柱以及楔形特征的超表面能够显著地改变方柱的空气动力学特性，而其中的凸圆柱表现最优。紧接着对凸圆柱的高度进行了探讨，利用直径6mm、高度9mm的凸圆柱超表面，得到的振动位移量最大，电压输出量最大。与传统方柱型钝体的驰振式压电俘能器相比，该种带有凸圆柱附着物的驰振式压电俘能器的最大振动位移和最大输出电压可分别提高26.81%和26.14%。

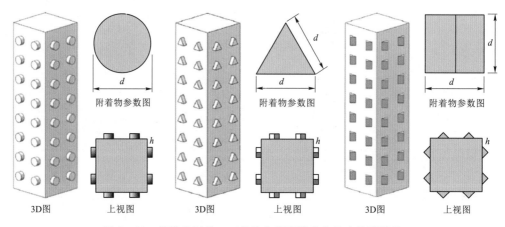

图1-24　携带凸圆柱、三棱柱和楔形附着物的方柱形钝体

除了在方柱表面的各个位置添加附着物，也有在圆柱形钝体的特定位置添加附着物的案例。例如在主体为圆柱的钝体两侧添加一组小圆柱、三棱柱、方柱甚至是Y形柱体附着物如图1-25所示。这种在钝体上合适地添加附着物的方法能够扩大钝体的流体动力弹性不稳定性，与不添加附件的本体相比，这种结构在起始流速与俘能效率方面具有显著优势。

1.4.3　尾流激振式压电俘能器

由于有尾流作用，尾流激振（Wake Induced Vibration，WIV）的振动情况完全不同于单圆柱涡激振动或单非圆柱的驰振现象。以双圆柱下的尾流激振来说，当双圆柱串行排列时，下游圆柱根据中心距、雷诺数的不同可分别呈现尾流激振、尾流驰振、涡激振动甚至多种振动叠加的振动形式。正如在1.2节所述，尾流激振不仅与上游障碍物数量及大小、障碍物与发生振动钝体之间的距离有关，障碍物以及钝体的形状也大幅影响了尾流激振的振幅。

Zhang通过在一个可以发生横向振动的刚性圆柱钝体的上游固定了一个大圆柱体，他发现两个圆柱体之间存在最佳间隙，当二者之间的间距处于再附着区（Reattachment Regime）时，由上游大圆柱脱落的尾流涡对下游小圆柱的振动产生激励作用，使得振动越发激烈，而且小圆柱的振动频率受大圆柱的涡脱落频率控制。尾流激振条件下俘能器的最大输出功率远大于单圆柱情况下的锁定现象，上游圆柱的直径是下游圆柱直径的4倍时，

该情况下最大输出功率相比单圆柱
向后延迟 4 倍流速出现。

　　尾流激振式压电俘能器在不同
形状障碍物影响下的研究也具有重
要意义。Tamimi 通过试验研究与
模型分析了方形柱、菱形柱以及圆
柱障碍物下圆柱发生的尾流激振
(见图 1 - 26),其中方形柱与菱形
柱产生的是不相似尾流 (Dissimilar
Wake),圆柱产生相似尾流 (Simi-
lar Wake)。结果表明,不相似尾流
能够显著提高圆柱形钝体收获的机
械功率(约 200%),但是这种收获
效率在高流速下显得很低。并采用
多准则决策 (Multi Criteria Deci-
sion Making,MCDM) 确定了相似
和不相似尾流在能量采集改进中的
优先权,其中相似尾流在小间距的
能量采集中表现出的性能高于不相
似尾流。

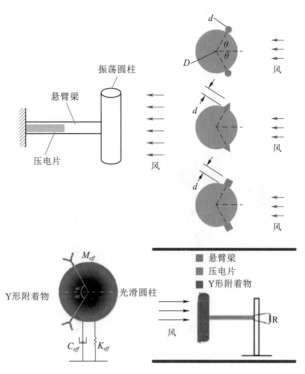

图 1 - 25　在圆柱表面添加附着物的驰振式压电俘能器

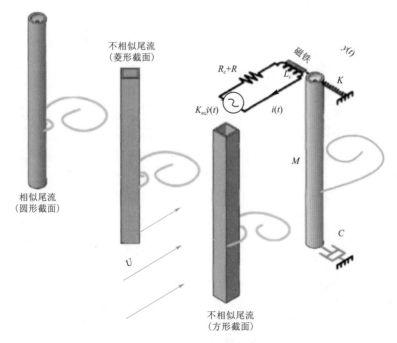

图 1 - 26　不同障碍物下的尾流激振

除了不同形状的上游障碍物，下游发生尾流激振的钝体的形状也会直接影响压电俘能器的输出性能。以周捷的研究为例，将上游障碍物固定为圆柱，通过水槽试验以及模型预测对比了截面形状为D形、倒D形以及圆形的钝体在尾流激振式压电俘能器系统中的表现，见图1-27。其中作为下游钝体的D形柱和圆柱的输出性能优于倒D形柱；约化间距$L/D=1.2$，大流速下的输出明显大于$L/D=7$和$L/D=4$时的输出，半圆柱在$L/D=1.2$时的输出性能最好，输出功率最大。

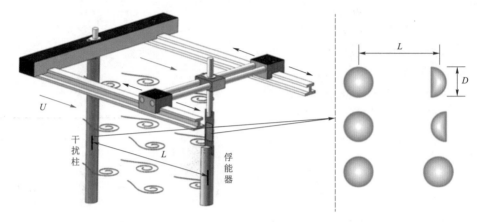

图1-27　圆柱尾流下不同截面形状钝体的尾流激振式压电俘能器

在单个柱体的上游适当位置布置障碍物能大幅提高俘能器的采集功率及效率，这就是研究尾流激振式压电俘能器的意义所在。而对障碍物的大小、障碍物与振动体间距、障碍物的形状甚至是振动钝体形状的进一步研究，都能为尾流激振式压电俘能器的设计与布置提供参考。

1.5　本书结构及主要内容

本书介绍了基于流致振动的压电俘能器的基本理论与应用技术，以典型的悬臂梁式流致振动型压电俘能器的理论设计、数学建模、试验研究、非线性分析、数值模拟及其应用为主线，展示了利用压电技术对流致振动能量的收集和利用过程。从流致振动以及压电俘能器两者的基础知识出发，阐述了二者相结合的机电耦合过程以及能量转化过程。通过拓展的哈密尔顿原理与高斯定理分别建立了压电俘能器系统的机械控制方程以及电控制方程，并通过准稳态假设分别计算了包括涡激振动、驰振、尾流激振及扰流激振等多种流致振动下的水动力模型，应用伽辽金程序离散了梁的位移变量，进而解耦机电耦合控制方程得到相应流致振动型压电俘能器的输出特性及振动响应。紧接着提出了在风洞与水槽中的试验系统，在应用试验研究对数学模型验证的同时，使用非线性动力学方法对系统的输出及稳定性进行分析。利用数值模拟手段，从流体动力学的角度对流致振动型压电俘能器在各种情况下表现出的性能差异进行分析研究。最终阐述流致振动型压电俘能器在不同环境中的应用以及发展，展示了流致振动型压电俘能器的未来发展前景及趋势。本书贯彻数学建模、试验研究、非线性动力学分析、数值模拟以及实际应用相结合的宗旨，对流致振动型压电俘能器做了系统的介绍及研究。

全书共 8 章,第 1 章从能量需求出发介绍了流致振动的分类及其利用形式,并简要概述了各类流致振动型压电俘能器的研究现状;第 2 章搭建了各类流致振动型压电俘能器的分段分布参数数学模型,为读者提供相关研究的理论方法;第 3 章介绍了风洞以及水槽试验系统,旨在为读者提供有关流致振动型压电俘能器研究的试验方法,并对第 2 章所提出数学模型的准确性进行验证;第 4 章、第 5 章则是对第 2 章、第 3 章的研究结果进行分析,详细介绍了对流致振动型压电俘能器的性能及稳定性进行分析的多种方法;第 6 章依托于被验证后的数学模型,对流致振动型压电俘能器系统的非线性行为进行分析与讨论;第 7 章介绍了流致振动的数值模拟手段,旨在从流体动力学角度解释引起不同流致振动型压电俘能器输出差异的根本原因;第 8 章简要介绍了流致振动型压电俘能器在实际工程领域中的应用。全书构建了流致振动型压电俘能器研究的整体框架。

全书由浅及深地介绍了流致振动型压电俘能器的科学研究过程,向读者展示了数学建模、试验研究、非线性动力学分析以及数值模拟等多种方法,以便于读者的理解与掌握。本书在编著过程中力求由浅及深、突出重点和学以致用,适合科研人员参考。

流致振动型压电俘能器数学建模

数学模型是针对参照某种事物系统的特征或数量依存关系，采用数学语言，概括地或近似地表述出的一种数学结构，这种数学结构是借助于数学符号刻画出来的某种系统的纯关系结构。从广义理解，数学模型包括数学中的各种概念，各种公式和各种理论。因为它们都是由现实世界的原型抽象出来的，从这意义上讲，整个数学也可以说是一门关于数学模型的科学。从狭义理解，数学模型只指反映了特定问题或特定的具体事物系统的数学关系结构，这个意义上也可理解为联系一个系统中各变量间的关系的数学表达。数学模型是实际事物的一种数学简化，是运用数理逻辑方法和数学语言建构的科学或工程模型。而用于构建压电俘能器系统的分布参数模型是描述系统特征、动态随空间坐标变化的数学模型，首先由流体力学定律和原理导出压电俘能器系统的微分方程，根据初始条件和边界条件求解方程，得出系统特征、动态与空间坐标和时间变量的关系式或数值解。

Abdelkefi 等提出了一种用于流致振动型压电俘能器的非线性分布参数模型，该模型对气动载荷具有准稳态近似。由于需要对不同设计参数的大量机电耦合模拟进行仿真，因此如何最大限度地提高所获得的能量是一个复杂的问题。Tan 根据 Abdelkefi 所建立的模型，提出了一种机电解耦的方法，得到了模型的解析解，这为一般悬臂梁压电俘能器的工程应用提供了可能。机械位移是由一个修正的固有频率和阻尼比的机械解耦控制方程计算出来的，该方程考虑了机电耦合。通过将电压和功率直接与机械位移联系起来，得到了电压和功率，该方法大大降低了几何尺寸参数分析的计算成本。

当挠度大得足以使结构的位移发生大的变化时称为几何非线性，上述几何分布参数模型没有考虑悬臂梁的几何非线性，由于悬臂梁的大位移可能会影响结构的稳定性，所以采用这种分布参数模型进行大范围几何尺寸参数优化设计的合理性值得怀疑。由此，本章在 Abdelkefi 分布参数模型以及 Tan 模型机电解耦的基础上，提出了一种考虑悬臂梁几何非线性效应的新型分布参数模型，采用机电解耦的方法，研究悬臂梁式压电俘能器的结构几何尺寸参数对压电俘能器性能的影响。

2.1 流体动力及力矩

典型的悬臂梁式流致振动型压电俘能器模型由悬臂梁、钝体、压电层等组成。钝体在流体中承受冲击，产生周期性稳定或不稳定的振动，进而带动悬臂梁发生形变，而悬臂梁上又贴有压电片，压电片随着悬臂梁一并发生形变而产生电荷。压电层与外载电路连接形成回路，整个压电俘能器的结构固定，其模态影响电路，而电路又反过来影响压电俘能器。各工况下的压电俘能器均有非线性现象存在，为了设计能够获得更高功率的压电俘能器，有必要在分布参数模型中考虑几何非线性对系统的影响。

以典型的悬臂梁式流致振动型压电俘能器为例，如图 2-1 所示，当上游干扰柱体不存在，下游钝体形状为圆柱时，发生的流致振动类型为涡激振动；当上游干扰柱体存在，且下游钝体为非圆柱体时，发生的流致振动类型为驰振；当上游干扰柱体存在时，下游钝体发生的流致振动类型为尾流激振；当各个方向存在干扰柱时，钝体发生的流致振动类型为扰流激振。为了区分这四种流致振动形式，需要分别建立钝体所受的水动力模型。

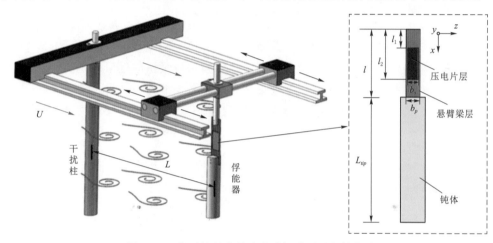

图 2-1　典型的悬臂梁式流致振动型压电俘能器

2.1.1　涡激振动力及力矩

由于黏性效应，流体通过圆柱体后出现交替脱落涡，脱落涡引起的系统振动，称为涡激振动 (VIV)。涡激振动是涡与运动的圆柱之间复杂的耦合现象。当流体流动速度处于锁定范围内时，振动频率在涡旋脱落频率附近，振动振幅变大。有三种模型来模拟涡激振动：①强迫系统模型；②流体弹性系统模型；③耦合系统模型。对于强迫系统模型，流体动力只依赖于时间 t，这些模型不能考虑圆柱的运动。然而，涡激振动 (Vortex Induced Vibration, VIV) 力通常会随圆柱的运动而改变。在流体弹性系统模型中，为了改进 VIV 模型，除了考虑时间 t 外，还考虑了圆柱的运动。这两种模型有两个主要的限制：第一，由于这些模型是根据谐波实验数据建立的，因此这些模型仅限于圆柱体的谐波运动；第二，也是主要的不足，它们无法处理导致涡激振动的尾流物理问题。通过引入涡变量 q，耦合系统模型可以克服这两个不足。流体动力与尾流变量 q 有关，涡变量 q 也受圆柱运动的影响。本章引入了耦合系统模型之一：修正的 Van der Pol 模型来模拟涡激振动。单位长度圆柱体的流体动力可写为

$$F_V = \frac{C_L \rho D U^2}{2} - \frac{C_D \rho D U}{2}[\dot{v}(l,t) + x\dot{v}'(l,t)] - \frac{\pi}{4}\rho D^2 C_M[\ddot{v}(l,t) + x\ddot{v}'(l,t)]$$

$$(2-1)$$

式中 F_V——单位长度的圆柱体受到的流体动力；

$v(l,t)$——t 时刻悬臂梁在 y 方向上的位移；

$\cdot$——物理量对位移 x 的导数，如 $\ddot{v}(L,t)$ 代表 l 处悬臂梁振动位移对位移的二阶导数；

$'$——物理量对时间 t 的导数，如 $v'(L,t)$ 代表 l 处悬臂梁振动位移对时间的一阶导数；

C_L——涡升力系数，其表达式为：$C_L=C_{L0}q(t)/2$，C_{L0} 为相对升力系数，$q(t)$ 为涡变量；

D——钝体的流向投影面宽度；

ρ——流体的密度；

U——流体的流速；

C_D——阻力系数；

C_M——附加质量系数，对于流体环境为风，附加质量系数近似为 0，而对于流体环境为水时，附加质量系数便无法忽略，需要额外考虑。

涡变量 $q(t)$ 取决于圆柱的运动。采用改进的 Van der Pol 模型模拟涡激振动，其表示为

$$\ddot{q}(t)+\varepsilon\omega_s\left[1-\beta q(t)^2+\lambda q(t)^4\right]\dot{q}(t)+\omega_s^2 q(t)=\frac{A}{D}\left[\ddot{v}(l,t)+x\ddot{v}'(l,t)\right] \quad (2-2)$$

式中 ε——非线性系数；

β——ε 的二阶项阻尼系数；

λ——ε 的四阶项阻尼系数；

ω_s——旋涡脱落频率，定义为：$\omega_s=2\pi S_t U/D$，S_t 为由雷诺数决定的 Strouhal 数；

A——力系数。

对式（2-1）进行积分计算可以得到整个圆柱体所受的水动力及力矩：

$$F_{tip}=\int_0^{l_{tip}} F_v \mathrm{d}x$$
$$M_{tip}=\int_0^{l_{tip}} x F_v \mathrm{d}x \quad (2-3)$$

将式（2-3）展开得到圆柱所受涡激振动力及力矩为

$$F_{tip}=\frac{\rho_w DU^2 C_L l_{tip}}{2}-\frac{C_D\rho_w DU l_{tip}}{2}\left[\dot{v}(l,t)+\frac{l_{tip}}{2}\dot{v}'(l,t)\right]$$
$$-\frac{\pi}{4}\rho_w D^2 C_M l_{tip}\left[\ddot{v}(L,t)+\frac{l_{tip}}{2}\ddot{v}'(l,t)\right]$$
$$M_{tip}=\frac{\rho_w DU^2 C_L l_{tip}^2}{4}-\frac{C_D\rho_w DU l_{tip}^2}{2}\left[\frac{1}{2}\dot{v}(l,t)+\frac{l_{tip}}{3}\dot{v}'(l,t)\right]$$
$$-\frac{\pi}{4}\rho_w D^2 C_M l_{tip}^2\left[\frac{1}{2}\ddot{v}(l,t)+\frac{l_{tip}}{3}\ddot{v}'(l,t)\right] \quad (2-4)$$

式中 l_{tip}——圆柱形钝体的高度。

2.1.2 驰振力及力矩

对于非圆柱钝体，例如半圆柱、三棱柱或者椭圆柱等，流体诱导振动变得更加复杂。当流体流动速度较小时，升力会减小钝体的运动，从而使系统保持稳定。当水的速度达到一定的速度（起动速度）时，升力会克服结构的阻尼力。事实上，水边界的分离导致了负的流体动力阻尼力，因此，系统变得不稳定，并承受大振幅和低频振动。与涡激振动不同，驰振（Galloping）不存在闭锁现象。随着流体流动速度的增大，驰振幅值通常会增大。引入准稳态假设，建立了驰振流体动力模型，它是升力、阻力以及附加质量力的结果，单位长度非圆柱上受到的驰振力 F_g 表示为

$$F_g = F_L \cos\alpha + F_D \sin\alpha - \frac{\pi}{4}\rho D^2 C_M [\ddot{v}(L,t) + x\ddot{v}'(L,t)] \tag{2-5}$$

式中 F_g——单位长度非圆柱形钝体所受的驰振力；

F_L、F_D——单位长度非圆柱形钝体受到的升力和阻力；

α——非圆柱形钝体在水流中的攻角，被定义为发生流致振动的钝体在振动过程中截面与来流速度之间的夹角。驰振力流体动力模型是基于准稳态假设建立的，在这一假设中，攻角 α 是确定驰振力的主导变量，它可以被表示为

$$\alpha = \tan^{-1}\left[\frac{\dot{v}(l,t) + x\dot{v}'(l,t)}{U}\right] \tag{2-6}$$

此外，单位长度的非圆柱形钝体所受的升力与阻力可被计算为

$$\left.\begin{array}{l} F_L = \dfrac{1}{2}\rho U^2 D C_L \\[2mm] F_D = \dfrac{1}{2}\rho U^2 D C_D \end{array}\right\} \tag{2-7}$$

式中 C_L——升力系数；

C_D——阻力系数。

将式（2-6）与式（2-7）代入式（2-5）中，得到单位长度的非圆柱形钝体所受到的驰振力表达式，写为

$$F_g = \frac{1}{2}\rho U^2 D C_y - \frac{\pi}{4}\rho D^2 C_M [\ddot{v}(l,t) + x\ddot{v}'(l,t)] \tag{2-8}$$

式中 C_y——考虑升力与阻力影响的驰振流体动力系数，且 C_v 与 a_1、a_3 之间的关系由 Barrero-Gil 给出，表示为 $\tan\alpha$ 的函数：

$$C_y = a_1 \tan\alpha + a_3 (\tan\alpha)^3 \tag{2-9}$$

式中 a_1、a_3——经验线性系数与经验三次方系数，其中 $a_1 > 0$，$a_3 < 0$，由试验获得。

椭圆柱整体受到的驰振力 F_{tip} 和力矩 M_{tip} 表达式可由式（2-8）积分得到，表示为

$$\begin{array}{l} F_{tip} = \displaystyle\int_0^{l_{tip}} F_g \, \mathrm{d}x \\[3mm] M_{tip} = \displaystyle\int_0^{l_{tip}} x F_g \, \mathrm{d}x \end{array} \tag{2-10}$$

将式（2-8）代入式（2-10）后，得到整个非圆柱形钝体所受的驰振力 F_{tip} 与力矩

M_{tip} 展开式，表示为

$$F_{tip} = \frac{1}{2}\rho U^2 D \int_0^{l_{tip}} \left[a_1 \left(\frac{\dot{v}(l,t) + x\dot{v}'(l,t)}{U} \right) + a_3 \left(\frac{\dot{v}(l,t) + x\dot{v}'(l,t)}{U} \right)^3 \right] \mathrm{d}x$$

$$- \frac{\pi}{4}\rho D^2 \int_0^{l_{tip}} \left[\ddot{v}(l,t) + x\ddot{v}'(l,t) \right] \mathrm{d}x$$

$$M_{tip} = \frac{1}{2}\rho U^2 D \int_0^{l_{tip}} x \left[a_1 \left(\frac{\dot{v}(l,t) + x\dot{v}'(l,t)}{U} \right) + a_3 \left(\frac{\dot{v}(l,t) + x\dot{v}'(l,t)}{U} \right)^3 \right] \mathrm{d}x$$

$$- \frac{\pi}{4}\rho D^2 \int_0^{l_{tip}} x \left[\ddot{v}(l,t) + x\ddot{v}'(l,t) \right] \mathrm{d}x \tag{2-11}$$

2.1.3 尾流激振力及力矩

卡门涡街引起的涡激振动（VIV）是一种稳定的往复运动，具有明显的锁定现象。然而，驰振是一种不稳定的振动，当流速达到驰振的起始速度时，结构响应出现 Hopf 分岔现象，振动位移随流速增大而增大。实际差异决定了想要合理地描述涡激振动和驰振，它们的流体力模型将有很大的不同。对于尾流激振（WIV），通常根据振幅变化将流速分为三个区域：①VIV 谐振区域；②VIV 和 WIV 组合区域；③纯 WIV 区域，其中组合区域可以视作两者间的过渡，为了方便建模，在此将尾流激振过程分为尾激涡振与尾激驰振阶段。

在尾激涡振阶段，振动位移幅值先增大后减小，形成一个共振曲线，与振动位移曲线相似。在尾激驰振阶段，随着来流速度的增加，振动位移增大，类似驰振。目前，在涡激振动和驰振方面已经取得了许多成果，然而尾流激振的数学建模仍在探索，缺少可用的模型。因此，鉴于尾流激振的振幅响应可以看作是涡激振动和驰振的整合，本书在涡激振动力和驰振力模型的基础上，建立了简单的尾迹动力模型来描述尾流激振的流体动力，分为尾激涡振和尾激驰振区域，采用分段的思想在不同区域使用两种不同的模型，并引入附加质量力项考虑尾流的流体动力及其相差变化。

（1）对于尾激涡振区域，根据现有研究，尾流激振的附加流体动力与位移幅值成正比，且力与位移间存在相位差。根据定义，复合悬臂梁在 t 时刻的位移为 $v(l,t)$，则质量块上 x 长度处位移为 $v(l,t) + xv'(l,t)$，附加流体力系数 C_y' 可表示为

$$C_y' = kQ_0 [\phi(l) + \phi'(l)] \tag{2-12}$$

式中　k——尾流激振附加流体动力系数；

　　$\phi(l)$——悬臂梁的一阶模态；

　　Q_0——一阶模态坐标幅值。

结合涡激振动力模型，尾流激振在尾激涡振阶段的单位流体动力表达式如下：

$$F_{w-v} = \frac{\rho C_L D U^2}{2} - \frac{\rho C_D D U^2}{2} \left[\dot{v}(l,t) + x\dot{v}'(l,t) \right] + \frac{1}{2}\rho D U^2 C_y' \sin(\Omega t + \varphi)$$

$$- \frac{\pi}{4}\rho D^2 C_M \left[\ddot{v}(l,t) + x\ddot{v}'(l,t) \right] \tag{2-13}$$

式中　　　　φ——相位差变量；

　C_L、C_D、C_M——涡升力系数、阻力系数及附加质量系数，具体表达见 2.2.1 节。

处于尾流激振在尾激涡振阶段的压电俘能器系统的流体动力 F_{tip} 和力矩 M_{tip} 可通过如下积分得到：

$$F_{tip} = \int_0^{l_{tip}} F_{w-v} \, dx$$
$$M_{tip} = \int_0^{l_{tip}} x F_{w-v} \, dx$$

$$(2-14)$$

将式（2-13）代入式（2-14）中，展开后得到处于尾流激振在尾激涡振阶段的压电俘能器系统的水动力 F_{tip} 和力矩 M_{tip}，表示为

$$F_{tip} = \frac{\rho D U^2 C_{L0} l_{tip}}{4} q(t) - \frac{C_D \rho D U}{2} \left[l_{tip} \dot{v}(l,t) + \frac{l_{tip}^2}{2} \dot{v}'(l,t) \right]$$

$$+ \frac{\rho U^2 D k}{2} \left[l_{tip} \phi(l) + \frac{l_{tip}^2}{2} \phi'(l) \right] Q_0 \sin(\Omega t + \phi) - \frac{\pi}{4} \rho_{water} D^2 C_M \left[l_{tip} \ddot{v}(l,t) + \frac{l_{tip}^2}{2} \ddot{v}'(l,t) \right]$$

$$M_{tip} = \frac{\rho D U^2 C_{L0} l_{tip}^2}{8} q(t) - \frac{C_D \rho D U}{2} \left[\frac{L_{tip}^2}{2} \dot{v}(l,t) + \frac{L_{tip}^3}{3} \dot{v}'(l,t) \right]$$

$$+ \frac{1}{2} \rho U^2 D k \left[\frac{L_{tip}^2}{2} \phi(l) + \frac{L_{tip}^3}{3} \phi'(l) \right] Q_0 \sin(\Omega t + \phi) - \frac{\pi}{4} \rho D^2 C_M \left[\frac{l_{tip}^2}{2} \ddot{v}(l,t) + \frac{L_{tip}^3}{3} \ddot{v}'(l,t) \right]$$

$$(2-15)$$

（2）对于尾激驰振区域，根据准稳态假设，在尾流驰振区域内的单位长度上钝体的流体力 F_{w-g} 为升力 F_L 和阻力 F_D 以及附加质量力的合力，表示如下：

$$F_{w-g} = F_L \cos\alpha + F_D \sin\alpha - \frac{\pi}{4} \rho D^2 C_M \left[\ddot{v}(l,t) + x \ddot{v}'(l,t) \right] \qquad (2-16)$$

由于尾流的存在，式（2-7）需要考虑瞬时尾流的影响，因此将处于尾流驰振区域的单位长度钝体所受的升力和阻力写为

$$\left. \begin{aligned} F_L &= \frac{1}{2} \rho U^2 D C_L + \frac{1}{2} \rho U^2 D C_L' \sin(\Omega t + \varphi) \\ F_D &= \frac{1}{2} \rho U^2 D C_D + \frac{1}{2} \rho U^2 D C_D' \sin(\Omega t + \varphi) \end{aligned} \right\} \qquad (2-17)$$

式中 C_L'、C_D'——尾流瞬态升力系数、尾流瞬态阻力系数。

同样将式（2-17）代入式（2-16）中，得到尾流激振在尾流驰振阶段的单位长度钝体所受流体动力表达式，如下：

$$F_{w-g} = \frac{1}{2} \rho U^2 D C_y + \frac{1}{2} \rho U^2 D C_y' \sin(\omega t + \varphi) - \frac{\pi}{4} \rho_w D^2 C_M \left[\ddot{v}(l,t) + x \ddot{v}'(l,t) \right]$$

$$(2-18)$$

式中 C_y——驰振流体动力系数，表示为 $C_y = a_1 \tan\alpha + a_3 (\tan\alpha)^3$；

$\quad\quad C_y'$——尾流附加流体动力系数，表示为 $C_y' = k Q_0 [\phi(l) + \phi'(l)]$。

处于尾流激振在尾激驰振阶段的压电俘能器系统的流体动力 F_{tip} 和力矩 M_{tip} 可通过如下积分得到

$$
\left.
\begin{aligned}
F_{tip} &= \int_0^{l_{tip}} F_{w-g} \, \mathrm{d}x \\
M_{tip} &= \int_0^{l_{tip}} x F_{w-g} \, \mathrm{d}x
\end{aligned}
\right\}
\tag{2-19}
$$

将式（2-18）代入式（2-19）中并展开，得到尾流激振在尾流驰振阶段的整个钝体所受流体动力，表达为

$$
F_{tip} = \frac{1}{2}\rho U^2 D \int_0^{l_{tip}} \left[a_1\left(\frac{\dot{v}(l,t) + x\dot{v}'(l,t)}{U}\right) + a_3\left(\frac{\dot{v}(l,t) + x\dot{v}'(l,t)}{U}\right)^3 \right] \mathrm{d}x
$$

$$
- \frac{\pi}{4}\rho D^2 \int_0^{l_{tip}} [\ddot{v}(l,t) + x\ddot{v}'(l,t)] \, \mathrm{d}x + \frac{k}{2}\rho U^2 D Q_0 \sin(\omega t + \varphi) \int_0^{l_{tip}} [\phi(l) + \phi'(l)] \, \mathrm{d}x
$$

$$
M_{tip} = \frac{1}{2}\rho U^2 D \int_0^{l_{tip}} x\left[a_1\left(\frac{\dot{v}(l,t) + x\dot{v}'(l,t)}{U}\right) + a_3\left(\frac{\dot{v}(l,t) + x\dot{v}'(l,t)}{U}\right)^3 \right] \mathrm{d}x
$$

$$
- \frac{\pi}{4}\rho D^2 \int_0^{l_{tip}} x[\ddot{v}(l,t) + x\ddot{v}'(l,t)] \, \mathrm{d}x + \frac{k}{2}\rho U^2 D Q_0 \sin(\omega t + \varphi) \int_0^{l_{tip}} x[\phi(l) + \phi'(l)] \, \mathrm{d}x
$$

$$
\tag{2-20}
$$

2.1.4 扰流激振力及力矩

与尾流激振类似，扰流激振（Disturbance Induced Vibration，DIV）也存在扰流涡振区域与扰流驰振区域。

（1）对于扰流涡振区域，在涡激振动模型的基础上引入阵列扰流引起的附加质量系数 C_a' 来计算单位长度钝体受到的额外扰流激振力，表示为

$$
F_a = \frac{1}{2}U^2 D \rho C_a' \sin(\hat{\omega}t + \hat{\xi})
\tag{2-21}
$$

式中　C_a'——扰流引起的附加质量系数，可表示为 $C_a' = k_a |[v(l,t) + xv'(l,t)]|$，$k_a$ 为扰流激励系数；$|l(t)|$ 为 $l(t)$ 的幅值；

　　　　$\hat{\omega}$——振动频率；

　　　　$\hat{\xi}$——钝体受力与振动之间的相位滞后。

结合涡激振动力模型，扰流激振在扰流涡振阶段的单位流体动力表达式如下：

$$
F_{d-v} = \frac{1}{2}U^2 D \rho C_L - \frac{1}{2}U D \rho C_D [\dot{v}(l,t) + x\dot{v}'(l,t)] + \frac{1}{2}U^2 D \rho C_a' \sin(\hat{\omega}t + \hat{\xi})
$$

$$
- \frac{1}{4}\pi D^2 C_M [\ddot{v}(l,t) + x\ddot{v}'(l,t)]
\tag{2-22}
$$

式中　C_L、C_D、C_M——涡升力系数、阻力系数及附加质量系数，具体表达见第 2.2.1 节。处于扰流激振在扰流涡振阶段的压电俘能器系统的流体动力 F_{tip} 和力矩 M_{tip} 可通过如下积分得到

$$
\left.
\begin{aligned}
F_{tip} &= \int_0^{l_{tip}} F_{d-v} \, \mathrm{d}x \\
M_{tip} &= \int_0^{l_{tip}} x F_{d-v} \, \mathrm{d}x
\end{aligned}
\right\}
\tag{2-23}
$$

将式（2-22）代入式（2-23）中并展开，得到扰流激振在扰流涡振阶段的整个钝体所受流体动力，表达为

$$F_{tip} = \frac{1}{4}U^2 D\rho C_{L0} l_{tip} q(t) - \frac{1}{2}UD\rho C_D \left[l_{tip} \dot{v}(l,t) + \frac{l_{tip}^2}{2} \dot{v}'(l,t) \right]$$

$$+ \frac{1}{2}U^2 D\rho k_a Q_0 \sin(\widehat{\omega}t + \widehat{\xi}) \left[l_{tip} \phi(L_3) + \frac{l_{tip}^2}{2} \phi'(L_3) \right]$$

$$- \frac{\pi}{4}D^2 \rho C_M \left[l_{tip} \ddot{v}(L_3,t) + \frac{l_{tip}^2}{2} \ddot{v}'(L_3,t) \right]$$

$$M_{tip} = \frac{1}{8}U^2 D\rho C_{L0} l_{tip}^2 q(t) - \frac{1}{2}UD\rho C_D \left[l_{tip}^2 \dot{v}(l,t) + \frac{l_{tip}^3}{2} \dot{v}'(l,t) \right]$$

$$+ \frac{1}{2}U^2 D\rho k_a Q_0 \sin(\widehat{\omega}t + \widehat{\xi}) \left[\frac{l_{tip}^2}{2} \phi(l) + \frac{l_{tip}^3}{3} \phi'(l) \right]$$

$$- \frac{\pi}{4}D^2 \rho C_M \left[\frac{l_{tip}^2}{2} \ddot{v}(l,t) + \frac{l_{tip}^3}{3} \ddot{v}'(l,t) \right] \tag{2-24}$$

（2）对于扰流驰振区域：根据准稳态假设，在扰流驰振区域内的单位长度上钝体的流体力 F_{d-g} 为升力 F_L 和阻力 F_D 以及附加质量力的合力，表示如下：

$$F_{d-g} = F_L \cos\alpha + F_D \sin\alpha - \frac{\pi}{4}D^2 \rho C_M \left[\ddot{v}(l,t) + x\ddot{v}'(l,t) \right] \tag{2-25}$$

由于扰流激励的存在，式（2-25）需要考虑瞬时扰流的影响，因此将处于扰流驰振区域的单位长度钝体所受的升力和阻力写为

$$F_L = \frac{1}{2}U^2 D\rho C_L + \frac{1}{2}U^2 D\rho C_L'' \sin(\widetilde{\Omega}t + \varphi)$$

$$F_D = \frac{1}{2}U^2 D\rho C_D + \frac{1}{2}U^2 D\rho C_D'' \sin(\widetilde{\Omega}t + \varphi) \tag{2-26}$$

式中　C_L''、C_D''——扰流瞬态升力系数、扰流瞬态阻力系数。

同样将式（2-26）代入式（2-25）中，得到扰流激振在扰流驰振阶段的单位长度钝体所受流体动力表达式，如下：

$$F_{d-g} = \frac{1}{2}U^2 D\rho C_y + \frac{1}{2}U^2 D\rho C_a'' \sin(\widetilde{\Omega}t + \varphi) - \frac{\pi}{4}D^2 \rho C_M \left[\ddot{v}(l,t) + x\ddot{v}'(l,t) \right]$$

$$\tag{2-27}$$

式中　C_y——驰振水动力系数；

　　　C_a''——扰流驰振水动力系数。

处于扰流激振在扰流驰振阶段的压电俘能器系统的流体动力 F_{tip} 和力矩 M_{tip} 可通过如下积分得到

$$F_{tip} = \int_0^{l_{tip}} F_{d-g} \, \mathrm{d}x$$

$$M_{tip} = \int_0^{l_{tip}} x F_{d-g} \, \mathrm{d}x \tag{2-28}$$

将式（2-27）代入式（2-28）中并展开，得到扰流激振在扰流驰振阶段的整个钝体

所受流体动力，表示为

$$F_{tip} = \frac{1}{2}U^2 D\rho \int_0^{l_{tip}} a_1 \left[\frac{\dot{v}(l,t) + x\dot{v}''(l,t)}{U}\right] + a_3 \left(\frac{\dot{v}(l,t) + x\dot{v}'(l,t)}{v}\right)^3 \mathrm{d}x$$

$$+ \frac{1}{2}U^2 D\rho \sin(\widetilde{\Omega}t + \varphi)\int_0^{l_{tip}} k_a \mid [v(l,t) + xv'(l,t)] \mid \mathrm{d}x$$

$$- \frac{\pi}{4}D^2\rho C_M \int_0^{l_{tip}} [\ddot{v}(l,t) + x\ddot{v}'(l,t)]\mathrm{d}x$$

$$M_{tip} = \frac{1}{2}U^2 D\rho \int_0^{l_{tip}} x\left\{a_1\left[\frac{\dot{v}(l,t) + x\dot{v}''(l,t)}{U}\right] + a_3\left[\frac{\dot{v}(l,t) + x\dot{v}'(l,t)}{U}\right]^3\right\}\mathrm{d}x$$

$$+ \frac{1}{2}U^2 D\rho \sin(\widetilde{\Omega}t + \varphi)\int_0^{l_{tip}} xk_a \mid [v(l,t) + xv'(l,t)] \mid \mathrm{d}x$$

$$- \frac{\pi}{4}D^2\rho C_M \int_0^{l_{tip}} x[\ddot{v}(l,t) + x\ddot{v}'(l,t)]\mathrm{d}x \tag{2-29}$$

2.2 机电耦合控制方程

典型的悬臂梁式流致振动型压电俘能器主要由悬臂梁、压电片和钝体组成，压电片粘贴在悬臂梁表面，悬臂梁上端与连接杆连接，下端连接钝体，悬臂梁的厚度方向为 y 向，宽度方向为 z 向，长度方向为 x 向，作为能量采集器的换能部件，钝体在水流冲击下不产生形变，所以在模型分析中将钝体作为理想刚性体处理。在某一时刻 t 时，速度为 v 的流体从 z 方向流经钝体，钝体由于流体绕流作用在 y 方向上发生双向摆动，悬臂梁和压电片在钝体的带动下产生周期性形变，压电片因形变而产生电能，其中钝体的模态位移坐标为 $Q(t)$，压电片产生的电压值为 $V(t)$。典型的悬臂梁式流致振动型压电俘能器及物理参数表示如图 2-2 所示。在发电过程中，涉及水能向振动机械能的转化、振动机械能向电能转化的两个能量变化过程，因此有必要对系统的振动及发电过程进行描述，建立机械控制方程与电控制方程。

2.2.1 机械控制方程

为了推导这种悬臂梁式流致振动型压电俘能器的控制方程和相关边界条件，必须考虑系统的动能、势能以及非保守力所做的虚功，因此采用扩展的哈密顿原理对压电俘能器系统的机械控制方程进行求解：

$$\int_{t_1}^{t_2} (\delta T - \delta V + \delta W_{nc})\,\mathrm{d}t = 0 \tag{2-30}$$

式中　δ——积分算子；

　t_1、t_2——积分时间；

　T——压电俘能器系统的动能；

　V——压电俘能器系统的势能；

　W_{nc}——非保守力所做的虚功。

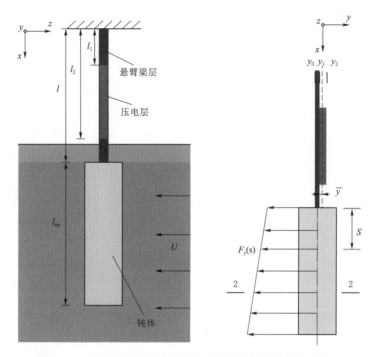

图 2-2 典型的悬臂梁式流致振动型压电俘能器及物理参数

压电俘能器系统主要发生 y 方向的摆动，受重力影响较小，因此在模型中忽略了重力，动能主要考虑 y 方向的摆动速度。压电复合悬臂梁以及钝体在任意时刻 t 所具有的动能，可以表示为

$$T = \frac{1}{2}\left[\int_0^{l_1} m_1\left(\frac{\partial v(x,t)}{\partial t}\right)^2 dx + \int_{l_1}^{l_2} m_2\left(\frac{\partial v(x,t)}{\partial t}\right)^2 dx + \int_{l_2}^{l} m_1\left(\frac{\partial v(x,t)}{\partial t}\right)^2 dx\right]$$
$$+ \frac{1}{2}m_{tip}\left(\frac{\partial v(l,t)}{\partial t} + l_c\frac{\partial^2 v(l,t)}{\partial x\partial t}\right)^2 + \frac{1}{2}I_c\left(\frac{\partial^2 v(l,t)}{\partial x\partial t}\right)^2 \qquad (2-31)$$

其中
$$m_1 = b_s\rho_s h_s$$
$$m_2 = b_s\rho_s h_s + b_p\rho_p h_p$$

式中　$v(x,t)$——t 时刻，悬臂梁在长度为 x 处的位移；

t——时间；

l_1——悬臂梁固定端到压电层起始点之间的长度；

l_2——悬臂梁固定端到压电层末端之间的长度；

l——悬臂梁总长度；

l_c——钝体的质心；

m_1——未粘贴压电片的部分悬臂梁每单位长度质量；

m_2——粘贴压电片的悬臂梁每单位长度质量；

m_{tip}——钝体的质量；

I_c——钝体相对于质心的转动惯量；

b_s、b_p——悬臂梁和压电片的宽度；

h_s、h_p——悬臂梁和压电片的厚度；

ρ_s、ρ_p——悬臂梁和压电片的密度。

同样，压电俘能器系统的势能可表示为

$$V = \int_0^{l_1} \frac{1}{2} EI_1 \left(\frac{\partial^2 v(x,t)}{\partial x^2}\right)^2 dx + \int_{l_1}^{l_2} \frac{1}{2} EI_2 \left(\frac{\partial^2 v(x,t)}{\partial x^2}\right)^2 dx + \int_{l_2}^l \frac{1}{2} EI_1 \left(\frac{\partial^2 v(x,t)}{\partial x^2}\right)^2 dx$$

(2-32)

其中
$$EI_1 = \frac{1}{12} E_s b_s h_s^3$$

$$EI_2 = \frac{1}{3} E_s b_s (y_1^3 - y_0^3) + \frac{1}{3} E_p b_p (y_2^3 - y_1^3)$$

$$y_0 = -\bar{y}, y_1 = h_s - \bar{y}, y_2 = (h_s + h_p) - \bar{y}$$

$$\bar{y} = \frac{E_p b_p h_p^2 + 2 E_p b_p h_p h_s + E_s b_s h_s^2}{2(E_s b_s h_s + E_p b_p h_p)}$$

式中 EI_1——悬臂梁层的刚度；

EI_2——粘贴有压电片的悬臂梁层部分刚度；

$\bar{y}$——中性轴位置，y_0、y_1、y_2 及 $\bar{y}$ 的位置如图 2-2 所示；

E_p、E_s——未粘贴压电片部分的悬臂梁层和压电片层的杨氏模量。

系统中的非保守力包括电磁力、阻尼力以及流体力，它们所作的虚功 W_{nc} 可以表示为

$$W_{nc} = W_{ele} + W_{damp} + W_{fluid}$$

(2-33)

式中 W_{ele}——电磁力所做的虚功；

W_{damp}——系统阻尼力所做的虚功；

W_{fluid}——流体力所做的虚功。

电磁力所做的虚功 W_{ele} 的计算公式为

$$W_{ele} = -\int_{l_1}^{l_2} M_{ele} \frac{\partial^2 v(x,t)}{\partial x^2} dx$$

(2-34)

式中 M_{ele}——由压电片的压电效应引起的力矩，对于如图 2-1 和图 2-2 所示的单压电层，M_{ele} 可表示为

$$M_{ele} = -\int_{y_1}^{y_2} (-e_{31} E_3) b_p y dy [H(x - l_1) - H(x - l_2)]$$
$$= \vartheta_p V(t) [H(x - l_1) - H(x - l_2)]$$

(2-35)

式中 $V(t)$——压电层电压；

E_3——电场，可表示为 $V(t)/h_p$；

e_{31}——压电应力系数，$e_{31} = E_p d_{31}$，d_{31} 为压电层的应变系数；

$H(x)$——阶跃函数；

ϑ_p——压电耦合系数，表达式为：$\vartheta_P = -e_{31} b_p (y_2 + y_1)/2$。

阻尼力所做的虚功 W_{damp} 的计算公式为

$$W_{damp} = \int_0^l \oint F_d(x,t) dy dz$$

(2-36)

其中
$$F_d = -c_a \frac{\partial v(x,t)}{\partial x} - c_s I \frac{\partial^5 v(x,t)}{\partial x^4 \partial t}$$

式中　　$F_d(x,t)$——悬臂梁的阻尼力；

　　　　c_a、c_s——悬臂梁的黏性应变系数和气动阻尼系数。

流体力所做的虚功 W_{fluid} 的计算公式为

$$W_{fluid} = F_{tip} v(l,t) + M_{tip} \frac{\partial v(l,t)}{\partial x} \tag{2-37}$$

式中　　F_{tip}、M_{tip}——钝体所受的水动力和力矩，在 2.1 节中详细给出了涡激振动、驰振、
　　　　　　尾流激振以及扰流激振各个情况下钝体所受到的水动力及力矩。

将 T、V、W_{nc} 的表达式代入扩展的哈密顿方程（2-30）中，得到典型的悬臂梁式流致振动型压电俘能器系统的机械控制方程为

$$EI \frac{\partial^4 v(x,t)}{\partial x^4} + c_a \frac{\partial v(x,t)}{\partial x} + c_s I \frac{\partial^5 v(x,t)}{\partial x^4 \partial t} + m \frac{\partial^2 v(x,t)}{\partial t^2} + \left(\frac{\mathrm{d}\delta(x-l_1)}{\mathrm{d}x} - \frac{\mathrm{d}\delta(x-l_2)}{\mathrm{d}x} \right) \theta_p V$$

$$= F_{tip} \delta(x-l) - M_{tip} \frac{\mathrm{d}\delta(x-l)}{\mathrm{d}x} \tag{2-38}$$

式中　　EI——悬臂梁的刚度，当 $0<x<l_1$，$l_2<x<l$ 时，$EI=EI_1$；当 $l_1<x<l_2$ 时，
　　　　　　$EI=EI_2$；

　　　　m——悬臂梁单位长度的质量，当 $0<x<l_1$，$l_2<x<l$ 时，$m=m_1$；当 $l_1<x<$
　　　　　　l_2 时，$m=m_1$；

　　　　$\delta(x)$——Dirac delta 函数。

2.2.2　电控制方程

为了建立系统机械运动和其所产生电能参数之间的关系式，通过高斯定理计算出压电能量采集系统的电场—位移之间的电控制方程，表示为

$$\frac{\mathrm{d}}{\mathrm{d}t} \int_A \boldsymbol{D} \cdot \boldsymbol{n} \, \mathrm{d}A = \frac{\mathrm{d}}{\mathrm{d}t} \int_A D_3 \, \mathrm{d}A = \frac{V(t)}{R} \tag{2-39}$$

式中　　$\boldsymbol{D}$——电位移矢量；

　　　　$\boldsymbol{n}$——悬臂梁的平面法向量；

　　　　A——MFC 压电片的面积；

　　　　R——外部外载电阻；

　　　　$V(t)$——外载电阻两端的输出电压；

　　　　D_3——电位移分量，表示为

$$D_3(x,t) = e_{31} \varepsilon_{11}(x,t) + \varepsilon_{33}^s E_3 \tag{2-40}$$

式中　　$\varepsilon_{11}(x,t)$——t 时刻，悬臂梁在 x 方向上的应变分量，表示为 $\varepsilon_{11}(x,t) =$
　　　　　　$-\frac{y_1+y_2}{2} \frac{\partial v(x,t)}{\partial x^2}$；

　　　　ε_{33}^s——恒定应变下的介电常数。

将式（2-39）与式（2-40）联立，得到电场—位移之间的电控制方程，表示为

$$\theta_p \int_{l_1}^{l_2} \frac{\partial^3 v(x,t)}{\partial t \partial x^2} \, \mathrm{d}x - C_p \frac{\mathrm{d}V(t)}{\mathrm{d}t} = \frac{V(t)}{R} \tag{2-41}$$

式中 C_p——压电俘能器的电容，表示为

$$C_p = \frac{\varepsilon_{33}^s b_p (l_2 - l_1)}{h_p}$$

2.3 系统边界条件及特征值分析

将位移变换为空间和时间变量，得到简化的初始条件和归一化正交条件。涡激振动、驰振以及尾流激振模型都可应用等效结构法得到模态坐标和电压的微分方程组。涡激振动模型相比于驰振模型多了涡变换项。两个模型都可应用解耦的方法消去微分方程组中的电压项，不同之处在于解耦之后的表达式不同，涡激振动模型解耦之后还存在两个微分方程，而驰振模型只存在一个微分方程，两者的修正频率和电阻尼也不同。而在涡激振动与驰振的基础上，尾流激振与扰流激振分别在其涡振与驰振分支区域的模型多了附加项。

2.3.1 压电俘能器系统边界条件

根据悬臂式流致振动型压电俘能器的悬臂梁分段特征以及系统的机械控制方程如式 (2-38)，悬臂梁结构的边界条件可写为

$$v(x^+, t) = 0, \frac{\partial v(x^+, t)}{\partial x} = 0, \ x = 0;$$

$$v(x^-, t) = v(x^+, t), \frac{\partial v(x^-, t)}{\partial x} = \frac{\partial v(x^+, t)}{\partial x}, EI_1 \frac{\partial^2 v(x^-, t)}{\partial x^2} = EI_2 \frac{\partial^2 v(x^+, t)}{\partial x^2};$$

$$\frac{\partial}{\partial x}\left(EI_1 \frac{\partial^2 v(x^-, t)}{\partial x^2}\right) = \frac{\partial}{\partial x}\left(EI_2 \frac{\partial^2 v(x^+, t)}{\partial x^2}\right), \ x = l_1$$

$$v(x^-, t) = v(x^+, t), \frac{\partial v(x^-, t)}{\partial x} = \frac{\partial v(x^+, t)}{\partial x}, EI_2 \frac{\partial^2 v(x^-, t)}{\partial x^2} = EI_1 \frac{\partial^2 v(x^+, t)}{\partial x^2},$$

$$\frac{\partial}{\partial x}\left(EI_2 \frac{\partial^2 v(x^-, t)}{\partial x^2}\right) = \frac{\partial}{\partial x}\left(EI_1 \frac{\partial^2 v(x^+, t)}{\partial x^2}\right), \ x = l_2$$

$$EI_1 \frac{\partial^2 v(x^-, t)}{\partial x^2} + C_s + m_{tip}\left(\frac{\partial^2 v(x^-, t)}{\partial t^2} + l_c \frac{\partial^3 v(x^-, t)}{\partial x \partial t^2}\right) = 0,$$

$$\frac{\partial}{\partial x}\left(EI_1 \frac{\partial^2 v(x^-, t)}{\partial x^2}\right) + \frac{\partial C_s}{\partial x} - m_{tip}\left(\frac{\partial^2 v(x^-, t)}{\partial t^2} + l_c \frac{\partial^3 v(x^-, t)}{\partial x \partial t^2}\right) = 0, x = l$$

$$(2-42)$$

式中 C_s——气动阻尼，表示为 $C_s = c_s I(x^-) \frac{\partial^3 v(x^-, t)}{\partial x^2 \partial t}$；

+——无限靠近分离点（L_1、L_2）的上端部分；

−——无限靠近分离点（L_1、L_2）的下端部分。

2.3.2 特征值分析

为了对流致振动俘能器进行分析，采用 Galerkin 法对耦合机电控制方程进行离散化。梁的位移 $v(x, t)$ 可以为空间变量和时间变量，表示为

$$v(x, t) = \sum_{i=1}^{\infty} \phi_i(x) Q_i(t) \qquad (2-43)$$

式中　　$Q_i(t)$——与时间有关的变量，表示 i^{th} 阶模态坐标；

　　　　$\phi_i(x)$——与空间有关的变量，表示 i^{th} 阶模态，由式（2-38）降低极化、阻尼以及强迫效应，并考虑悬臂梁的分段分布特性，能够得到模态 $\phi_i(x)$ 的表达式，写为

$$\left.\begin{array}{l}
\phi_1(x)=A_{i1}\sin\beta_{i1}x+B_{i1}\sin\beta_{i1}x+C_{i1}\sinh\beta_{i1}x+D_{i1}\cosh\beta_{i1}x, 0<x<l_1 \\
\phi_2(x)=A_{i2}\sin\beta_{i2}x+B_{i2}\sin\beta_{i2}x+C_{i2}\sinh\beta_{i2}x+D_{i2}\cosh\beta_{i2}x, l_1<x<l_2 \\
\phi_3(x)=A_{i3}\sin\beta_{i1}x+B_{i3}\sin\beta_{i1}x+C_{i3}\sinh\beta_{i1}x+D_{i3}\cosh\beta_{i1}x, l_2<x<l
\end{array}\right\} \quad (2-44)$$

式中　　　　　　　　　　　　x——距离悬臂梁上端 x 处的位置；

A_{in}、B_{in}、C_{in}、D_{in}（$n=1$，2，3）——模型系数；

　　　　　　　　　　　β_{i1}、β_{i2}——与悬臂梁力学特性相关的模型系数，且 β_{i1}、β_{i2} 之间存在关系：

$$\frac{\beta_{i1}}{\beta_{i2}}=\sqrt[4]{\frac{EI_1 m_1}{EI_2 m_2}}$$

以上模型系数由悬臂梁的简化边界条件与归一正交化条件得到，其中悬臂梁的简化边界条件由式（2-42）得出，表示为

$$\left.\begin{array}{l}
\phi_1(0)=0, \phi_1'(0)=0, \phi_1(l_1)=\phi_2(l_1) \\[4pt]
\phi_1'(l_1)=\phi_2'(l_1), EI_1\phi_1''(l_1)=EI_2\phi_2''(l_1) \\[4pt]
EI_1\phi_1'''(l_1)=EI_2\phi_2'''(l_1), \phi_2(l_2)=\phi_3(l_2), \phi_2'(l_2)=\phi_3'(l_2) \\[4pt]
EI_2\phi_2''(l_2)=EI_1\phi_3''(l_2), EI_2\phi_2'''(l_2)=EI_1\phi_3'''(l_2) \\[4pt]
EI_1\phi_3'''(l)+\omega^2 m_{tip}\phi_3(l)+\omega^2 m_{tip}L_c\phi_3'(l)=0 \\[4pt]
EI_1\phi_3''(l)-\omega^2 m_{tip}L_c\phi_3(l)-\omega^2(I_t+m_{tip}L_c^2)\phi_3'(l)=0
\end{array}\right\} \quad (2-45)$$

悬臂梁的归一正交化条件可表示为

$$\begin{aligned}
&\int_0^{l_1}\phi_{s1}m_1\phi_{r1}\mathrm{d}x+\int_{l_1}^{l_2}\phi_{s2}m_2\phi_{r2}\mathrm{d}x+\int_{l_2}^{l}\phi_{s3}m_1\phi_{r3}\mathrm{d}x+\phi_{s3}(l)m_{tip}\phi_{r3}(l) \\
&\quad +\phi_{s3}'(l)I_t\phi_{r3}'(l)+\phi_{s3}(l)m_{tip}l_c\phi_{r3}(l)+\phi_{s3}'(l)m_{tip}l_c\phi_{r3}(l) \\
&=\delta_{rs}\int_0^{l_1}\frac{\mathrm{d}^2\phi_{s1}(x)}{\mathrm{d}x^2}EI_1\frac{\mathrm{d}^2\phi_{r1}(x)}{\mathrm{d}x^2}\mathrm{d}x+\int_{l_1}^{l_2}\frac{\mathrm{d}^2\phi_{s2}(x)}{\mathrm{d}x^2}EI_2\frac{\mathrm{d}^2\phi_{r2}(x)}{\mathrm{d}x^2}\mathrm{d}x \\
&\quad +\int_{l_2}^{l}\frac{\mathrm{d}^2\phi_{s3}(x)}{\mathrm{d}x^2}EI_1\frac{\mathrm{d}^2\phi_{r3}(x)}{\mathrm{d}x^2}\mathrm{d}x=\delta_{rs}\omega_r^2 \quad (2-46)
\end{aligned}$$

式中　$'$——与 x 有关的导数；

　　　ω_i——悬臂梁的第 i 阶固有频率，可表示为 $\omega_i=\beta_{i1}^2\sqrt{EI_1/m_1}$；

　s、r——振动模态；

　　　δ_{rs}——克罗内克符号，表示为：$\delta_{rs}=\begin{cases}1 & r=s \\ 0 & r\neq s\end{cases}$。

2.4 机电耦合控制方程解耦及解析解

一般来说，典型的悬臂梁式流致振动型压电俘能器的一阶固有频率远远小于其二阶或者三阶固有频率，所以可以忽略二阶及三阶固有频率对于系统的影响。因此仅选择第一阶模态来简化机电耦合模型，得到简化后的耦合模型如下：

$$\left.\begin{array}{l} \ddot{Q}(t)+2\xi\omega\dot{Q}(t)+\omega^2 Q(t)+\theta_p V(t)=f(t)\\[2mm] C_p\dot{V}(t)+\dfrac{V(t)}{R}-\theta_p\dot{Q}(t)=0 \end{array}\right\} \tag{2-47}$$

其中
$$\theta_p=\left[\phi'(L_2)-\phi'(L_1)\right]\vartheta_p$$
$$f(t)=\phi(l)F_{tip}+\phi'(l)M_{tip} \tag{2-48}$$

式中 ξ——俘能系统的机械阻尼比；

ω——俘能系统的一阶固有频率；

θ_p——系统的机电耦合项；

ϑ_p——机电耦合系数；

$f(t)$——流致振动的一阶流体动力；

$\phi(x)$——悬臂梁的一阶模态，例如 $\phi(l)$ 表示距离悬臂梁上端 l 处的一阶模态。

2.4.1 涡激振动模型机电解耦

对于涡激振动式压电俘能器模型，联立式（2-4）与式（2-48），得到涡激振动的一阶流体动力，可表示为

$$f(t)=k_0 q(t)-k_4\dot{Q}(t)-k_2\ddot{Q}(t) \tag{2-49}$$

式中 k_0、k_4、k_2——涡激振动流体动力系数，分别表示为

$$\left.\begin{array}{l} k_0=\dfrac{1}{4}\rho DU^2 C_{L0} l_{tip}\left[\phi(l)+\dfrac{l_{tip}}{2}\phi'(l)\right]\\[4mm] k_2=\dfrac{\pi}{4}\rho D^2 l_{tip} C_M\left[\phi^2(l)+l_{tip}\phi(l)\phi'(l)+\dfrac{1}{3}l_{tip}^2\phi'^2(l)\right]\\[4mm] k_4=\dfrac{1}{2}DU l_{tip} C_D\left[\phi^2(l)+l_{tip}\phi(l)\phi'(l)+\dfrac{l_{tip}^2}{3}\phi'^2(l)\right] \end{array}\right\} \tag{2-50}$$

涡变量 $q(t)$ 可由下面的式子计算得到

$$\ddot{q}(t)+\varepsilon\omega_s\left[1-\beta q(t)^2+\lambda q(t)^4\right]\dot{q}(t)+\omega_s^2 q(t)=k_6\ddot{Q}(t) \tag{2-51}$$

式中 k_6——系数，表示为 $k_6=\dfrac{A}{D}\left[\phi(l)+\dfrac{l_{tip}}{2}\phi'(l)\right]$。

为了更好地理解流致振动的压电俘能器物理特性，应用等效结构法分析得到系统的解析解。通过应用等效结构法得到系统的修正频率及电阻尼，将系统进行解耦。也就是说，用修正频率和电阻尼代替了系统中的电压项，最终将电压方程消除掉。因此更容易得到系

统的解析解。因此，由式（2-47）、式（2-49）与式（2-51）得到的流-固-电耦合的涡激振动模型为

$$\ddot{Q}(t)+2\xi\omega\dot{Q}(t)+\omega^2Q(t)+\theta_pV(t)=k_0q(t)-k_4\dot{Q}(t)-k_2\ddot{Q}(t)$$

$$C_p\dot{V}(t)+\frac{V(t)}{R}-\theta_p\dot{Q}(t)=0 \qquad (2-52)$$

$$\ddot{q}(t)+\varepsilon\omega_s[1-\beta q(t)^2+\lambda q(t)^4]\dot{q}(t)+\omega_s^2q(t)=k_6\ddot{Q}(t)$$

利用压电系数消去电控制方程，可将式（2-52）的第二个式子变形为

$$\ddot{Q}(t)+\frac{2\bar{\xi}\bar{\omega}}{1+k_2}\dot{Q}(t)+\frac{\bar{\omega}^2}{1+k_2}Q(t)=\frac{k_0}{1+k_2}q(t) \qquad (2-53)$$

式中　$\bar{\xi}$——涡激振动式压电俘能器系统的修正电阻尼；

　　　$\bar{\omega}$——涡激振动式压电俘能器系统的修正频率。

$\bar{\omega}$ 与 $\bar{\xi}$ 分别可表示为

$$\bar{\omega}=\sqrt{\omega^2+\frac{\theta_p^2C_p\Omega_s^2R^2}{C_p^2\Omega_s^2R^2+1}}$$

$$\bar{\xi}=\frac{2\xi\omega+k_4+\dfrac{\theta_p^2R}{C_p^2\Omega_s^2R^2+1}}{2\bar{\omega}} \qquad (2-54)$$

式中　Ω_s——悬臂梁的振动频率。

假设 t 时刻，悬臂梁的模态坐标为 $Q(t)=Q_0\sin(\Omega t)$，考虑到延迟效应，由压电片产生的电压、涡变量与悬臂梁的模态坐标之间存在滞后，分别表示为 $V(t)=V_0\sin(\Omega t+\sigma)$ 和 $q(t)=q_0\sin(\Omega t+\sigma+\sigma')$，其中 σ、σ' 均为相位差。基于假设后的模态坐标与电压，可简化式（2-52）的第一个式子，得到电压与位移模态坐标之间的关系，表示为

$$V_0^2=\frac{\theta_p^2R^2\Omega_s^2}{C_p^2R^2\Omega_s^2+1}Q_0^2 \qquad (2-55)$$

式中　V_0——采集电压 $V(t)$ 的振幅；

　　　Q_0——位移模态坐标 $Q(t)$ 的振幅。

进一步可以获得外部负载的消耗功率：

$$P_{v-mod}=\frac{V_0^2}{R}=\frac{\theta_p^2R\Omega_s^2}{C_p^2R^2\Omega_s^2+1}Q_0^2 \qquad (2-56)$$

位移模态坐标幅值 Q_0、悬臂梁振动频率 Ω_s 和涡变量 $q(t)$ 的振幅 q_0 可由下面三个式子联立求解：

$$\left.\begin{array}{l}Q_0^2=\dfrac{k_0^2}{[\bar{\omega}^2-(1+k_2)\Omega_s^2]^2+(2\bar{\xi}\bar{\omega}\Omega_s)^2}q_0^2 \\[4mm] (\omega_s^2-\Omega_s^2)=-\dfrac{k_0k_6[\bar{\omega}^2-(1+k_2)\Omega_s^2]\Omega_s^2}{[\bar{\omega}^2-(1+k_2)\Omega_s^2]^2+(2\bar{\xi}\bar{\omega}\Omega_s)^2} \\[4mm] \varepsilon\omega_s(1-\beta q_0^2\dfrac{1}{4}+\dfrac{1}{8}\lambda q_0^4)=k_6\Omega_s^2\dfrac{2\bar{\xi}\bar{\omega}k_0}{[\bar{\omega}^2-(1+k_2)\Omega_s^2]^2+(2\bar{\xi}\bar{\omega}\Omega_s)^2}\end{array}\right\} \qquad (2-57)$$

根据式（2-57）的第 1、第 2 个式子，当且仅当悬臂梁的位移模态坐标振幅 $Q_0 > 0$ 时，压电俘能器系统才进行正常工作，将流体能量持续转化为电能。而 $Q_0 = 0$ 时，涡激振动型压电俘能器的圆柱形钝体处于临界状态，即将从静止进入发生涡激振动阶段。$Q_0 = 0$ 时刻对应的流体流速称为涡激振动的起动流速 U_V^0，U_V^0 可以通过以下式子联立求解得到

$$\varepsilon\omega_s = k_6 \Omega_s \frac{2\bar{\xi}\bar{\omega}k_0}{[\bar{\omega}^2 - (1+k_2)\Omega_s^2]^2 + (2\bar{\xi}\bar{\omega}\Omega_s)^2}$$

$$\omega_s^2 - \Omega_s^2 = -\frac{k_0 k_6 [\bar{\omega}^2 - (1+k_2)\Omega_s^2]^2}{[\bar{\omega}^2 - (1+k_2)\Omega_s^2]^2 + (2\bar{\xi}\bar{\omega}\Omega_s)^2} \tag{2-58}$$

2.4.2 驰振模型机电解耦

对于驰振式压电俘能器模型，联立式（2-11）与式（2-48），得到驰振的一阶流体动力，可表示为

$$f(t) = k_1 \frac{\dot{Q}(t)}{U} - k_2 \ddot{Q} + k_3 \left[\frac{\dot{Q}(t)}{U}\right]^3 \tag{2-59}$$

式中 k_1、k_2、k_3——驰振流体动力系数，展开后可以得到具体表达式如下：

$$k_1 = \frac{1}{2} a_1 \rho U^2 D \left[\phi^2(l)l_{tip} + \phi(l)\phi'(l)l_{tip}^2 + \frac{1}{3}\phi'^2(l)l_{tip}^3\right]$$

$$k_2 = \frac{1}{4} \rho \pi D^2 C_M \left[\phi^2(l)l_{iip} + \phi(l)\phi'(l)l_{iip}^2 + \frac{1}{3}\phi'^2(l)l_{iip}^3\right]$$

$$k_3 = \frac{1}{2} a_3 \rho U^2 D \left[\phi(l)\int_0^{l_{tip}} [\phi(l) + x\phi'(l)]^3 \mathrm{d}x + \phi'(l)\int_0^{l_{tip}} x[\phi(l) + x\phi'(l)]^3 \mathrm{d}x\right] \tag{2-60}$$

与涡激振动模型解耦一致，同样采用机电等效方法，联立式（2-47）与式（2-59），得到流-固-电耦合的驰振模型为

$$\ddot{Q}(t) + 2\xi\omega\dot{Q}(t) + \omega^2 Q(t) + \theta_p V(t) = k_1 \frac{\dot{Q}(t)}{U} - k_2 \ddot{Q} + k_3 \left[\frac{\dot{Q}(t)}{U}\right]^3$$

$$C_p \dot{V}(t) + \frac{V(t)}{R} - \theta_p \dot{Q}(t) = 0 \tag{2-61}$$

利用压电系数消去电控制方程，可将式（2-61）的第一个式子变形为

$$\ddot{Q}(t) + \frac{1}{1+k_2}\left[\left(c + 2\xi\omega - \frac{k_1}{U}\right)\dot{Q}(t) - k_3\left(\frac{\dot{Q}(t)}{U}\right)^3\right] + \Omega^2 Q(t) = 0 \tag{2-62}$$

式中 c——驰振式压电俘能器的修正阻尼；

Ω——驰振式压电俘能器的修正频率，c、Ω 分别可表示为

$$c = \frac{\theta_p^2 R}{C_p^2 R^2 \Omega^2 + 1}$$

$$\Omega = \sqrt{\frac{1}{1+k_2}\left(\omega^2 + \frac{C_p \theta_p^2 R^2 \Omega^2}{C_p^2 R^2 \Omega^2 + 1}\right)} \tag{2-63}$$

驰振式压电俘能器的输出电压与位移模态坐标之间的关系与涡激振动式压电俘能器一致，均是通过由高斯定理得到的电控制方程求解变形得到，表示为

$$V_0^2 = \frac{\theta_p^2 R^2 \Omega^2}{C_p^2 R^2 \Omega^2 + 1} Q_0^2 \tag{2-64}$$

式中 V_0——采集电压 $V(t)$ 的振幅；

Q_0——位移模态坐标 $Q(t)$ 的振幅。

进一步可以获得外部负载的消耗功率：

$$P_{g-mod} = \frac{V_0^2}{R} = \frac{\theta_p^2 R \Omega^2 Q_0^2}{C_p^2 R^2 \Omega^2 + 1} \tag{2-65}$$

进一步采用解耦力学模型，确定模态坐标的振幅 Q_0 为

$$Q_0 = \sqrt{-\frac{4U^3}{3k_3 \Omega^2}\left(\frac{k_1}{U} - 2\xi\omega - c\right)} \tag{2-66}$$

由式（2-66）可知，$\frac{k_1}{U}$ 表示为系统提供动力（使非圆柱钝体发生驰振）的流体动力负阻尼，它可被计算为

$$\frac{k_1}{U} = \frac{1}{2}a_1\rho UD\left[\phi^2(l)l_{tip} + \phi(l)\phi'(l)l_{tip}^2 + \frac{1}{3}\phi'^2(l)l_{tip}^3\right]$$

流体动力负阻尼与流体流速度 U 成正比。当流体流速较小时，负阻尼小于系统总阻尼，即 $\frac{k_1}{U} - 2\xi\omega - C_e < 0$，此时由式（2-66）可知，方程的解包含虚部（$a_1 > 0$、$a_3 < 0$），这意味着系统无法振动，因此，系统保持了振幅为 0 的平衡静止状态；而当流体流速不断增大，直至流体动力负阻尼超过结构阻尼时，即 $\frac{k_1}{U} - 2\xi\omega - C_e > 0$，系统经历超临界 Hopf 分岔，非圆柱形钝体将失稳并发生振动。当流体速度不断增大时，系统受到的负阻尼与阻尼之差将不断增大，即 $\frac{k_1}{U} - 2\xi\omega - C_e$ 将持续增加，这意味着非圆柱形钝体的振动将会越来越剧烈，振幅会越来越大，压电俘能器的输出功率也将持续上升，这符合驰振的特征。

驰振式压电俘能器的起动流速 U_g^0 可表示为

$$U_g^0 = \frac{2(2x\omega + c)}{rk_g D}\frac{1}{a_1} \tag{2-67}$$

其中

$$k_g = l_{tip}\phi^2(l) + l_{tip}^2\phi(l)\phi(l) + \frac{l_{tip}^3}{3}\phi^2(l)$$

2.4.3 尾流激振模型机电解耦

（1）对于尾流激励处于尾激涡振区域的模型，联立式（2-15）与式（2-48），得到尾激涡振的一阶流体动力，可表示为

$$f_{w-v}(t) = k_0 q(t) - k_4 \dot{Q}(t) - k_2 \ddot{Q}(t) + k'Q_0\sin(\Omega t + \phi) \tag{2-68}$$

式中 k_0、k_4、k_2、k'——尾激涡振流体动力系数，它们分别表示为

$$
\left.\begin{aligned}
k_0 &= \frac{1}{4}\rho DU^2 C_{L0}\left[\phi(l)l_{tip} + \frac{l_{tip}^2}{2}\phi'(l)\right] \\
k_2 &= \frac{\pi}{4}\rho D^2 C_M\left[l_{tip}\phi^2(l) + l_{tip}^2\phi(l)\phi'(l) + \frac{l_{tip}^3}{3}\phi'^2(l)\right] \\
k_4 &= \frac{1}{2}C_D\rho DU\left[l_{tip}\phi^2(l) + l_{tip}^2\phi(l)\phi'(l) + \frac{l_{tip}^3}{3}\phi'^2(l)\right] \\
k' &= \frac{1}{2}\rho U^2 Dk\left[l_{tip}\phi^2(l) + l_{tip}^2\phi(l)\phi'(l) + \frac{l_{tip}^3}{3}\phi'^2(l)\right]
\end{aligned}\right\} \tag{2-69}
$$

式中　k——尾流激振附加流体动力系数。

涡变量 $q(t)$ 同样可由下面的式子计算得到

$$
\ddot{q}(t) + \varepsilon\omega_s\left[1 - \beta q(t)^2 + \lambda q(t)^4\right]\dot{q}(t) + \omega_s^2 q(t) = k_6\ddot{Q}(t) \tag{2-70}
$$

其中
$$
k_6 = \frac{A}{D}\left[\phi(l) + \frac{l_{tip}}{2}\phi'(l)\right]
$$

结合式（2-47）、式（2-68）与式（2-70），得到尾流激振式压电俘能器在尾激涡振阶段的流-固-电耦合模型为

$$
\left.\begin{aligned}
\ddot{Q}(t) + 2\xi\omega\dot{Q}(t) &+ \omega^2 Q(t) + \theta_p V(t) = k_0 q(t) - k_4\dot{Q}(t) - k_2\ddot{Q}(t) \\
&+ k'Q(t)\cos\varphi + \frac{k'}{\Omega}\dot{Q}(t)\sin\varphi \\
C_p\dot{V}(t) + \frac{V(t)}{R} &- \theta_p\dot{Q}(t) = 0 \\
\ddot{q} + \varepsilon\omega_s(1 - \beta q^2 &+ \lambda q^4)\dot{q} + \omega_s^2 q = k_6\ddot{Q}(t)
\end{aligned}\right\} \tag{2-71}
$$

利用压电系数消去电控制方程，得到尾流激振式压电俘能器在尾激涡振区域模型第一个式子的解耦方程如下：

$$
(1 + k_2)\ddot{Q}(t) + 2\bar{\xi}\bar{\omega}\dot{Q}(t) + \bar{\omega}^2 Q(t) = k_0 q(t) \tag{2-72}
$$

式中　$\bar{\xi}$——处于尾激涡振区域的尾流激振式压电俘能器系统的修正阻尼；

$\bar{\omega}$——处于尾激涡振区域的尾流激振式压电俘能器系统的修正频率。

$\bar{\xi}$ 与 $\bar{\omega}$ 可以分别表示为

$$
\left.\begin{aligned}
\bar{\omega} &= \sqrt{\left(\omega^2 + \frac{C_p\theta_p^2 R^2\Omega^2}{C_p^2 R^2\Omega^2 + 1} - k'\cos\varphi\right)} \\
\bar{\xi} &= \frac{2\xi\omega + \dfrac{\theta_p^2 R}{C_p^2 R^2\Omega^2 + 1} + k_4 - \dfrac{k'}{\Omega}\sin\varphi}{2\bar{\omega}}
\end{aligned}\right\} \tag{2-73}
$$

将式（2-73）代入式（2-71）中，可得到电压输出与悬臂梁的振动位移的解析解，表示如下：

$$
V_0^2 = \frac{\theta_p^2 R^2\Omega^2}{C_p^2 R^2\Omega^2 + 1}Q_0^2 \tag{2-74}
$$

$$
A_b = \phi(l)Q_0 \tag{2-75}
$$

式中　V_0——采集电压 $V(t)$ 的振幅；

　　　Q_0——位移模态坐标 $Q(t)$ 的振幅；

　　　A_b——悬臂梁下端部位移。

其中 V_0 与 Q_0 满足以下等式：

$$\left.\begin{aligned}
Q_0^2 &= \frac{k_0^2}{[\bar{\omega}^2-(1+k_2)\Omega^2]^2+(2\bar{\xi}\bar{\omega}\Omega)^2}q_0^2 \\[2mm]
(\omega_s^2-\Omega^2) &= \frac{k_0 k_6[\bar{\omega}^2-(1+k_2)\Omega^2]\Omega^2}{[\bar{\omega}^2-(1+k_2)\Omega^2]^2+(2\bar{\xi}\bar{\omega}\Omega)^2} \\[2mm]
\varepsilon\omega_s\left(1-\frac{1}{4}\beta q_0^2+\frac{1}{8}\lambda q_0^4\right) &= \frac{2\bar{\xi}\bar{\omega}k_0 k_6\Omega^2}{[\bar{\omega}^2-(1+k_2)\Omega^2]^2+(2\bar{\xi}\bar{\omega}\Omega)^2}
\end{aligned}\right\} \quad (2-76)$$

通过以上所有等式，即可得到尾流激振式压电俘能器在尾激涡振阶段电压与位移响应的解析解，输出功率则可根据式（2-77）得到

$$P_{w-v-mod}=\frac{V_0^2}{R}=\frac{\theta_p^2 R\Omega^2 Q_0^2}{C_p^2 R^2\Omega^2+1} \quad (2-77)$$

（2）对于尾流激励处于尾流驰振区域的模型，联立式（2-20）与式（2-48），得到尾激驰振的一阶流体动力，可表示为

$$f(t)=k_1\frac{\dot{Q}(t)}{U}-k_2\ddot{Q}(t)+k_3\left(\frac{\dot{Q}(t)}{U}\right)^3+k'Q_0\sin(\Omega t+\varphi) \quad (2-78)$$

式中　k_1、k_2、k_3、k'——尾流驰振流体动力系数，它们分别表示为

$$\left.\begin{aligned}
k_1 &= \frac{1}{2}a_1\rho U^2 D\left[l_{tip}\phi^2(l)+l_{tip}^2\phi(l)\phi'(l)+\frac{l_{tip}^3}{3}\phi'^2(l)\right] \\[2mm]
k_2 &= \frac{\pi}{4}\rho D^2 C_M\left[l_{tip}\phi^2(l)+l_{tip}^2\phi(l)\phi'(l)+\frac{l_{tip}^3}{3}\phi'^2(l)\right] \\[2mm]
k_3 &= \frac{1}{2}a_3\rho U^2 D\left[\begin{aligned}&l_{tip}\phi^4(l)+2l_{tip}^2\phi'(l)\phi^3(l)\\&+2l_{tip}^3\phi^2(l)\phi'^2(l)+l_{tip}^4\phi(l)\phi'^3(l)+\frac{1}{5}l_{tip}^5\phi'^4(l)\end{aligned}\right] \\[2mm]
k' &= \frac{1}{2}\rho U^2 Dk\left[l_{tip}\phi^2(l)+l_{tip}^2\phi(l)\phi'(l)+\frac{l_{tip}^3}{3}\phi'^2(l)\right]
\end{aligned}\right\} \quad (2-79)$$

式中　k——尾流激振附加流体动力系数。

联立式（2-47）与式（2-78），得到流-固-电耦合的尾流驰振模型为

$$\left.\begin{aligned}
(1+k_2)\ddot{Q}(t)+2\xi\omega\dot{Q}(t)+\omega^2 Q(t)+\theta_p V(t) &= k_1\frac{\dot{Q}(t)}{U}\ddot{Q}(t)+k_3\left(\frac{\dot{Q}(t)}{U}\right)^3 \\
&\quad +k'Q_0\sin(\Omega t+\varphi) \\
C_p\dot{V}(t)+\frac{V(t)}{R}-\theta_p\dot{Q}(t) &= 0
\end{aligned}\right\} \quad (2-80)$$

利用压电系数消去电控制方程，可将式（2-80）的第一个式子变形为

$$\ddot{Q}(t)+\frac{c}{1+k_2}\dot{Q}(t)+\Omega^2 Q(t)=\frac{1}{1+k_2}\left[k_1\frac{\dot{Q}(t)}{U}+k_3\left(\frac{\dot{Q}(t)}{U}\right)^3\right] \quad (2-81)$$

式中　c——尾流激振式压电俘能器处于尾流驰振区域的修正阻尼；

　　　Ω——尾流激振式压电俘能器处于尾流驰振区域的修正频率，c 和 Ω 分别可表示为

$$\Omega = \sqrt{\frac{1}{1+k_2}\left(\omega^2 + \frac{C_p\theta_p^2R^2\Omega^2}{C_p^2R^2\Omega^2+1} - k'\cos\varphi\right)} \tag{2-82}$$

$$c = c_s + c_e + c_w$$

式中　c_s——结构阻尼，可表示为 $c_s = 2\xi\omega$；

　　　c_e——机电耦合过程中引起的阻尼，可表示为 $c_e = \dfrac{\theta_p R}{C_p^2R^2\Omega^2+1}$；

　　　c_w——流体导致的阻尼，可表示为 $c_w = \dfrac{\Omega}{U}\sin\varphi$。

解耦流-固-电耦合的尾流驰振模型，得到位移模态坐标 $Q(t)$ 的振幅，表示为

$$Q_0^2 = \frac{4}{3}\frac{\chi - c_s - c_e - c_w}{-\lambda\Omega^2} \tag{2-83}$$

式中　χ、λ——水动力阻尼系数，$\chi = \dfrac{k_1}{U}$，$\lambda = \dfrac{k_3}{U^3}$。

通过由高斯定理得到的电控制方程求解变形得到压电俘能器的输出电压、悬臂梁的位移的解析解，表达式如下：

$$V_0^2 = \frac{\theta_p^2R^2\Omega^2}{C_p^2R^2\Omega^2+1}Q_0^2 \tag{2-84}$$

$$A_b = \phi(l)Q_0 = \phi(l)\sqrt{\frac{4(\chi - c_s - c_e - c_w)}{-3\lambda\Omega^2}} \tag{2-85}$$

式中　V_0——输出电压 $V(t)$ 的幅值；

　　　Q_0——位移模态坐标 $Q(t)$ 的振幅；

　　　A_b——悬臂梁下端部位移。

通过以上所有等式，即可得到尾流激振式压电俘能器在尾流驰振阶段电压与位移响应的解析解，输出功率则可根据式（2-86）得到

$$P_{w-g-mod} = \frac{V_0^2}{R} = \frac{\theta_p^2R\Omega^2Q_0^2}{C_p^2R^2\Omega^2+1} \tag{2-86}$$

观察式（2-83）可以知，当水动力引起的负阻尼 χ 小于系统修正阻尼时，$\chi - c_s - c_e - c_w < 0$，尾流驰振系统没有输出，物理意义为系统的恢复力大于瞬时扰动，不发生尾流驰振，即处于尾激涡振阶段。水动力负阻尼的表达式为 $\chi = k_1/U = a_1\rho UD/2[\phi^2(l)l_{tip} + \phi(l)\phi'(l)l_{tip}^2 + \phi'^2(l)l_{tip}^3/3]$，可以看出 χ 随流速的增大而增大，当流速达到一定程度后，水动力夫阻尼 χ 大于系统阻尼，$\chi - c_s - c_e - c_w > 0$，进入尾激驰振阶段，符合物理现象。

尾流驰振的起动流速的数学表达式如下：

$$U_s = \frac{2(c_s + c_e + c_w)}{a_1\rho k_g D} \tag{2-87}$$

其中　　　　　$k_g = l_{tip}\phi^2(l) + l_{tip}^2\phi(l)\phi'(l) + \frac{l_{tip}^3}{3}\phi'^2(l)$

2.4.4　扰流激振模型机电解耦

（1）对于扰流激振处于扰流涡振区域的模型，联立式（2-15）与式（2-24），得到扰流涡振的一阶流体动力，可表示为

$$f_{d-v}(t)=k_0 q(t)-k_1 \dot{Q}(t)+k_3 Q_0 \sin(\hat{\omega}t+\hat{\xi})-k_2 \ddot{Q}(t) \tag{2-88}$$

式中　k_0、k_1、k_2、k_3——扰流涡振流体动力系数，它们分别表示为

$$\left.\begin{aligned}
k_0 &= \frac{1}{4}U^2 D\rho C_{L0} l_{tip}\left[\phi(l)+\frac{l_{tip}}{2}\phi'(l)\right]\\[2mm]
k_1 &= \frac{1}{2}UD\rho C_D l_{tip}\left[\phi^2(l)+l_{tip}\phi(l)\phi'(l)+\frac{l_{tip}^2}{3}\phi'^2(l)\right]\\[2mm]
k_2 &= \frac{\pi}{4}D^2\rho C_M l_{tip}\left[\phi^2(l)+l_{tip}\phi(l)\phi'(l)+\frac{l_{tip}^2}{3}\phi'^2(l)\right]\\[2mm]
k_3 &= \frac{1}{2}U'^2 D\rho k_a l_{tip}\left[\phi^2(l)+l_{tip}\phi(l)\phi'(l)+\frac{l_{tip}^2}{3}\phi'^2(l)\right]
\end{aligned}\right\} \tag{2-89}$$

式中　k_a——阵列扰流激励系数。

涡变量 $q(t)$ 同样可由式（2-90）计算得到：

$$\ddot{q}(t)+\varepsilon\omega_s[1-\beta q(t)^2+\lambda q(t)^4]\dot{q}(t)+\omega_s^2 q(t)=k_6\ddot{Q}(t) \tag{2-90}$$

其中

$$k_6=\frac{A}{D}\left[\phi(l)+\frac{l_{tip}}{2}\phi'(l)\right]$$

结合式（2-47）、式（2-88）与式（2-90），得到尾流激振式压电俘能器在尾激涡振阶段的流-固-电耦合模型为

$$\left.\begin{aligned}
\ddot{Q}(t)+2\hat{\xi}\hat{\omega}\dot{Q}(t)+\hat{\omega}^2 Q(t)+\theta_p V(t)&=k_0 q(t)-k_1\dot{Q}(t)+k_3 Q(t)\cos\hat{\xi}\\
&\quad+\frac{k_3\dot{Q}(t)\sin\hat{\xi}}{\Omega}-k_2\ddot{Q}(t)\\[2mm]
C_p\dot{V}(t)+\frac{V(t)}{R}-\theta_p\dot{Q}(t)&=0\\[2mm]
\ddot{q}(t)+\varepsilon\omega_s[1-\beta q(t)^2+\lambda q(t)^4]\dot{q}(t)+\omega_s^2 q(t)&=k_6\ddot{Q}(t)
\end{aligned}\right\} \tag{2-91}$$

利用压电系数消去电控制方程，得到扰流激振式压电俘能器在扰流涡振区域模型第一个式子的解耦方程如下：

$$(1+k_2)\ddot{Q}(t)+2\hat{\xi}\hat{\omega}\dot{Q}(t)+\hat{\omega}^2 Q(t)=k_0 q(t) \tag{2-92}$$

式中　$\hat{\xi}$——处于扰流涡振区域的扰流激振式压电俘能器系统的修正阻尼；

$\hat{\omega}$——处于扰流涡振区域的扰流激振式压电俘能器系统的修正频率。

$\hat{\xi}$ 与 $\hat{\omega}$ 可以分别表示为

$$\left.\begin{array}{l} \hat{\omega}=\sqrt{\omega^2-k_3\cos\varphi+\dfrac{R^2C_p^2\theta_p^2\Omega^2}{1+C_p^2\Omega^2R^2}} \\[4mm] \hat{\xi}=\dfrac{2\xi\omega\Omega+k_1\Omega-k_3\sin\varphi+\dfrac{\theta_p^2\Omega R}{C_p^2\Omega^2R^2+1}}{2\omega\Omega} \end{array}\right\} \qquad (2-93)$$

将式（2-93）代入式（2-91）中，可得到电压输出的解析解，表示如下：

$$V_0^2=\frac{\theta_p^2R^2\Omega^2}{C_p^2R^2\Omega^2+1}Q_0^2 \qquad (2-94)$$

式中　V_0——采集电压 $V(t)$ 的振幅；

　　Q_0——位移模态坐标 $Q(t)$ 的振幅。其中 V_0 与 Q_0 满足以下等式：

$$\left.\begin{array}{l} Q_0^2=\dfrac{k_0^2}{[\hat{\omega}^2-(1+k_2)\Omega^2]^2+(2\hat{\xi}\hat{\omega}\Omega)^2}q_0^2 \\[4mm] (\omega_s^2-\Omega^2)=-\dfrac{k_0k_4[\hat{\omega}^2-(1+k_2)\Omega^2]\Omega^2}{[\hat{\omega}^2-(1+k_2)\Omega^2]^2+(2\hat{\xi}\hat{\omega}\Omega)^2} \\[4mm] \varepsilon\omega_s\left(1-\dfrac{1}{4}\beta q_0^2+\dfrac{1}{8}\lambda q_0^4\right)=\dfrac{2\hat{\xi}\omega k_0k_6\Omega^2}{[\hat{\omega}^2-(1+k_2)\Omega^2]^2+(2\hat{\xi}\bar{\omega}\Omega)^2} \end{array}\right\} \qquad (2-95)$$

通过以上所有等式，即可得到扰流激振式压电俘能器在扰流涡振阶段电压与位移响应的解析解，输出功率则可根据式（2-96）得到

$$P_{d-v-mod}=\frac{V_0^2}{R}=\frac{\theta_p^2R\Omega^2Q_0^2}{C_p^2R^2\Omega^2+1} \qquad (2-96)$$

（2）对于扰流激励处于扰流驰振区域的模型，联立式（2-29）与式（2-48），得到扰流驰振的一阶流体动力，可表示为

$$f(t)=k_5\frac{\dot{Q}(t)}{U}+k_4\left(\frac{\dot{Q}(t)}{U}\right)^3+k_3Q_0\sin(\tilde{\Omega}t+\varphi)-k_2\ddot{Q}(t) \qquad (2-97)$$

式中　k_5、k_4、k_3、k_2——扰流驰振流体动力系数，它们分别表示为

$$\left.\begin{array}{l} k_2=\dfrac{\pi}{4}D^2\rho C_Ml_{tip}\left[\phi^2(l)+l_{tip}\phi(l)\phi'(l)+\dfrac{l_{tip}^2}{3}\phi'^2(l)\right] \\[4mm] k_3=\dfrac{1}{2}U'^2D\rho k_al_{tip}\left[\phi^2(l)+l_{tip}\phi(l)\phi'(l)+\dfrac{l_{tip}^2}{3}\phi'^2(l)\right] \\[4mm] k_4=\dfrac{1}{2}a_3U^2D\rho l_{tip}\left[\begin{array}{l}\phi^4(l)+2l_{tip}\phi'(l)\phi^3(l)+2l_{tip}^2\phi^2(l)\phi'^2(l) \\[2mm] +l_{tip}^3\phi(l)\phi'^3(l)+\dfrac{1}{5}l_{tip}^4\phi'^4(l)\end{array}\right] \\[6mm] k_5=\dfrac{1}{2}a_1U^2D\rho l_{tip}\left[\phi^2(l)+l_{tip}\phi(l)\phi'(l)+\dfrac{l_{tip}^2}{3}\phi'^2(l)\right] \end{array}\right\} \qquad (2-98)$$

联立式（2-47）与式（2-97），得到流-固-电耦合的扰流驰振模型为

$$(1+k_2)\widetilde{Q}(t)+2\widetilde{\Omega}\widetilde{C}Q(t)+\widetilde{\Omega}^2Q(t)+\theta_pV(t)=k_5\frac{\dot{Q}(t)}{U}+k_4\left(\frac{\dot{Q}(t)}{U}\right)^3$$
$$+k_3Q_0\sin(\widetilde{\Omega}t+\varphi) \quad\quad (2-99)$$
$$C_p\dot{V}(t)+\frac{V(t)}{R}-\theta_p\dot{Q}(t)=0$$

利用压电系数消去电控制方程，可将式（2-99）的第一个式子变形为

$$\ddot{Q}(t)+\frac{\widetilde{C}\dot{Q}(t)}{1+k_2}+\widetilde{\Omega}^2Q(t)=\frac{1}{1+k_2}\left[k_5\frac{\dot{Q}(t)}{U}+k_4\left(\frac{\dot{Q}(t)}{U}\right)^3\right] \quad\quad (2-100)$$

式中 $\widetilde{C}$——扰流激振式压电俘能器位于扰流驰振区域的修正阻尼；

$\widetilde{\Omega}$——扰流激振式压电俘能器位于扰流驰振区域的修正频率，$\widetilde{C}$ 和 $\widetilde{\Omega}$ 分别可表示为

$$\widetilde{\Omega}=\sqrt{\frac{1}{1+k_2}\left(\omega^2-k_3\cos\varphi+\frac{R^2C_p^2\theta_p^2\Omega^2}{1+C_p^2\Omega^2R^2}\right)}$$
$$\widetilde{C}=2\xi\omega+\frac{R\theta_p^2}{1+C_p^2\Omega^2R^2}-\frac{k_3\sin\varphi}{\Omega} \quad\quad (2-101)$$

解耦流-固-电耦合的扰流驰振模型，得到位移模态坐标 $Q(t)$ 的振幅，表示为

$$Q_0{}^2=\frac{4}{3}\frac{\chi-\widetilde{C}}{-\lambda\widetilde{\Omega}^2} \quad\quad (2-102)$$

通过由高斯定理得到的电控制方程求解变形得到压电俘能器的输出电压的解析解，表达式如下：

$$V_0^2=\frac{\theta_p^2R^2\Omega^2}{C_p^2R^2\Omega^2+1}Q_0^2 \quad\quad (2-103)$$

通过以上所有等式，即可得到扰流激振式压电俘能器在扰流驰振阶段电压与位移响应的解析解，输出功率则可根据式（2-104）得到

$$P_{d-g-mod}=\frac{V_0^2}{R}=\frac{\theta_p^2R\Omega^2Q_0^2}{C_p^2R^2\Omega^2+1} \quad\quad (2-104)$$

2.5 本章小结

本章分别详细地描述、建立了适用于流体中的涡激振动式（VIV）、驰振式（Galloping）、尾流激振式（WIV）及扰流激振式（DIV）压电俘能器分段分布参数模型。对于涡激振动，应用修正的 Van der Pol 模型模拟得到了涡激振动流体动力；对于驰振模型，应用准稳态假设模拟得到了驰振的流体动力；对于尾流激振与扰流激振，由于其复杂性，根据其特征将尾流激振分为了尾激涡振以及尾流驰振区域，将扰流激振分为了扰流涡振以及扰流驰振区域，分别在涡激振动与驰振的基础上引入了尾流激振、扰流激振附加流体动力系数，进而得到相应的流体动力。应用扩展的哈密尔顿原理和高斯定律建立了机电耦合控制方程，并应用机电解耦的方法得到了涡激振动式、驰振式、尾流激振式以及扰流激振式压电俘能器的采集功率解析解，以及起始流速表达式。

　　利用数学建模的方式描述涡激振动式、驰振式、尾流激振式以及扰流激振式压电俘能器的表现，运用相关知识并且借助特定数学符号定量或定性的刻画出某种系统当中各类物理量之间的联系。一般来说，这种联系是一种理想化的表示，它们在一些合理简化的基础之上保证了数学上的可解性，通过此类的研究可以实现不同状态的预测，不仅对流致振动型压电俘能器的研究具有较强的指导性，更能使读者对流致振动型压电俘能器有初步的认识与了解。

3

流致振动型压电俘能器试验研究

第 2 章通过对流致振动型压电俘能器进行数学建模，以获得俘能器系统输出及振动的解析解，能够方便对设计的压电俘能器结构进行评估，但仍需要相应的试验对模型的准确性进行验证。所进行的试验环境为风、水等流体环境。

目前有关流致振动型压电俘能器的研究与应用大部分集中在风能上，风能无处不在，因此基于风能利用开发的压电俘能器具有极强的适应性。而在自然界中的波浪、潮汐和低速河流同样蕴含着巨大的能量，压电俘能器关于水能利用的研究比较少。水与空气最大区别在于：①密度不同，水的密度远大于空气，这也就意味着同体积的水可以蕴含更大的能量；②对系统附加质量的影响不同，空气对附加质量的影响几乎可以忽略，而水对附加质量的影响比较大；③可压缩性不同，空气为可压缩性流体，而水一般认为是不可压缩流体。在试验研究水能利用的压电俘能器的过程中，由于水的密度较大，为了解释碰到的流体现象，就必须考虑附加质量对压电俘能器的影响。所以针对风与水等流体介质的差异性，本书介绍了风洞试验与水槽试验两种方案。

风洞试验可以通过人工的方式形成流体，并且实现对流体的控制，一般用来对飞行器或一些其他实体的周围流体流动情况进行模拟，同时安装有其他测试设备（四分力天平、流速仪等）对试验情况进行实时监控。此类试验作为现代流体机械设备不可或缺的设备，不仅仅在航空、航天事业的发展研究中起着重要作用，由于气动力在工业中的应用，风洞实验也逐渐在交通运输、风资源利用与评估以及建筑等方面得到大量应用。水槽试验能够实际模拟河道、溪流、沟渠、河流、波浪能等水流形式。很多河流、沟渠、溪流、波浪的平均流速可达 0.5m/s，满足压电俘能器试验的要求，这为研究水流所引起的涡激振动、驰振、尾流激振以及扰流激振的能量采集提供了丰富的试验场所。

3.1　悬臂梁式流致振动型压电俘能器制作

典型的悬臂梁式流致振动型压电俘能器由悬臂梁、压电片和钝体组成，首先阐述由悬臂梁与压电片组成的复合悬臂梁、钝体两个组成压电俘能器的部件制作、加工方式及流程。

3.1.1 复合悬臂梁制作

考虑到钝体在相对较高流速流体中发生流致振动的振幅较大，因此需要使用弹性性能较好的压电材料。传统的压电陶瓷片材料存在许多缺陷。例如：容易出现脆性断裂，在处理和焊接时需要特别小心，无法应用于应变较大的场合。在长期使用过程中，压电陶瓷内部容易出现微小裂纹，可靠性降低，且很难粘贴在表面弯曲的结构上。压电陶瓷片的这些缺点也限制了压电陶瓷的广泛应用。

鉴于这样的原因，MFC 压电纤维复合材料应运而生，通过将压电陶瓷材料与其他结构材料的优异特性复合的方式，形成一个整体的执行器或传感器，弥补了单层压电陶瓷片的不足。基于压电复合材料的优势，MFC 也得到了广泛的应用。本书中以宏观纤维复合材料（Macro Fiber Composite，MFC）作为压电材料，以这种材料制成的压电片称为 MFC 压电片，见图 3 - 1。

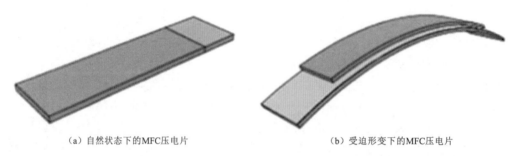

（a）自然状态下的MFC压电片　　　　　　　（b）受迫形变下的MFC压电片

图 3 - 1　自然状态下及受迫形变下的 MFC 压电片

悬臂梁的材质选择铜，铜的延展性强，在连续形变过程中不容易发生疲劳断裂。将铜板切割为合适大小的矩形铜片，作为搭载 MFC 压电片的基体。使用砂纸将铜质悬臂梁通体打磨光滑，去除悬臂梁表面的杂质及锈斑，目的是使悬臂梁与 MFC 压电片粘贴时尽可能完全贴合，二者的体贴程度会极大影响 MFC 压电片在形变时的发电效率。打磨完成后再用 75% 酒精清洗消毒，确保表面无灰尘及其他杂质，见图 3 - 2。

确定好 MFC 压电片在铜质悬臂梁上的粘贴位置之后，使用 0.5mm 的胶头滴管在 AB 胶水（与 MFC 压电片配套使用，见图 3 - 3）的 B 组瓶中吸取一定量的 B 胶水，在铜质悬臂梁相应位置滴 2 滴，用不锈钢小型搅拌棒将滴在悬臂梁上的 B 胶水在需要粘贴压电片的位置涂抹均匀，B 胶水使用完之后立即将胶头滴管中剩余的液体挤回 B 组瓶。再用另一支 0.5mm 的胶头滴管在 A 组瓶中吸取一定量的 A 胶水，在涂抹 B 胶水的位置滴 1 滴，迅速用不锈钢小型搅拌棒将两种胶水混合，能够发现混合后的胶水由透明变成黄色，并明显黏稠。将 MFC 放置在涂抹胶水的位置并调正。

将用 AB 胶水初步粘贴完成的 MFC 压电片-悬臂梁复合结构放置在如图 3 - 4 所示的恒温加热箱中。预设温度为 135℃，需要将 MFC 压电片-悬臂梁结构在 135℃ 的温度下加热 60min，使 AB 胶水完全凝固的同时牢牢贴合二者。恒温加热箱经历升温过程、恒温过程以及降温过程，MFC 压电片-悬臂梁结构在恒温加热箱中的参考时间为 120min。加热完成后的复合悬臂梁如图 3 - 5 所示。

图 3-2　MFC 压电片、铜质悬臂梁
以及砂纸

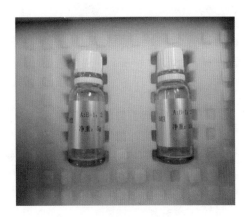

图 3-3　粘贴 MFC 压电片
在悬臂梁上的 AB 胶水

图 3-4　恒温加热箱

图 3-5　粘贴好的 MFC 压电片

　　紧接着焊接导线，用到的材料为焊锡膏、焊锡丝、复合悬臂梁、导线以及电焊笔，见图 3-6。电焊笔连接电源开始预热 1min，1min 后将电焊笔插入焊锡膏中再提起，重复操作 3 次。将焊锡丝与导线的其中一股放在 MFC 压电片的一侧电极上，进行焊接。重复以上操作，将导线的另外一股焊接到 MFC 的另外一侧电极上。焊接好的复合悬臂梁与导线如图 3-7 所示。

图 3-6　焊锡膏、焊锡丝、复合悬臂梁及导线

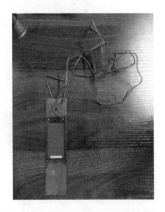

图 3-7　焊接好的复合悬臂梁与导线

最后，在焊接好的复合悬臂梁表面喷上三防漆。三防漆是一种特殊配方的涂料，用于保护线路板及其相关设备免受环境的侵蚀。三防漆具有良好的耐高低温性能；其固化后成一层透明保护膜，具有优越的绝缘、防潮、防漏电、防震、防尘、防腐蚀、防老化、耐电晕等性能。将喷上三防漆的复合悬臂梁放置一晚上即可使用，至此完成了 MFC 压电材料的复合悬臂梁制作。

3.1.2　钝体制作

钝体的制作可以用金属材料浇注和 3D 打印等方式。

金属浇注是把熔融金属注入模具，进行金属部件的铸造及成型。将模具制造为圆柱、半圆柱、三棱柱或者带有附着物的部件等，能够铸造出响应形状的钝体。使用金属浇注的方式获得钝体质量往往较大。

3D 打印技术出现在 20 世纪 90 年代中期，实际上是利用光固化和纸层叠等技术的最新快速成型装置。它与普通打印工作原理基本相同，打印机内装有液体或粉末等"打印材料"，与电脑连接后，通过电脑控制把"打印材料"一层层叠加起来，最终把计算机上的蓝图变成实物，称为 3D 立体打印技术。3D 打印通常是采用数字技术材料打印机来实现的。常在模具制造、工业设计等领域被用于制造模型，后逐渐用于一些产品的直接制造，已经有使用这种技术打印而成的零部件。该技术在珠宝、鞋类、工业设计、建筑、工程和施工（AEC）、汽车，航空航天、牙科和医疗产业、教育、地理信息系统、土木工程、枪支以及其他领域都有所应用。

使用 3D 打印技术来获得钝体，首先需要对相应钝体进行三维建模，好处在于能够对需要打印的钝体进行设计以满足需求，例如在钝体的顶部设置细凹槽、以此建立钝体与悬臂梁的固定连接关系、在以环氧树脂为材料打印的钝体底部开孔之后，可在孔内填充密度较高的材料以满足钝体质量需求等，见图 3-8。

图 3-8　3D 打印的钝体

钝体两侧设置有螺纹孔，在粘贴有 MFC 压电片的复合悬臂梁底端插入钝体顶端的凹槽中的同时，使用顶丝装配入螺纹孔，即实现了钝体与复合悬臂梁的固定连接，如图 3-

9 所示。当钝体受到流体的冲击发生流致振动时，将会带动悬臂梁与 MFC 压电片振动发生形变。使用顶丝连接的方式有方便拆卸的优点。

钝体的形状能够通过三维建模与 3D 打印实现，钝体的质量也能通过在其底部添加高密度物体来改变，但是在改变钝体质量的过程中需要注意此时钝体的质心也将发生改变，所以在进行相应的数学模型搭建的过程中需要对式（2−31）中的 l_c 进行求解。

除了钝体的形状、质量以及长度等物理参数，一些研究也需要研究钝体的表面粗糙度对流致振动型压电俘能器性能的影响。表面粗糙度指的是物体表面具有的较小间距和微小波峰的不平度，也被用来评价物体表面的光滑程度，因此也被称为表面光洁度。物体的表面粗糙度对疲劳强度、疏水性等物理性质以及其表面的附着性能有着巨大的影响。除此之外，物体、器件表面粗糙度的存在会使在与流体接触时改变物体本身及流场的特性。

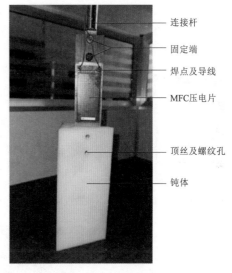

连接杆
固定端
焊点及导线
MFC压电片
顶丝及螺纹孔
钝体

图 3−9　复合悬臂梁与 MFC
压电片之间的连接

此外，在探究表面粗糙度在流固耦合中影响的过程之中，对物体的表面粗糙度的评定就显得尤为重要。根据《产品几何技术规范（GPS）表面结构轮廓法表面粗糙度参数及其数值》（GB/T 1031—2009），表面粗糙度的评定方法分为中线制（M 制）及包络线制（E 制），广泛使用的是 M 制，即以轮廓中线 m 作为测量基准线，其中轮廓中线被定义为：取样范围内，粗糙元轮廓上的每个点至测量基准线距离的平方和最小的一条，被称为轮廓中线 m，它具有唯一性，见图 3−10。以 M 制为基础用来表示表面粗糙度有三种方式，分别为：①轮廓算数平均偏差 Ra，即粗糙元轮廓上的每个点至中线 m 距离的和的平均值；②轮廓 10 点高度值 Ry，即取样内 5 个最大波峰的平均值与 5 个最大波谷的平均值的差值绝对值；③轮廓最大高度值 Rz，即取样内最大波峰与最大波谷之和。对于大多数表面来说，被测量的表面粗糙度均可从高度特征评定参数 Ra、Ry、Rz 之一来描述，以此来充分合理地反映物体、零件等表面围观几何形状特征，进而方便探究物体、零件等表面粗糙度对其自身的使用性能及在流场中的流固耦合效应。

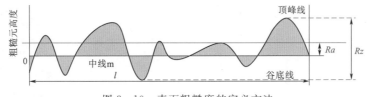

图 3−10　表面粗糙度的定义方法

而无论是通过金属材料浇注还是 3D 打印的方法都十分困难，甚至达不到精度要求。因此，本书提供一种在钝体表面粘贴不同目数的砂纸的方法。砂纸的目数定义为砂纸的粗细度或者粒度，即 1×1 英寸面积内筛网的网孔数，物料能通过该筛网。例如 100 目的砂纸代表的物理含义为该物料能通过 1×1 英寸面积内有 100 个网孔的筛网。这意味着，目数越小的砂纸，其表面粗糙度越大，其表面越粗糙。将不同目数的砂纸粘贴包裹在椭圆柱钝体的表面，能够实现表面粗糙度的改变，如图 3-11 所示。

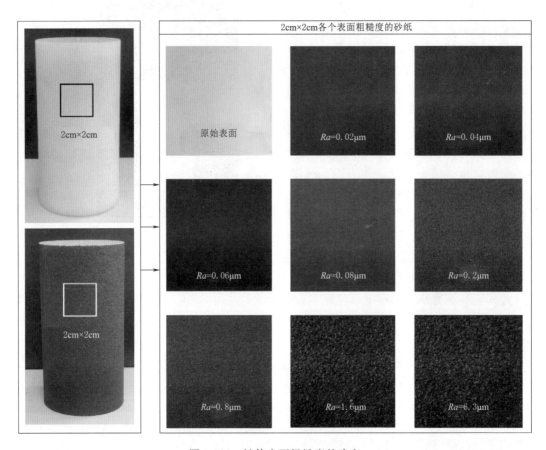

图 3-11 钝体表面粗糙度的确定

如图 3-11 所示，分别以 3D 打印的原始表面以及包裹 2000Cw、1500Cw、1000Cw、800Cw、400Cw、180Cw、100Cw 和 60Cw 目数砂纸的表面为例，便能实现改变钝体表面粗糙度的目的。砂纸目数对应的表面粗糙度为经典的轮廓算数平均偏差 Ra，目数与 Ra 的对照见表 3-1。

表 3-1　　　　　　　　　　　　砂纸目数与表面粗糙度的对应关系

砂纸目数/Cw	表面粗糙度 $Ra/\mu m$	砂纸目数/Cw	表面粗糙度 $Ra/\mu m$
2000	0.02	400	0.2
1500	0.04	180	0.8
1000	0.06	100	1.6
800	0.08	60	6.3

以质量为 200g、高度为 100mm、截面形状为直径 $D＝50$mm 的圆柱形钝体为例，包裹在其表面的砂纸面积可计算为：

$$S＝\pi D \cdot l_{tip} \qquad (3-1)$$

由于砂纸密度较小，相比圆柱形钝体的 200g，由砂纸自身带来的重量影响可忽略不计。

3.2　风洞试验测试系统搭建

本书提供了一种风洞试验类型，所用风洞为直流闭口风洞，如图 3-12 所示。风洞整体长 11m，主要由稳定段、收缩段、测试段、扩散段和直流风机组成，所有组成部分的纵截面均为正八角形。

稳定段安装有蜂窝器和阻尼网，它们的主要作用是使入口流体呈层流状态，在于减小其湍流度从而增强流体的稳定性来确保试验数据有效且准确，除此之外，收缩段能有效提高进口流体的流速。测试段共长 1.8m、宽 0.9m，风洞安装有最大功率为 30kW 的直流

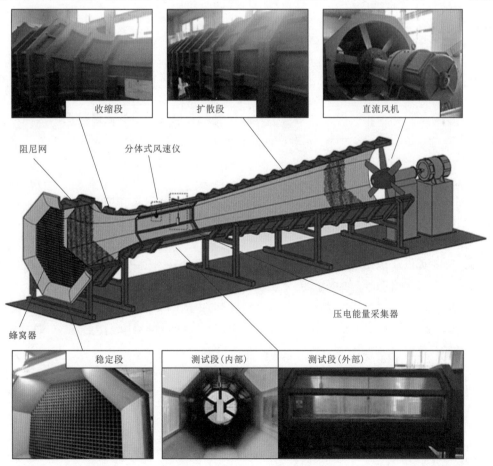

图 3-12　直流闭口风洞示意图

风机可以为风洞提供最大 30m/s 的风速，直流风机由中央控制柜控制，转动控制柜旋钮可以控制直流风机转速，进而调节风洞内的风速大小。测试段上端横向架设有一根截面为方形的重梁，悬臂梁式压电能量采集器通过螺丝固定在横向重梁上，测试段上前端还安装有分体式风速仪以测量试验采集数据时所对应的来流流速。

当直流风机工作时，气流从蜂窝器中流过，经过蜂窝器调节，混杂在气流中的杂物被阻挡，且气流的湍流度大幅降低；气流进而经过收缩段，由于横截面面积的减小，而流量不变，经过收缩段的气流速度增加，以此拓宽了可试验的风速范围。

气流继续前进进入直测试段，首先流经分体式风速仪测试出流经直测试段的风速值，进而与压电俘能器发生流固耦合现象，使钝体发生流致振动，并使压电俘能器开始工作，由于分体式风速仪安装的位置高于压电俘能器的钝体部分，所以其产生的尾流在钝体的上方，视为不会对钝体的流致振动产生尾流激励影响。

气流经过测试段后，流向扩散段，扩散段的截面面积逐渐增大，此时的气流流速将逐渐减小，最后由尾流口流出。设置扩散段的好处在于能够及时减小出口流速，降低实验室的风险。

3.3 水槽试验测试系统搭建

水槽试验一般通过人工搭建的方式实现对自然界各种水流工况的现实复刻，对流体实现控制，以达到试验要求，在水能利用，水流流态研究等方面应用极其广泛，是流体机械研究不可或缺的试验设备。由于水力资源开发慢慢向着小流量、低流速、低水头倾斜，水槽实验得到了大量应用。本书针对应用场景提供了小型 U 形循环水槽以及大型直流循环水槽两种水槽试验测试系统。

3.3.1 小型 U 形循环水槽

水泵将水从地下水库引入至矩形量水堰，通过转动泵阀门来确控制流量大小，水位探针 1 安装在堰上以获取矩形堰内水深；水通过堰溢出流入 U 形水槽，期间流经入口长直段与 U 形弯道使水流变得较为稳定；然后水流流经出口直段中的试验段，水位探针 2 安装在测试段附近以获取 U 形水槽内稳定水流的水深；最后水通过 U 形水槽的尾水口流回地下水库，完成一个循环，如图 3-13 所示。

试验所在的测试段为长度为 6.25m 出口直段的中间部分，且 U 形循环水槽的宽度为 0.4m，高度为 0.5m，在水槽上进行试验的阻塞比（Blockage ratio）β 可表示为

$$\beta = \frac{Dl_{tip}}{A_s} = \frac{Dl_{tip}}{B_s H} \tag{3-2}$$

式中 D——钝体的横向投影直径，即迎水面宽度；

$\quad\quad A_S$——过流断面面积；

$\quad\quad B_s$——U 形循环水槽宽度，$B_s = 0.4m$；

$\quad\quad H$——由水位探针 2 测得的 U 形水槽水深。

以钝体长度为 100mm 为例，而为了使钝体受到的水动力最大，试验中其需刚好被水淹没。为了保证流致振动不受槽底影响，试验水深不低于 20cm，所以 $H_{min} = 200mm$，所

图 3-13　小型 U 形循环水槽示意图

以由式（3-2）得到的试验最大阻塞比 $\beta_{max}=6.25\%$，试验水槽的阻塞比相对较小，因此忽略阻塞比对试验的影响。此外，试验水流流速在 $0.47\sim0.55\mathrm{m/s}$ 内，在该流速范围内由方程 $Re=\rho UR_h/\mu$ 计算出雷诺数范围为 $4.67\times10^4\sim5.4\times10^4$，式中 R_h 为 U 形循环水槽的水力半径，由于 $Re>12500$，因此试验水流流动形态为湍流，升力与阻力与雷诺数无关。

此外，为了计算流经钝体的水流流速，需要对水流流量进行测定。忽略水泵管道出口与堰之间的水头差压降与水在矩形堰中流动造成的沿程和局部水头损失，流量 Q 可以由矩形堰的流量测验公式获得，表示为

$$Q=k_j\sqrt{2g}L_eH_e^{1.5} \qquad (3-3)$$

式中　L_e——矩形量水堰的有效宽度，由测量宽度 $L_w=0.4\mathrm{m}$ 与宽度修正量 L_m 组成，表示为：$L_e=L_w+L_m$，其中 L_m 由 L_w/B_s 决定；

　　　H_e——堰中水的有效高度，由测量堰中水深 H_w 与水深修正值 $H_m=0.0012\mathrm{m}$ 组成，表示为：$H_e=H_w+H_m$，堰中水深 H_w 通过水位探针 1 测得；

　　　k_j——矩形堰流量系数。

取得相应的流量信息后，计算出测试段的过流断面面积即可得到流经钝体的水流流速，表示为

$$U = \frac{Q}{B_s H} \qquad (3-4)$$

通过对小型 U 形循环水槽试验系统进行分析，能够确定流速的计算以及调节，方便进一步的研究。小型 U 形循环水槽试验系统能够满足单柱下的涡激振动、驰振以及双柱乃至多柱下的尾流激振等大多数情况，但是不满足于需要布置大面积干扰柱体的情况，例如阵列扰流影响下的压电俘能器研究显然无法在相对小空间的 U 形循环水槽中实现。

3.3.2　大型直流循环水槽

为了满足部分试验研究需要较大的布置环境的需求，本书还提供了一种大型直流循环水槽试验系统，如图 3-14 所示。

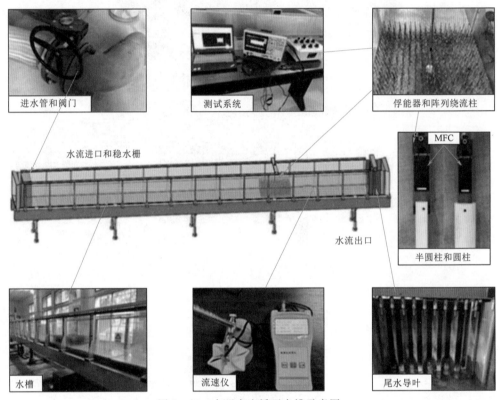

图 3-14　大型直流循环水槽示意图

大型直流水槽是透明自循环水槽，水槽运行时，水从水塔水池通过引水管流入水槽，从尾门通过回流管流入地下水库，再通过抽水泵抽水进水塔水池，水泵功率足够，水塔水池装有溢流管，以保证水塔水池水位恒定。

大型直流循环水槽模型主要由进水阀门、稳水装置、水槽流道、尾门组成，水槽进口处安装有进水阀门，用以控制进水流量进而控制流速，水槽最大流量可达 80L/s。水槽进口处安装有稳水装置（阻尼网和蜂窝器），水流经过稳水装置有效降低了测试流体的湍流度，破坏流体原来的涡旋，有效提高试验的准确性。水槽流道长 16m、宽 1.3m、高 0.7m，流道较长，满足试验要求。与小型 U 形循环水槽一样，试验中的阻塞较小，可以忽略。尾门采用活动导叶控制尾水流量，结合进口阀门用以控制水槽平均流速。水槽后端安装有旋杯式流速仪，用以测量水槽平均流速。水槽水流流速最高可达到 $0.55\mathrm{m/s}$，自然界的大部分河流小于这一流速，因此水流流速满足试验要求。

旋杯式流速仪安装位置在压电俘能器系统的下游，而由于明渠的截面流速由水底至水面呈三角梯度分布，因此，将旋杯式流速仪的转动探头安装在距离水底的 1/3 水深高度，并以此流速作为截面平均流速。此外，在测量大型直流循环水槽中水流流速时应当保证上游无扰流柱或压电俘能器系统，以此排除尾流对流速测量的影响。

3.4 数据采集系统搭建

如图 3-15 所示，数据采集系统主要由电阻箱、示波器以及计算机组成。数据采集系统同通过导线与发电元件 MFC 压电纤维片连接形成闭合回路。

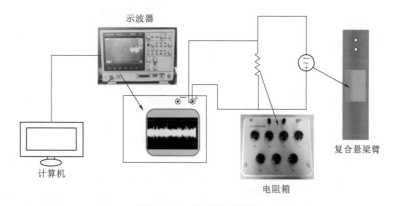

图 3-15 数据采集系统

压电俘能器的 MFC 压电片通过导线与外部负载连接，外部负载为 ZX11M 交直流电阻箱，可调范围为 $1\sim10.9999\mathrm{M}\Omega$，在进行试验研究时，转动电阻箱的旋钮使阻值不为 0，否则有可能烧坏示波器等设备。

示波器（SDS 2302 SIGLENT）并联在电阻箱两端，用来测试电阻箱两端的电压。示波器的储存深度被设置为 14m。示波器的储存深度为实时采样率乘以波形时间，将储存深度设置为 14m，意味着示波器收集了 140s 内的 140 万个实时数据。庞大的基础采集数据能够使试验具有足够的可靠性。

示波器与计算机连接，将采集的电压信号传输至电脑；电压信号被处理为均方根电压（Root Mean Square Voltage，V_{rms}），进一步得出输出功率，表示为

$$P_{exp}=\frac{V_{rms}^2}{R} \tag{3-5}$$

式中　P_{exp}——输出功率的试验值；

　　V_{rms}——负载电子两端的均方根电压；

　　R——外载电阻。

由于压电俘能器与外部电路、外部电路各部件之间均用导线连接，需要调节外载电阻进行分压，以此获得压电俘能器所能产生的开路电压以及负载的最大功率。因此探究流致

振动型压电俘能器的输出电压及功率与外载电阻的关系显得十分重要，这一部分将在第4章中详述。

3.5 接口电路设计与搭建

在数据采集系统的基础上，串联一个接口电路在 MFC 压电片与电阻箱之间，而在不改变压电片材料与几何尺寸时系统机电转换的能量中只有压电片的输出电压最终决定着系统的输入接口电路的总能量，因此合理的设计接口电路对于提高压电能量采集系统的采集功率至关重要。

3.5.1 Standard 电路

经典能量采集接口电路也被称为标准能量采集电路，其拓扑电路如图 3-16 所示。电路主要由压电元件等效电路并联一个全桥整流器及滤波电容 C_r 组成，电路外接电阻 R 以替代负载所消耗功率。由于选择悬臂梁机械振动结构，通过整流作用后压电片由于振动发生周期性形变产生的交变电压被转换为直流电压。经过滤波电容 C_r 稳压输出电压 V_{DC}，最终电压加在外接电阻 R 两端。

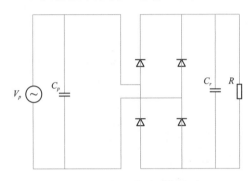

图 3-16 标准能量采集电路

当压电片处于稳态振动时，所产生的正弦交流电压可表示为 $u(t) = U_M \sin(\omega t)$，其中 U_M 为 MFC 压电片振动幅值，ω 为振动角频率。

以压电片振动的一个周期为例，当压电片由静止状态刚开始起振时，端电压 V_p 为 0，电路中的整流二极管截止，此时电路中没有电流。随着时间推移，压电片振动位移以正弦规律变化，如图 3-17 所示，压电片的输出电压 V_p 逐渐增大，当 $V_p > V_{DC}$ 时，整流电路

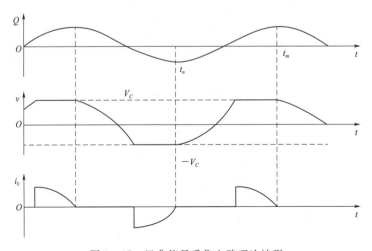

图 3-17 经典能量采集电路理论波形

导通，此时压电片产生的电荷以电流形式进入电路，但由于电压嵌位使压电片电压 V_p 的值保持 V_{DC} 不变，直至压电片振动位移达到正向峰值处时，振动位移的变化率为 0，压电片开始向反方向运动，此时电路中无电流。随即压电片向平衡位置振动，且随着振动位移的逐渐减小，压电片输出端电压 V_p 也逐渐降低。当电压小于 V_{DC} 时，电路整流二极管再次截止。直到压电片振动经过平衡位置后，随着振动位移逐渐增大，压电片输出端电压 V_p 也逐渐升高，当 V_p 再次大于 V_{DC} 时，整流二极管导通，电流从压电片流入电路。当压电片振动到达负向极值点处时，从压电片流出电流再次降为 0，电路中整流二极管截止，之后压电片振动位移减小，当压电片到达平衡位置时，输出电压从 V_{DC} 逐渐降为 0，此时压电片完成一个完整振动周期。就这样当压电片以正弦规律做周期性机械振动时，压电片上产生的电荷就不断地周期性地转移至电容 C_r 和等效负载 R 上。

图 3-18 Standard 电路实物图

不加入 MFC 压电片示意的 Standard 电路实物图如图 3-18 所示，接入 Standard 电路后，流致振动型压电俘能器的输出功率的最大值可表示为

$$P_{St-max}=\frac{\omega a^2 U_M^2}{2\pi C_p} \tag{3-6}$$

式中 ω ——振动角频率；

α ——力因子；

U_M ——MFC 压电片振动幅值；

C_p ——MFC 压电片的静态电容。

3.5.2 SECE 电路

与标准电路不同，同步电荷提取电路（Synchronous Charge Extraction Circuit，SECE）的结构更复杂，其拓扑电路原理图见图 3-19，电路由整流器以及 buck-boost 转换器组成，与标准电路不同的是，SECE 接口电路由压电片、二极管整流桥、电感 L、开关 S、续流二极管、滤波电容 C_r 及负载 R_L 组成，MFC 压电片产生的正弦交流电压，通过整流作用后进入 buck-boost 电路中，开关 S 通过周期性的开闭控制电路的通断从而周期性的采集电能。

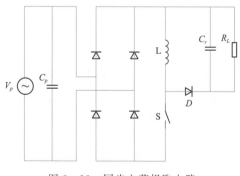

图 3-19 同步电荷提取电路

当 MFC 压电片在钝体发生流致振动后进而振动时，其振动位移 u 以正弦规律 $u(t)=U_M\sin(\omega t)$ 运动时，SECE 接口电路的理论波形如图 3-20 所示。

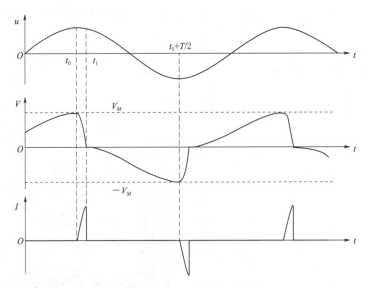

图 3 - 20 SECE 电路理论波形

同样以 MFC 压电片的一个振动周期为例,压电片的输出端电压随着机械振动位移 u 的正向移动而逐渐增加,直到压电片振动至正向极值点 U_M 处,即到达 t_0 时刻,压电片端电压 V_p 此时最大,此时电压 V_p 为 V_M。此时开关 S 闭合,电路中产生高频 LC 振荡,压电片产生的电荷通过整流桥输入电感 L,开关 S 经过四分之一个 LC_p 周期后断开,随即电感 L 上的电能通过电路中的续流二极管 D 以电流形式储存至电容 C_r 及等效负载 R_L 中,至此压电片端电压 V_p 归零。在 t_0 时刻开关 S 断开,此时压电片输出端电压 V_p 等于 0,随着压电片的机械振动向稳定位置运动,输出电压 V_p 先减小,当到达平衡位置时电压 V_p 为 0,然后压电片继续向负方向运动,电压 V_p 也负向逐渐增大,当压电片的振动到达 $-U_M$ 时,端电压 V_p 为负的最大值即 $-V_M$。此时电路开关 S 闭合,形成 LC_p 振荡电路,电能随即周期性的转移至 C_r 和 R_L 当中。

不加入 MFC 压电片示意的 SECE 电路实物图如图 3 - 21 所示,接入 SECE 电路后,流致振动型压电俘能器的输出功率的最大值可表示为

$$P_{SECE-\max} = \frac{2\alpha^2 \omega U_M^2}{\pi C_p} \qquad (3-7)$$

3.5.3 Parallel - SSHI 电路

并联同步开关电感电路 (Parallel Synchronized Switch Harvesting on Inductor interface circuit,P - SSHI) 的拓扑电路原理如图 3 - 22 所示,电路包括电感 L 及开关 S 串联而成的非线性开关控制电路,并将电路并联于压电片与整流桥之间,同样假设忽略电路整流器中二极管压降及二极管内阻损耗并假定等效负载 R_L 两端电压保持 V_{DC} 不变。

当 MFC 压电片的机械位移 u 以正弦规律 $u(t) = U_M \sin(\omega t)$ 运动时,P - SSHI 接口电路压电片输出电压及输出电流随振动位移的理论变化波形如图 3 - 23 所示。

t_0 时刻,压电片位移 u 处于极值 U_M 处,此时开关 S 闭合,压电片端电压 V_p 为 V_{DC},电路由于电容 C_p 与开关电路中电感 L 形成 LC_p 振荡电路,于 t_1 时刻,开关 S 在经过二

分之一个 LC_p 周期后断开，电路中压电片输出电压由 V_{DC} 降至 V_m，且由于存在能量损耗，端电压 $|V_m|<V_{DC}$ 所以引入电压翻转系数 $\gamma_{\text{P-SSHI}}$，表示为

$$\gamma_{\text{P-SSHI}} = -\frac{V_m}{V_{DC}} \quad (0<\gamma<1) \tag{3-8}$$

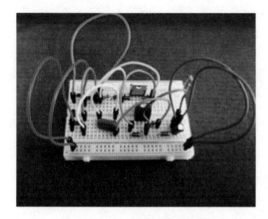

图 3-21 SECE 电路实物图

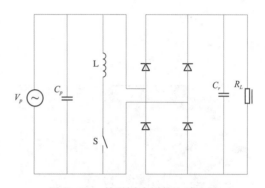

图 3-22 并联同步开关电感电路

直到 t_1 时刻开始，随着压电片的机械振动从正向极值点 U_M 处向平衡位置运动，压电片端电压 V_p 的绝对值由 V_m 下降，直至电压 V_p 下降至 $-V_{DC}$ 时，开关 S 再次闭合二极管导通，此时流出压电片的电流对为电路中的负载供电，当压电片随着机械振动位移至 $-U_M$ 处时，开关 S 断开，压电片中无电流流出，并重复正半周期的振动过程。

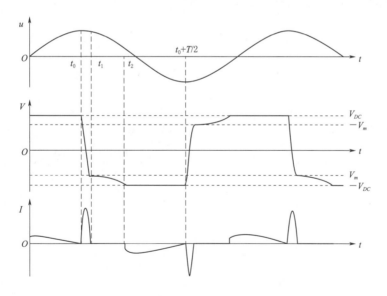

图 3-23 P-SSHI 接口电路理论波形

不加入 MFC 压电片示意的 P-SSHI 电路实物如图 3-24 所示，接入 P-SSHI 电路后，流致振动型压电俘能器的输出功率的最大值可表示为

$$P_{P-\max} = \frac{\omega a^2 U_M^2}{\pi C_p (1 - \gamma_{P-SSHI})} \qquad (3-9)$$

式中 γ_{P-SSHI}——压电翻转系数，$0 < \gamma_{P-SSHI} < 1$。

3.5.4 Series-SSHI 电路

串联同步开关电感电路（Series Synchronized Switch Harvesting on Inductor interface circuit，S-SSHI）的拓扑电路原理见图 3-25，与 P-SSHI 接口电路的区别为由电感 L 及开关 S 组成的非线性开关控制电路串联在压电片与整流电路中，与 P-SSHI 接口电路相同的是，假设滤波电容 C_r 及等效负载 R_L 的端电压为 V_{DC} 恒定不变，且忽略电路中由二极管造成的压降及能量损耗。

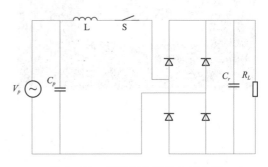

图 3-24 P-SSHI 接口电路实物图   图 3-25 串联同步开关电感电路

当 MFC 压电片的机械位移 u 以正弦规律 $u(t) = U_M \sin(\omega t)$ 运动时，S-SSHI 接口电路压电片输出电压及输出电流随振动位移的理论变化波形如图 3-26 所示。

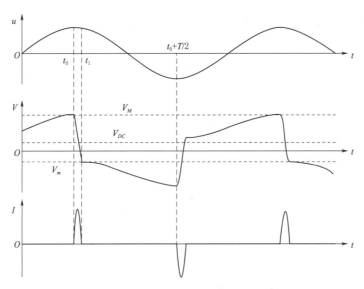

图 3-26 S-SSHI 接口电路理论波形图

随时间推移压电片正向运动，输出电压 V_p 随位移 u 的变大而逐渐上升，当压电片的位移 u 到达正向极值点 U_M 处，即 t_0 时刻，此时压电片端电压上升至 V_M 直到开关 S 闭合，压电片的内电容 C_p 与开关控制电路中串联电感 L 形成 LC_p 振荡电路，而由于滤波电容 C_r 两端的电压维持在 V_{DC}，电路在 t_1 时刻经过半个 LC_p 周期后，开关 S 断开，MFC 压电片输出电压 V 由 V_M 下降至 V_m（$V_m<0$）。同样引入 γ_{S-SSHI}（LC_p 电路的翻转系数，$0<\gamma_{S-SSHI}<1$），表示为

$$\gamma_{S-SSHI}=-\frac{V_m-V_{DC}}{V_M-V_{DC}} \quad 0<\gamma_{S-SSHI}<1 \qquad (3-10)$$

电压翻转完成后，随着压电片向平衡位置振动，压电片端电压 V_p 逐渐减小。当压电片位移至平衡位置端电压降为零时，压电片向负方向振动，直到压电片振动至负向位移极值 $-U_M$ 处，此时压电片端电压为 $-V_M$，开关 S 闭合，完成一个机械振动周期。

不加入 MFC 压电片示意的 S-SSHI 电路实物如图 3-24 所示，接入 S-SSHI 电路后，流致振动型压电俘能器的输出功率的最大值可表示为

$$P_{S-max}=\frac{\alpha^2 U_M^2 \omega}{2\pi C_p} \cdot \frac{1+\gamma_{S-SSHI}}{1-\gamma_{S-SSHI}} \qquad (3-11)$$

式中　γ_{S-SSHI}——LC_p 电路的翻转系数。

通过对比式（3-6）、式（3-7）、式（3-9）与式（3-11），不难发现 SECE 接口电路、P-SSHI 接口电路以及 S-SSHI 接口电路的最大输出功率分别是 Standard 接口电路的 4 倍、$\dfrac{2}{1-\gamma_{P-SSHI}}$ 倍以及 $\dfrac{1+\gamma_{S-SSHI}}{1-\gamma_{S-SSHI}}$ 倍，由此可见，通过设计并优化接口电路也是改善流致振动型压电俘能器的性能的有效手段。

3.6　本章小结

本章针对典型的悬臂梁式流致振动型压电俘能器，提出了详细的试验设备设计及搭建过程，包括流致振动型压电俘能器的复合悬臂梁、钝体的制作，风洞试验系统、水槽试验系统的搭建，数据采集系统介绍以及接口电路的设计与建立。

本章作为流致振动型压电俘能器的试验研究部分关键内容，不仅是对第 2 章提出的数学模型进行正确性验证的前提，更是接下来对俘能器系统进行分析和深入研究的关键。对试验设备的详尽介绍在方便读者在流致振动型压电俘能器领域上手的同时，还为读者提供研究思路及方法。

4

流致振动型压电俘能器模型验证
及物理参量分析

性能优良的试验台能够更好地还原自然界中置于流场的流致振动型压电俘能器的输出特性与振动响应，第 3 章从流致振动型俘能器的换能部件复合悬臂梁以及接受流致振动的钝体的制作为出发点，详细介绍说明风洞试验、水槽试验的试验台搭建以及研究方案，并进一步阐述外载电路及接口电路的设计类型。利用这些试验设备，实现对流致振动型压电俘能器的精确测量，对于验证第 2 章提出的流致振动型压电俘能器数学模型具有重要意义。

各种物理量之间存在着关系，说明它们的结构必然由若干统一的基础成分所组成，并按各成分的多寡形成量与量间的千差万别，正如世间万物仅由百余种化学元素所构成。物理量的这种基本构成成分统称为参量。参量分析是一种重要的研究方法，它根据一切量所必须具有的形式来分析判断事物间数量关系所遵循的一般规律。通过物理参量分析可以检查反映物理现象规律的方程在计量方面是否正确，甚至可提供寻找物理现象某些规律的线索。

无论是压电俘能器自身组成部件的几何参数，例如钝体的质量、长度、表面粗糙度，或是悬臂梁及压电片的长度、宽度、厚度，还是压电俘能器的外载电路组成部件的电特性参数，例如耗能元件电阻的阻值。这些包含几何参数与电特性参数在内的物理参数能够对钝体发生流致振动时的流固耦合或者俘能器的输出产生不同程度的影响。因此有必要通过试验研究与数学模型对流致振动型压电俘能器系统进行物理量纲分析。

4.1 流致振动型压电俘能器数学模型验证

通过对比数学模型的解析解与试验得到的试验解，判断所提出的流致振动型压电俘能器数学模型的正确性，对于研究过程具有重要意义。各类俘能器的数学模型解析解在 2.5 节中给出，试验解是通过第 3 章详述的各类设备在风洞试验以及水槽试验中得到。

4.1.1 涡激振动式压电俘能器数学模型验证

圆柱形钝体在 U 形水槽中发生涡激振动，带动 MFC 压电片发生形变从而产生电荷，如图 4-1 所示。

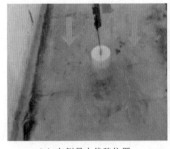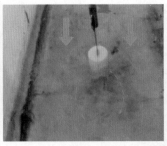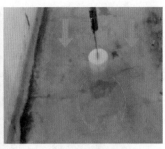

(a) 左侧最大偏移位置　　　　　　(b) 中间位置　　　　　　(c) 右侧最大偏移位置

图 4-1　圆柱在水中发生涡激振动

正如前述，圆柱涡激振动的特征在于存在一个锁定（Lock-in）区间，随着水流流速的增大，圆柱的振幅先增大；流速继续增大进入 Lock-in 区间，此时圆柱体的振动频率接近其固有频率，此时发生共振现象，圆柱剧烈振动；水流流动速度继续增大至超过 Lock-in 区间，共振消失，振动幅度变小，其频率接近斯特罗哈频率。因此对涡激振动式压电俘能器数学模型验证过程中有必要对 Lock-in 区间和非 Lock-in 区间均进行判断。

试验基础条件设置为圆柱直径 $D=50\text{mm}$，长度 $l_{tip}=100\text{mm}$，质量 $m_{tip}=300\text{g}$，外部外载电阻 $R=5.5\times10^5\Omega$，通过 U 形循环水槽试验测得 Lock-in 在 0.55m/s 的流速附近，因而对比了由涡激振动式压电俘能器数学模型计算与试验测试得到的在 0.3m/s（非 Lock-in 区域）与 0.55m/s（Lock-in 区域）的输出均方根电压时程曲线，分别如图 4-2（a）和（b）所示。

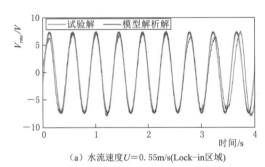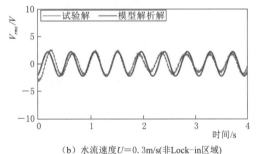

(a) 水流速度 $U=0.55\text{m/s}$(Lock-in区域)　　　　　(b) 水流速度 $U=0.3\text{m/s}$(非Lock-in区域)

图 4-2　$U=0.55\text{m/s}$ 和 $U=0.3\text{m/s}$ 下由模型和试验得到的电压时程曲线

由于由试验测得的电压时域图总时间长度为 140s，为了直观对比模型预测结果与试验结果，并尽可能减小由水流波动引起的试验误差，仅取 140s 内较为稳定的 4s 进行对比。如图 4-2 所示，不管是 $U=0.55\text{m/s}$ 的 Lock-in 还是 $U=0.3\text{m/s}$ 的非 Lock-in 区域，由试验和模型得到的曲线基本一致，这为涡激振动式压电俘能器数学模型的正确性进行有力的验证。

4.1.2　驰振式压电俘能器数学模型验证

非圆柱形钝体在流场中大多发生驰振，由于结构的阻尼作用，非圆柱的驰振会随着流体流速不断增加而维持在一个较大的范围。为了验证驰振式压电俘能器数学模型的正确性，选取三种非圆柱形状柱体在风洞中进行试验，将钝体截面形状设置为正方形、三角形以及漏斗形，如图 4-3 所示。

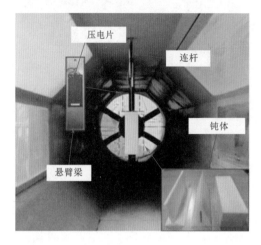

图 4-3　非圆柱在风场中发生驰振

图 4-4 是带不同质量块的能量采集器分别在 16m/s、19m/s 和 23m/s 的风速下（分别对应于 0～4s、4～8s、8～12s）部分试验测试和解析解计算所得电压时程曲线之间的对比图，试验基础条件设置为迎风面宽度 $D=50\text{mm}$、长度 $l_{tip}=160\text{mm}$、质量 $m_{tip}=120\text{g}$ 的钝体，外部外载电阻 $R=3\times10^5\,\Omega$。从图 4-4 中可以看出，在风速比较大情况下，能量采集器输出的电压值要大一些，而在同一大小的风速下，带漏斗形能量采集器的输出电压最大，当风速在 23m/s 时，该能量采集器的输出电压值可达到 65V。其次是三角形的，最小的是正方形的。除此之外，解析解得到的结果比较理想，所以电压时程曲线中波形的幅值相对更为稳定，试验结果显示其波形的幅值围绕某个固定值在上下浮动。而且试验测试和解析解计算所得电压时程曲线之间还存在轻微的相位差，但是从整体来看试验数据和解析解比较吻合。由此驰振式压电俘能器数学模型的准确性得到了验证。

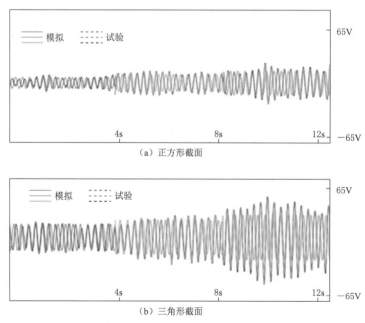

图 4-4（一）　正方形、三角形及漏斗形截面钝体的压电俘能器在
$U=16\text{m/s}、19\text{m/s}、23\text{m/s}$ 的电压时程曲线

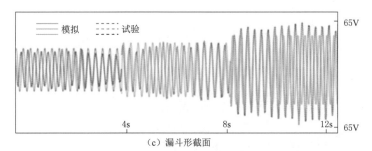

（c）漏斗形截面

图 4-4（二）　正方形、三角形及漏斗形截面钝体的压电俘能器在
$U=16m/s$、$19m/s$、$23m/s$ 的电压时程曲线

4.1.3　尾流激振式压电俘能器数学模型验证

由于有尾流作用，尾流激振的振动情况完全不同于单圆柱涡激振动或单非圆柱的驰振现象。以双圆柱下的尾流激振来说，当双圆柱串行排列时，下游圆柱根据中心距、雷诺数的不同可分别呈现多种振动叠加的振动形式。正如在 1.2 节所述，尾流激振不仅与上游障碍物数量及大小、障碍物以及钝体的形状有关，障碍物与发生振动钝体之间的距离也是影响尾流激振的决定因素。基于以上，通过将不同约化间距（双柱间距与迎水面宽度之比）下的试验、模型结果进行对比确认模型的准确性。

将迎风面宽度 $D=50mm$、长度 $l_{tip}=100mm$、质量 $m_{tip}=265g$ 的半圆柱钝体置于 U 形循环水槽中，并在其上游固定放置一个半圆柱，两个半圆柱之间的中心间距为 L，如图 4-5 所示，外部外载电阻设为 $R=10^6\Omega$。

图 4-6 比较了流速分别为 $0.45m/s$、$0.55m/s$ 与 $0.65m/s$ 和约化间距分别为 $L/D=1.2$、4 和 7 下尾流激振式压电俘能器输出电压时程曲线的实验值与理论值。由图 4-6 可见，间距不变时输出电压随流速的增大而增大，而三种间距中 $L/D=4$ 时电压最大。理论结果的时程曲线是通过模型计算得到振幅和频率数据构成的，因此幅值不会发生波动，而实验测得的幅值在一定范围内波动，两者的幅值始终比较接近。从图 4-6 中可以看出虽然存在小的相

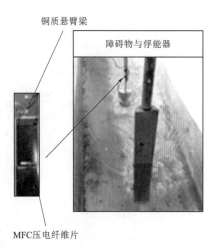

铜质悬臂梁

障碍物与俘能器

MFC压电纤维片

图 4-5　水流中的尾流激振

位差，但所有情况下两条曲线的频率始终比较接近，理论解与实验数据吻合较好。由此尾流激振式压电俘能器数学模型的准确性得到了验证。

4.1.4　扰流激振式压电俘能器数学模型验证

如图 4-7 所示，以半圆柱与圆柱形钝体在大型直流循环水槽中的阵列扰流激振式压电俘能器为例，设定参数：钝体质量 $m_{tip}=178g$，高度 $l_{tip}=100mm$，长直径（迎水面宽度）$D=50mm$；铜质悬臂梁长度 $l=90mm$，宽度 $b_s=34mm$，厚度 $h_s=0.6mm$；MFC压电片长度 $l_p=56mm$，宽度 $b_p=28mm$，厚度 $h_p=0.3mm$。

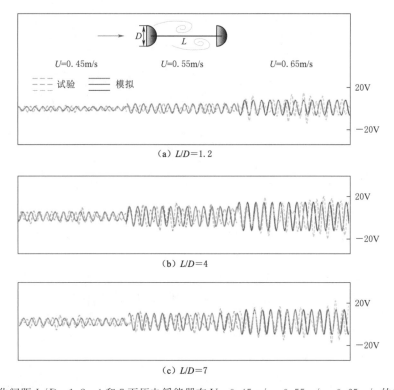

图 4-6 约化间距 $L/D=1.2$、4 和 7 下压电俘能器在 $U=0.45\text{m/s}$、0.55m/s、0.65m/s 的电压时程曲线

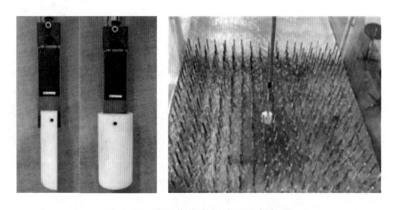

图 4-7 阵列扰流激振式压电俘能器

　　由模型与试验得到的半圆柱与圆柱对应的扰流激振式压电俘能器在不同工况下的电压时域图如图 4-8 所示。其中"Brink"代表阵列扰流柱群完整时的工况；Ⅱ-3、Ⅱ-7 与 Ⅱ-10 分别代表选取钝体的正前方（来流方向）两列阵列扰流柱，从靠近钝体的位置依次向外拔除阵列扰流柱（一次拔除同排的两个），共十个小测试工况，记为 Ⅱ-1~Ⅱ-10。可以发现，不管是半圆柱还是圆柱形钝体，对应的扰流激振式压电俘能器的实际输出与模型计算得出的理论输出也基本一致，部分误差仍然是来自于不可避免的水流波动，这验证了扰流激振式压电俘能器数学模型的准确性。

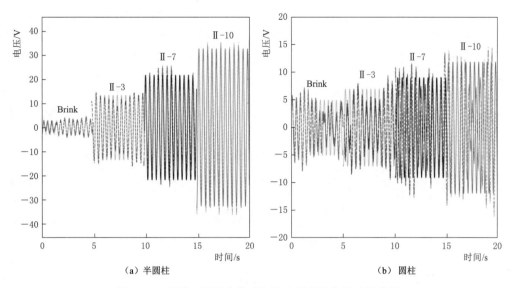

图 4-8　不同工况下由模型与试验得到的电压时程曲线

至此完成了涡激振动式、驰振式、尾流激振式及扰流激振压电俘能器四种类型俘能器数学模型的准确性验证，可进一步利用被验证后的数学模型对试验过程中难以精准测量的参数，例如振动位移、起动流速等进行求解分析，也可以对相应压电俘能器在流场中的表现进行预测评估。结合试验研究与数学模型使流致振动型压电俘能器的研究变得更加深入性与可靠性。

4.2　流致振动型压电俘能器物理参量分析及其对俘能器输出的影响

设计流致振动型电压俘能器的目标是以最小的尺寸获得最大的能量，但是由于钝体的剧烈振动及悬臂梁的大位移可能会影响结构的稳定性。为此在各类流致振动型压电俘能器的试验研究及数学建模的基础上，需要对外载电阻，钝体的物理性质如质量、表面粗糙度、长度与宽度比值，悬臂梁长度、宽度、长度与宽度的比值、厚度以及压电层和悬臂梁层厚度之比对采集能量的影响。这可以为流致振动型压电俘能器的设计与优化提供具有实际重要意义的参考。

4.2.1　外载电阻 R 及其对俘能器输出的影响

电学元器件和材料都带有一定的电容和电阻值，用电器的外阻值和电源的内阻值达到一定的比例才可以最大化使用电能，输出更大的功率。在压电俘能设备中，MFC 压电纤维片与连接各个设备的细长导线的电阻值作为内阻，只有当串接电阻达到一定大小才输出最大功率，即存在最优电阻值，因此外载电阻大小对俘能器的输出性能有较大影响。

以椭圆柱作为发生流致振动钝体的驰振式压电俘能器为例，当其正常工作时，由于椭圆柱与复合悬臂梁在做周期性的往复运动，压电片发出类正弦波形的交流电，由此可以将整个压电俘能器系统看成一个源源不断为外载电路供电的电源。当外载电路如图 3-15 布置时，主要耗能元件为电阻箱、细导线与 MFC 压电纤维片。

将迎风面宽度（长直径）$D=50\text{mm}$、短直径 $d=20\text{mm}$、长度 $l_{tip}=100\text{mm}$、质量 $m_{tip}=182\text{g}$ 的椭圆柱钝体置于 U 形循环水槽中，水槽中水流速度为 0.45m/s。维持水流速度不变，依次转动电阻箱旋钮，测试出此时压电俘能器的输出电压（电阻箱的端电压）与功率随电阻变化的关系，如图 4-9 所示。

随着外载电阻的增加，其两端的电压逐渐变大后趋于平缓，逐渐在 11.2V 左右稳定，这是因为此时外载电阻足够大，以至于能够忽略细长导线与压电片的内阻值，由示波器采集的电压已经无限接近于俘能器的开路电压；而输出功率随着外载电阻的增加呈现出先增大后减小的趋势，并在 0.9MΩ 的情况下取得最大值。将俘能器输出功率随外载电阻变化曲线中最大输出功率对应的电阻称之为最优电阻，此时外载电阻的端电压约等于压电片所能产生的开路电压，并且能够使输出功率最大化。

然而，对于一个流致振动型压电俘能器设备，它的外载最优电阻并非一成不变，以如图 4-10 所示的尾流激振式压电俘能器为例，当上游障碍物为半圆柱，下游钝体分别为圆柱、半圆柱以及半月柱（倒半圆柱）时，分别用验证后的尾流激振式压电俘能器数学模型对各个流速下的输出功率-外载电阻曲线进行计算，如图 4-11 所示。

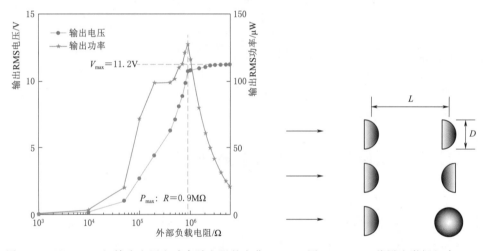

图 4-9　$U=0.5\text{m/s}$ 输出电压和功率随电阻的变化　　图 4-10　三种尾流激振组合

如图 4-11 所述，半月柱的输出功率随流速的增大而增大；圆柱和半圆柱的输出功率由于尾激涡振现象，0.4m/s 下的输出功率有所增大，其他流速下输出功率的变化规律不变，圆柱在 0.4m/s 下的输出大于其在 0.6m/s 下的输出功率，而半圆柱在 0.4m/s 下的输出大于 0.5m/s 的，这一现象表明不同截面柱体的涡振强度不同，最优电阻也发生变化。很明显在大流速下半圆柱的输出功率最高，半月柱最低，而且在流速增加时半圆柱的输出功率的增加幅度最大，其次是圆柱和半圆柱；在低流速下圆柱的输出功率最大，半圆柱次之，半月柱最低。因此在不同的流速下需要合理地选择不同截面的柱体以实现输出最大化。

4.2.2　钝体的质量 m_{tip} 及其对俘能器输出的影响

钝体作为压电能量采集器中的换能部件在能量转换方面起着至关重要的作用，相关参数的选择对于采集器的设计而言及其关键，首先从所建立的数学模型出发对钝体质量在压

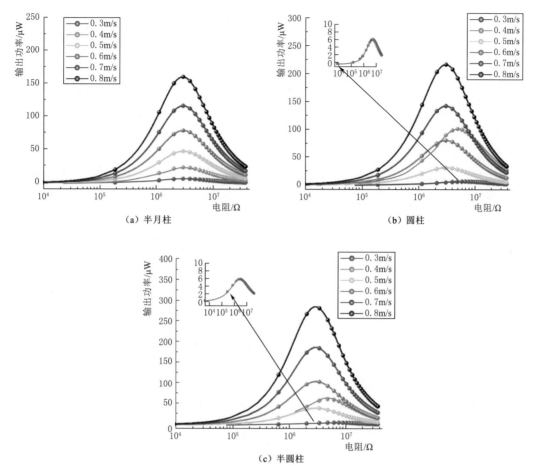

（a）半月柱　　　　　　　　　　（b）圆柱

（c）半圆柱

图 4-11　不同流速下输出功率随外载电阻值变化曲线

电俘能器系统中所发挥的作用进行探究。

如图 4-3 所示，选取三种非圆柱形状柱体在风洞中进行试验，将钝体截面形状设置为正方形、三角形以及漏斗形，物理参数也均统一为迎风面宽度 $D=50\text{mm}$、长度 $l_{tip}=160\text{mm}$，在直流风洞中发生驰振。

图 4-12 是带不同钝体的压电俘能器输出功率密度分别在 16m/s、19m/s、23m/s 下随钝体质量变化的对比图。对所有图整体分析可以看出，在所有风速下钝体输出功率密度的优劣形势显而易见，无论质量块质量为多少，漏斗形压电能量采集器总能保持其最大的输出功率密度，随着风速的增大，一定质量的三种压电俘能器输出功率密度都会增加。

对于三角形和漏斗形能量采集器，在 16m/s 和 19m/s 的风速（小风速）下采集器输出功率密度随着质量块质量的不断增大呈现先增大后减小的趋势，而且增加的过程持续比较短；当风速比较大时，增减变化趋势拐点会向小质量方向移动，即风速越小增加的范围越大，所以在 23m/s 的风速（大风速）下俘能器输出功率密度随着质量块质量的不断增大一直呈现减小的趋势。而对于正方形俘能器，在不同风速下其输出功率密度在质量块质量增加的过程中总是保持先增大再基本不变的趋势，而且当风速越大时，趋势变化拐点向

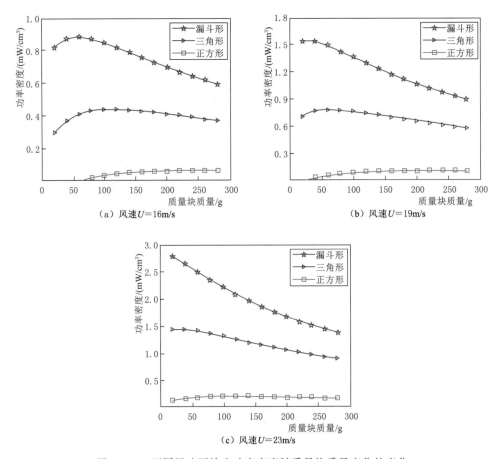

图 4-12 不同风速下输出功率密度随质量块质量变化的变化

小质量方向移动；在 16m/s 和 19m/s 的风速、小质量的情况下，该俘能器不会有能量输出，但是在 23m/s 的风速下，在任何质量下均有能量输出。

从三种不同驰振式压电俘能器输出功率密度随钝体质量的变化趋势来看，正方形和三角形能量采集器能量输出的变化很小，基本保持不变，而漏斗形质量块的变化范围更大；

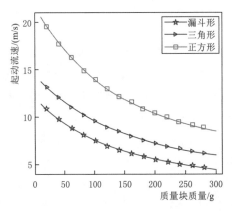

图 4-13 起动流速随钝体质量的变化

对于能量采集器的实际应用来看，对于特定的采集器，其质量度属于一种不变参数，如若变化范围较大则代表该形式能量采集器的可调节性更强，使其在实际生活中的应用更加方便灵活，因而有利于能量采集器的设计。

图 4-13 是不同钝体的起动流速随其质量的变化图。从整体来看，对于任意质量条件下，三种俘能器钝体的起动流速从大到小的顺序依次为正方形、三角形、漏斗形。所有起动流速随质量变化而变化的趋势总是保持整体下降的趋势，而且小质量下起动流速的下降趋势要更加快。

对于流致振动型压电俘能器的设计而言，如若兼具低起动流速和高输出功率密度最佳，但是结合图 4-12 和图 4-13 可以看出，在一定风速下，当钝体的质量在增加的过程中输出功率密度虽然先增加再减小，但是其增加只集中在比较小的小风速范围内，大部分过程还是在持续减小，而起动流速是随着其质量增加而减小的，所以此类问题对于设计者而言是一种权衡问题，只能通过选择最合适的能量采集器参数来匹配实际应用的条件。

4.2.3　钝体的表面粗糙度 Ra 及其对俘能器输出的影响

钝体表面粗糙度的存在会使其在与流体接触时改变物体本身及流场的特性，在如图 3-11 的基础上确定钝体表面粗糙度在流致振动型压电俘能器系统中的影响。

同样将迎风面宽度（长直径）$D=50$mm，短直径分别为 $d=20$mm、25mm，长度 $l_{tip}=100$mm，质量 $m_{tip}=182$g 的椭圆柱钝体置于 U 形循环水槽中，如图 4-14 所示，椭圆柱在水中发生驰振。通过在短直径不同的两种椭圆柱钝体的表面粘贴砂纸实现改变表面粗糙度，表面粗糙度的大小由砂纸目数决定，基于此种手段寻求表面粗糙度对驰振式压电俘能器输出特性及振动响应的影响。

图 4-14　椭圆柱钝体的驰振式压电俘能器

4.2.3.1　输出特性

图 4-15（a）和（b）分别表示不同水流流速下短径为 $d=20$mm 和 $d=25$mm 椭圆柱对应驰振式压电俘能器的输出功率随表面粗糙度的变化，图中试验解与解析解吻合较好，这也能说明所提出的驰振式压电俘能器数学模型的准确性。随着钝体表面粗糙度的增加，压电俘能器的输出功率在不断降低。在流速 $U=0.55$m/s 的试验条件下，钝体的表面粗糙度 Ra 从 0.02μm 提高到 6.3μm 时，$d=20$mm 对应的俘能器的输出功率从 2.406mW 降低至 1.499mW；$d=25$mm 对应的俘能器的输出功率从 0.997mW 降低至 0.525mW。而当试验条件变为 $U=0.49$m/s 时，$d=20$mm 对应的俘能器的输出功率从 1.108mW 降低至 0.525mW；$d=25$mm 对应的俘能器的输出功率从 0.228mW 降低至 0.051mW。

为了更清晰地理解表面粗糙度对输出功率的影响程度，引入功率的下降比例来描述变化规律：

$$\eta_p=\frac{P_{OS}-P_{6.3}}{P_{OS}}　　　　（4-1）$$

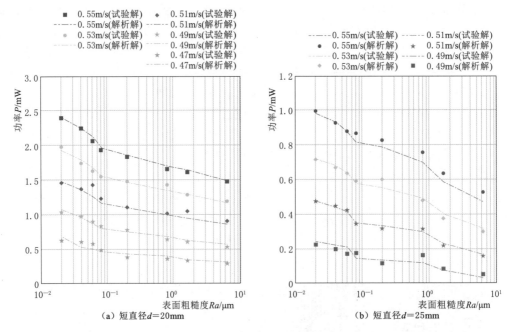

图 4-15 不同流速下 $d=20\text{mm}$ 和 $d=25\text{mm}$ 对应驰振式压电俘能器的输出功率随表面粗糙度的变化

式中 η_p——椭圆柱从原始表面变至表面粗糙度 $Ra=6.3\mu\text{m}$ 时，俘能器输出功率下降比例；

         P_{OS}——椭圆柱处于原始表面（Original Surface，OS）时，俘能器的输出功率；

         $P_{6.3}$——椭圆柱处于表面粗糙度 $Ra=6.3\mu\text{m}$ 时，俘能器的输出功率。

    由式（4-1）可计算出功率的下降比例随流速的变化，如图 4-16 所示，对于两个驰振式压电俘能器系统，其输出功率的下降比例均随着流速的增加而降低，且变化的斜率在逐渐变小，这说明当流速超越 0.55m/s 并继续增加时，功率的下降比例可能会趋于一个常数。并且 $d=20\text{mm}$ 对应驰振式压电俘能器的功率下降比例的变化幅度远大于 $d=25\text{mm}$。当水流速度从 0.49m/s 提高至 0.55m/s，$d=20\text{mm}$ 对应俘能器的功率下降比例从 51.8% 降低至 41.5%；$d=25\text{mm}$ 对应俘能器的功率下降比例从 88.1% 降低至 54.5%。这表明在较高流速下，表面粗糙度对输出功率的抑制作用能够降到最低。

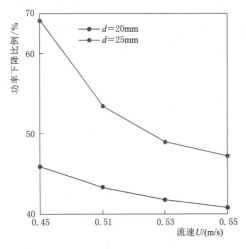

图 4-16 功率下降比例随流速的变化

    钝体的表面粗糙度会降低驰振式压电俘能器的输出功率，而降低程度随着流速的增大而减小，因此有必要对系统的稳定性进行分析。由于两种短径的椭圆柱钝体压电俘能器在输出功率及功率下降比例表现出相同的趋势，故只选用 $d=20\text{mm}$ 压电俘能器系统进行稳定性分析。图 4-17（a）和（b）分别绘制了流速

$U=0.55\mathrm{m/s}$ 和 $0.49\mathrm{m/s}$ 的时域图与相位图。相位图的 z 轴表示输出电压与时间的导数，相位图中的环形成为稳定极限环，环形接近圆形表示系统越稳定；绝对稳定的系统表现出的极限稳定环应该是光滑的圆，而图显示的 140s 试验得出的稳定极限环均不是光滑的，这是由水流的轻微波动引起的。

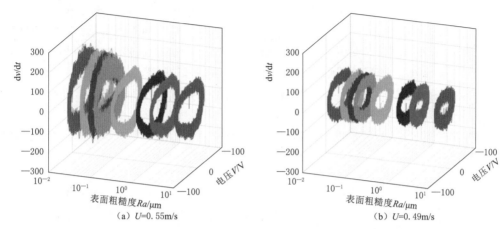

图 4-17 $U=0.55\mathrm{m/s}$、$U=0.49\mathrm{m/s}$ 条件下的 $d=20\mathrm{mm}$ 俘能器的相位图

极限环是一个闭合轨迹，并且是唯一且稳定的环；而稳定性是指周围的轨迹，无论是从外面还是从里面出发，最终都会靠近极限环。因此环宽能够在一定意义上反映出系统的稳定性，环宽越小代表压电俘能器系统越稳定，例如模型计算得到的功率曲线为标准正弦式，并由此得到的稳定极限环的宽度为 0，表现为一个光滑的闭合圆。图 4-18 表明钝体的表面粗糙度会增加系统的不稳定性。

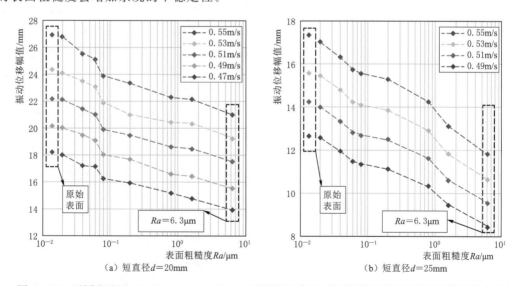

图 4-18 不同流速下 $d=20\mathrm{mm}$、$d=25\mathrm{mm}$ 对应驰振式压电俘能器的振幅随表面粗糙度的变化

4.2.3.2 振动响应

由于换能部件是 MFC 压电纤维片，其形变量越大，发出的电压越高，因此俘能器的

输出功率与椭圆柱钝体的振动成正比。钝体的表面粗糙度会降低输出功率，因此可以推断出表面粗糙度也会抑制钝体的振动。为了得出表面粗糙度对椭圆柱钝体振动响应影响的具体规律，需要对振动响应进行分析。由于试验中无法测出钝体位移的具体数值，采用被验证后的驰振式压电俘能器数学模型所求驰振响应的解析解，包括振动位移与振动频率。

如图 4-18 所示，在任意流速下，短径为 $d=20\text{mm}$ 和 $d=25\text{mm}$ 椭圆柱的振幅均随着表面粗糙度的增加而减小。在水流流速 $U=0.55\text{m/s}$ 时，当椭圆柱从原始表面变为表面粗糙度 $Ra=6.3\mu\text{m}$ 的工况时，$d=20\text{mm}$ 椭圆柱的驰振振幅从 26.98mm 下降至 21.03mm；$d=25\text{mm}$ 椭圆柱的驰振振幅从 17.28mm 下降至 11.91mm。这表明表面粗糙度的存在会抑制驰振，这可为一些处于流场中工作的大跨度柔性桥梁、管道等设备的减振提供一定的参考。

需要进一步探究表面粗糙度对振幅下降的影响程度，与式（4-1）类似，采用振幅下降比例来描述其变化规律：

$$\eta_A = \frac{A_{OS} - A_{6.3}}{A_{OS}} \qquad (4-2)$$

式中　η_A——椭圆柱从原始表面变至表面粗糙度 $Ra=6.3\mu\text{m}$ 时，椭圆柱钝体的振幅下降比例；

A_{OS}——椭圆柱处于原始表面（Original Surface，OS）时，椭圆柱钝体的驰振振幅；

$A_{6.3}$——椭圆柱处于表面粗糙度 $Ra=6.3\mu\text{m}$ 时，椭圆柱钝体的驰振振幅。

由式（4-2）计算得出的 $d=20\text{mm}$ 和 $d=25\text{mm}$ 椭圆柱的驰振振幅下降比例随时间

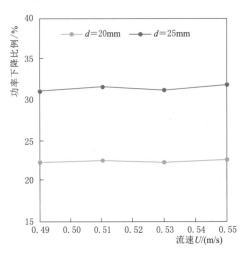

图 4-19　振幅下降比例随流速的变化

的变化，如图 4-19 所示。当椭圆柱钝体的表面从原始状态变为表面粗糙度 $Ra=6.3\mu\text{m}$ 表面时，其整体的振幅下降比例基本不会随着水流速度而改变，对于 $d=20\text{mm}$ 和 $d=25\text{mm}$ 椭圆柱来说，这个比例分别维持在 22.05% 和 31.08% 左右。表面粗糙度对在原始表面状态下振幅较小的钝体影响程度较高。

图 4-20（a）和（b）分别是 $d=20\text{mm}$ 椭圆柱在水流速度 $U=0.55\text{m/s}$ 和 $U=0.49\text{m/s}$ 下的三维频谱图，频谱图展示了 7 个表面粗糙度与对应的振动频率的关系。从图中可以看出，椭圆柱的表面粗糙度并不会影响其驰振的振动频率，在流速 $U=0.55\text{m/s}$ 下，$d=20\text{mm}$ 椭圆柱钝体的振动频率均在 3.2Hz 左右；在流速 $U=0.49\text{m/s}$ 下，$d=20\text{mm}$ 椭圆柱钝体的振动频率均在 3.3Hz 左右，这说明相同情况下，流速对钝体发生流致振动的频率也并不会产生太大影响。推测是因为粘贴在椭圆柱钝体表面上的砂纸质量小，所以其对椭圆柱的结构、质量以及重心的位置并不会产生大幅影响。

表面粗糙度的存在对流致振动型压电俘能器设备的实际应用是十分有意义的，对于低

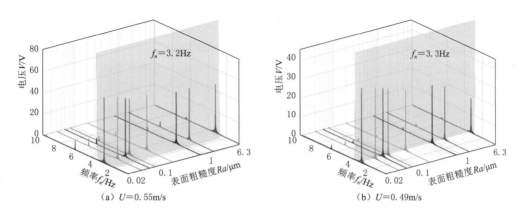

图 4 - 20 $U=0.55\text{m/s}$、$U=0.49\text{m/s}$ 条件下的 $d=20\text{mm}$ 俘能器的频谱图

流速环境下的俘能器，表面粗糙度会很大程度上抑制输出，因此需要对工作环境进行检查和采取减小泥沙措施；对于相对较高流速环境下的俘能器，本身存在由于长时间的剧烈振动导致悬臂梁疲劳损坏的问题，而表面粗糙度的存在会按照固定比例削减钝体的振幅，这提高了压电俘能器的自适应性，使其能适应更高流速的自然环境。

4.2.4   钝体的长度 l_{tip} 与宽度 b_{tip} 及其对俘能器输出的影响

在相对较大风速，如 13m/s，对基于驰振的压电俘能器进行几何尺寸分析，设定MFC压电片长度 $l_p=l=84\text{mm}$，厚度 $b_p=b=l/3\text{mm}$，宽度 $h_p=0.17\text{mm}$，悬臂梁厚度 $h_s=1\text{mm}$。

如图 4 - 21 所示，选择钝体的长度 l_{tip} 和宽度 b_{tip} 的尺寸，对于给定的悬臂梁层和压电层的几何尺寸参数，功率密度随着长度与宽度的比值 l_{tip}/b_{tip} 的增加而减小，直到 l_{tip} 增加到 234mm，如图 4 - 21（a）所示。固定 $l_{tip}/b_{tip}=3$，得到最优的质量块长度 l_{tip}，如图 4 - 21（b）所示。采用相似的方法对基于驰振压电俘能器进行几何尺寸分析，找出最优的 b_{tip}。

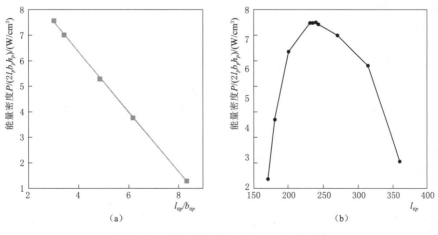

图 4 - 21   能量密度随 l_{tip}/b_{tip}、l_{tip} 的变化

4.2.5 悬臂梁的长度 l 与长宽比 l/b_s 及其对俘能器输出的影响

在相对较大风速，如 13m/s，对基于驰振的压电俘能器进行几何尺寸分析，设定 MFC 压电片长度 $l_p=l$，宽度 $h_p=0.17$mm，悬臂梁厚度 $h_s=4$mm，宽度 $b_s=b$。

如图 4-22 所示，给出了梁长度 l、梁的长宽比 l/b 对压电俘能器性能的影响。图 4-22 (a) ～图 4-22 (c) 分别表示输出的电能，即功率、功率密度以及位移的归一化振幅，随 l 和 l/b 的变化。随着 l/b 的增加，功率 P 减小。当 $l/b=3$ 时，短梁的功率 P 大于长梁的功率 P，对于 $l/b=4$、5、6，与之相反。当 l/b 从 4 增加到 6 时，$l=72$mm、$l=78$mm、$l=84$mm、$l=90$mm 间的功率差增大。对于短梁，l/b 对采集功率的影响较大。功率密度 $P/(2l_p b_p h_p)$ 随着 l/b 的增加而增加 [图 4-22 (b)]。从 $A_{tip}/l=3$ 增加到 $A_{tip}/l=6$ 时，短梁的功率密度大于长梁的功率密度。位移与梁长度的比值 A_{tip}/l 几乎随着 l_{tip}/l 的增加而线性增加 [图 4-22 (c)]，A_{tip}/l 随着梁长度的增加略微增加。

图 4-22 (d) ～图 4-22 (f) 分别表示电阻尼、模态速度幅值和修正频率随 l 和 l/b 的变化。$l=72$mm、$l=78$mm、$l=84$mm 时，电阻尼 c 随着 l/b 的增加而减小 [图 4-22 (d)]。对于 $l=90$mm，从 $l/b=3$ 到 $l/b=4$，c 先增加，然后从 $l/b=4$ 到 $l/b=6$ 再减小。在 $l/b=3$ 时，短梁的 c 较大。在 $l/b=6$ 时，长梁的 c 较大。对于较短的梁，l/b 对 c 的影响较大。模态速度幅值 v_0 随 l/b 的增加而略有减小 [图 4-22 (e)]。对于较长的梁，v_0 更大。速度范围为 1.72～1.86m/s 时，v_0 随 l/b 的变化很小。可以从 c 和 v_0 的变化中预测 P 的变化，由于 v_0 的变化很小，因此与 c 非常相似。随着 l/b 的增加，频率 Ω 减小 [图 4-22 (f)]。对于短梁，Ω 更高，这一趋势与位移随 l/b 的变化趋势相反。

图 4-22 (g) ～图 4-22 (i) 分别表示机电耦合项、无量纲参数 $C_p \Omega R$，以及质量块长度与梁长度之比随 l 和 l/b 的变化。模态机电耦合项 θ_p 和 $C_p \Omega R$ 随 l/b 的变化量与 v_0 随 l/b 的变化量相似。根据式 (2-63) c 的变化将与 θ_p 和 $C_p \Omega R$ 的变化联系在一起。质量块长度与梁长度之比 A_{tip}/l 随 l/b 的变化类似于修正频率 Ω，但与位移的归一化幅值随 L/b 的变化相反。

4.2.6 悬臂梁的长宽比 l/b_s 与厚度 h_s 及其对俘能器输出的影响

在相对较大风速，如 13m/s，对基于驰振的压电俘能器进行几何尺寸分析，设定 MFC 压电片长度 $l_p=l=84$mm，宽度 $h_p=0.17$mm，悬臂梁宽度 $b_s=b$。

梁的长与宽之比 l/b、悬臂梁层厚度 h_s 对压电俘能器性能的影响如图 4-23 所示。图 4-23 (a) ～图 4-23 (c) 分别表示电能输出的变化情况，即功率、功率密度，以及归一化位移幅值随 l/b 和 h_s 的变化。随着 h_s 的增加，功率 P 增加。较小的 l/b 对应较大的功率 P。功率密度也随着 h_s 的增加而增加。当悬臂梁层厚度较小，如 $h_s=0.6$mm 时，较小的 l/b 对应大的功率密度，当悬臂梁层高度较大，如 $h_s=0.4$mm 时，较大的 l/b 对应大的功率密度。随着梁变细，h_s 对功率密度的影响增大。位移与梁长度之比 A_{tip}/l，随着 h_s 的增加而减小。

图 4-23 (d) ～图 4-23 (f) 分别表示电阻尼、模态速度幅值和修正频率随 l/b 和 h_s 的变化。电阻尼 c 随 h_s 的变化与 P 随 h_s 的变化非常相似。随着 h_s 的增大，模态速度幅值 v_0 先增大后减小再变为平稳。转变点在 $h_s=1$mm 左右。修正频率 Ω 随 h_s 增加而增加。这一趋势与位移随 L/b 的变化相反。当 h_s 为常数时，在 $l/b=3$、4、5、6 之间修正

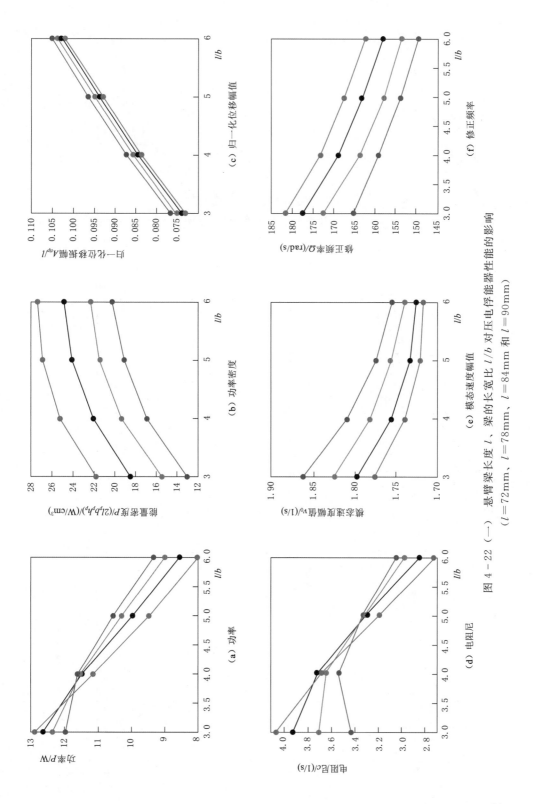

图 4-22 (一) 悬臂梁长度 l、梁的长宽比 l/b 对压电俘能器性能的影响
($l=72$mm，$l=78$mm，$l=84$mm 和 $l=90$mm)

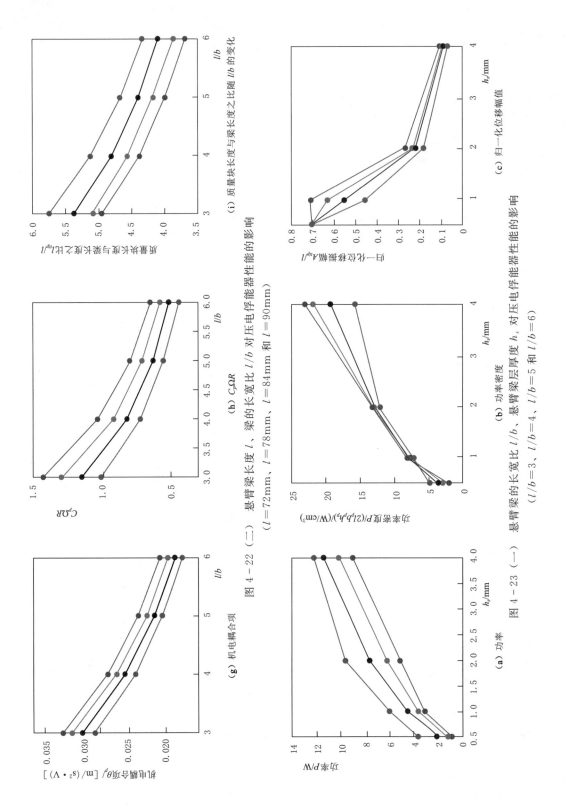

(g) 机电耦合项

(h) $C_p\Omega R$

(i) 质量块长度与梁长度之比随 l/b 的变化

图 4 - 22 （二）悬臂梁长度 l、梁的长宽比 l/b 对压电俘能器性能的影响
($l=72\text{mm}$，$l=78\text{mm}$，$l=84\text{mm}$ 和 $l=90\text{mm}$）

(a) 功率

(b) 功率密度

(c) 归一化位移幅值

图 4 - 23 （一）悬臂梁的长宽比 l/b，悬臂梁层厚度 h_s 对压电俘能器性能的影响
（$l/b=3$，$l/b=4$，$l/b=5$ 和 $l/b=6$）

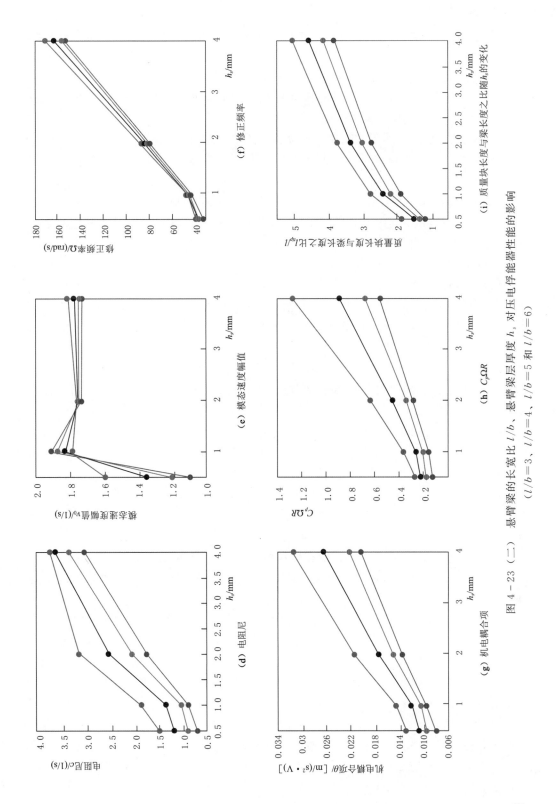

图 4-23（二）　悬臂梁的长宽比 l/b、悬臂梁层厚度 h_s 对压电俘能器性能的影响

（$l/b=3$、$l/b=4$、$l/b=5$ 和 $l/b=6$）

频率 Ω 存在细微差别。

图 4 - 23 (g) ~图 4 - 23 (i) 分别表示机电耦合项、无量纲参数 $C_p\Omega R$ 以及块体长度与梁长度之比 [图 4 - 23 (i)] 随 l 和 l/b 的变化。机电耦合项 θ_p 随 h_s 的变化趋势与 l_{tip}/l 随 h_s 的变化趋势相似。同样，随着 h_s 的增加，$C_p\Omega R$ 的变化趋势与 θ_p 的变化趋势相似。最优质量块长度与梁长度之比 l_{tip}/l 随着 h_s 的增加而增加。对于较小的 l/b，l_{tip}/l 较大。这一趋势与功率随 h_s 的变化类似。

4.2.7 悬臂梁的厚度 h_s 与压电片的厚度 h_p 及其对俘能器输出的影响

在相对较大风速，如 13m/s，对基于驰振的压电俘能器进行几何尺寸分析，设定 MFC 压电片长度 $l_p=l=84$mm，宽度 $b_p=b=l/3$mm。

悬臂梁厚度 h_s 和压电层厚度 h_p 对压电俘能器性能的影响如图 4 - 24 所示。图 4 - 24 (a) ~图 4 - 24 (c) 表示输出电能的变化情况，即功率、功率密度以及归一化位移幅值随 h_s 和 h_p 的变化。随着 h_p 的增加，功率 P 也相应地增加。当 h_s 增加时，$\Delta P/\Delta h_p$ 增加。当 h_s =1.2mm 时随着 h_p 的增加，功率密度减小。当 h_s =4mm 时，先从 h_p=0.09mm 到 h_p =0.17mm 增加，然后从 h_p=0.17mm 到 h_p=0.25mm 减少。当 h_s=7mm 时，功率密度随 h_p 的增加而增加。随着 h_p 的增加，位移与梁长度之比 A_{tip}/l 和 $(A_{tip}/l)\Delta h_p$ 减小。

图 4 - 24 (d) ~图 4 - 24 (f) 分别为电阻尼、模态速度幅值和修正频率随 h_s 和 h_p 的变化。电阻尼 c 的趋势与 P 非常相似。模态速度幅值 v_0 随 h_s 的增加而减小。因为 c 的变化（1.0~5.8s^{-1}）相比于 v_0（1.73~1.97m/s）的变化很大，所以 P 的变化可以从 c 中预测，但不能从 v_0 中预测。修正频率 Ω 随着 h_s 的增加略有增加，而随着 h_s 的增加显著增加。

图 4 - 24 (g) ~图 4 - 24 (i) 分别表示机电耦合项、无量纲参数 $C_p\Omega R$ 以及质量块长度与梁长度之比随 h_s 和 h_p 的变化。机电耦合项 θ_p 随 h_s 的变化趋势与 Ω 随 h_s 的变化趋势非常相似。$C_p\Omega R$ 随着 h_s 的增加而减少，对于大的 h_s 其变化更大。c 随 h_s 和 h_p 的变化趋势可以由 θ_p 和 $C_p\Omega R$ 预测得到。当 h_s =1mm、2mm、4mm 时，随着 h_s 的增加，质量块长度与梁长度之比 l_{tip}/l 略有增加。当 h_s=7mm，首先在 h_s=0.09~0.17mm 范围内减小，然后在 h_s=0.17~0.25mm 的范围内稍微增加。较小的 h_s，对应小的 l_{tip}/l。

4.2.8 压电片的厚度 h_p、压电片与悬臂梁的长度比 l_p/l 及其对俘能器输出的影响

在相对较大风速，如 13m/s，对基于驰振的压电俘能器进行几何尺寸分析，设定 MFC 悬臂梁长度 $l_p=l=84$mm，厚度 h_s=4mm，压电片与悬臂梁的宽度比 $b_p/b_s=1/3$。

压电层厚度 h_p 和压电层长度与梁长度之比 l_p/l 对压电俘能器性能的影响如图 4 - 25 所示。图 4 - 25 (a) ~图 4 - 25 (c) 分别表示输出电能的变化，即功率、功率密度以及归一化位移幅值随 h_p 和 l_p/l 的变化。随着 l_p/l 的增加，功率 P 也相应地增加，$\Delta P/[\Delta(l_p/l)]$ 也随着 h_p 增加。h_p 值越大，P 值就越大。随着 l_p/l 的增加，h_p=0.05mm 的功率密度减小。对于 h_p 分别为 h_p=0.09mm、0.13mm、0.17mm，首先从 l_p/l=1/7 到 l_p/l=2/7 增加，然后从 l_p/l=2/7 到 l_p/l=7/7 减少。在 h_p=0.05、0.09mm 时，随着 l_p/l 的增加，位移与梁长度之比 A_{tip}/l 增加。对于 h_p=0.13、0.17mm，A_{tip}/l 首先从 l_p/l=1/7 到 l_p/l=4/7 减少，然后从 l_p/l=4/7 到 l_p/l=7/7 增加。对于较低的 h_p，A_{tip}/l 略大。

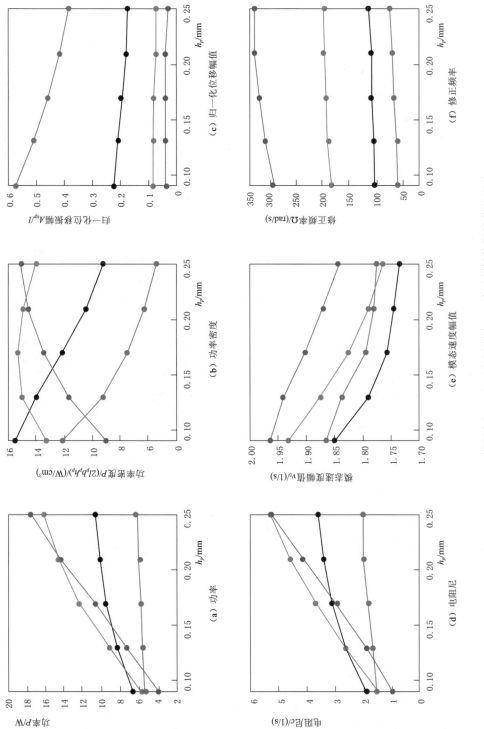

图 4-24 (一) 悬臂梁厚度 h_s 和压电层厚度 h_p 对压电俘能器性能的影响
(h_s =1mm, h_s =2mm, h_s =4mm 和 h_s =7mm)

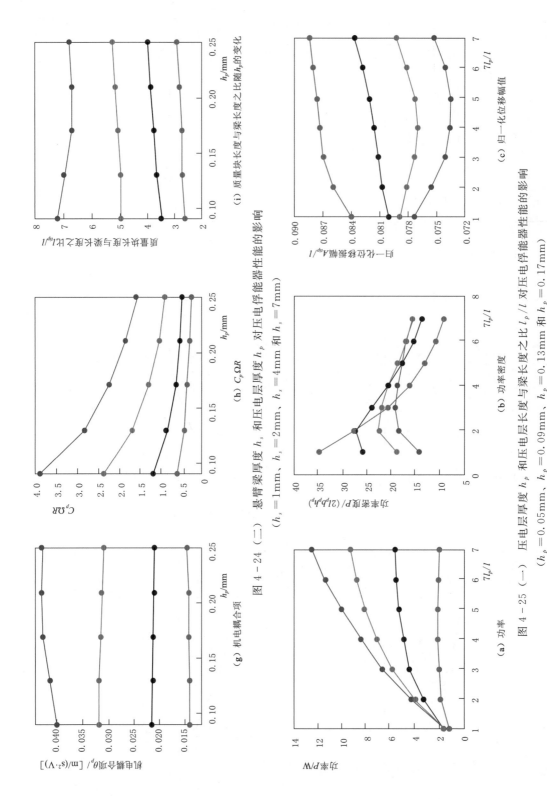

(i) 质量块长度与梁长度之比随h_p的变化

(h) C_p，ΩR

(g) 机电耦合项

图 4 - 24（二）　悬臂梁厚度 h_s 和压电层厚度 h_p 对电俘能器性能的影响
（$h_s = 1\text{mm}$，$h_s = 2\text{mm}$，$h_s = 4\text{mm}$ 和 $h_s = 7\text{mm}$）

(c) 归一化位移幅值

(b) 功率密度

(a) 功率

图 4 - 25（一）　压电层厚度 h_p 和压电层长度与梁长度之比 l_p/l 对电俘能器性能的影响
（$h_p = 0.05\text{mm}$，$h_p = 0.09\text{mm}$，$h_p = 0.13\text{mm}$ 和 $h_p = 0.17\text{mm}$）

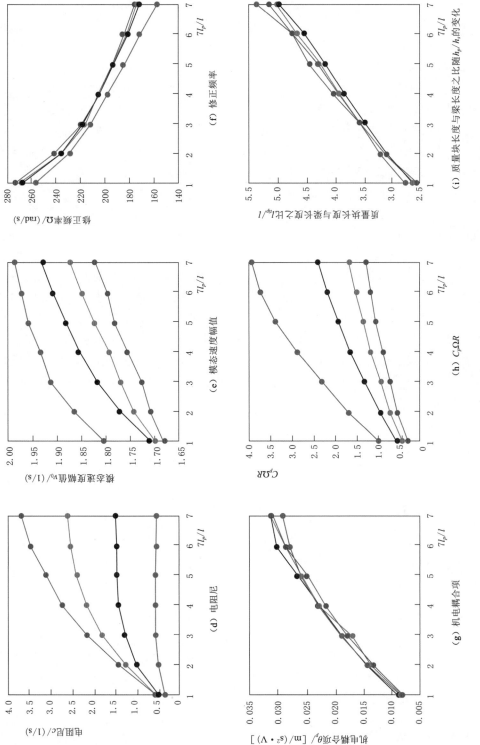

图 4-25 (二) 压电层厚度 h_p 和压电层长度与梁长度之比 l_p/l 对压电俘能器性能的影响

($h_p = 0.05\text{mm}$, $h_p = 0.09\text{mm}$, $h_p = 0.13\text{mm}$ 和 $h_p = 0.17\text{mm}$)

图 4-25（d）～图 4-25（f）分别表示电阻尼、模态速度幅值和修正频率随 h_p 和 l_p/l 的变化。电阻尼 c 具有与 P 非常相似的趋势。当 l_p/l 增加时，模态速度的振幅 v_0 增加。h_p 越小，v_0 越大。与 v_0（1.68～1.98m/s）的变化相比，c（0.3～2.7s^{-1}）变化的较大，所以 P 的变化可以从 c 预测而不是 v_0。随着 l_p/l 的增加，修正频率 Ω 减小。对于不同的 h_p，Ω 非常接近。

图 4-25（g）～图 4-25（i）分别表示模态机电耦合项、无量纲参数 $C_p\Omega R$ 以及质量块长度与梁长度之比随 h_p 和 l_p/l 的变化。模态机电耦合项 θ_p 随 l_p/l 的变化趋势，与 l_{tip}/l 随 l_p/l 变化的趋势非常相似。$C_p\Omega R$ 随 l_p/l 的增加而增加，h_p 越大，$C_p\Omega R$ 值越大。c 随 l_p/l 和 h_p 改变的趋势可以用来预测 θ_p（随 l_p/l 的增加而增大）和 $C_p\Omega R$（随 h_p 的增加而增大）。当 l_p/l 增加时，最优长度与梁长之比 l_{tip}/l 随 l_p/l 的增加而增加。l_p/l 一定时，对不同的 h_p，l_{tip}/l 几乎相同。

4.3 本章小结

列举风洞试验与水槽试验的例子，绘制压电俘能器输出电压的时程曲线，与相同条件下由数学模型得出的理论电压时程曲线相对比，二者之间较好的吻合性说明了所提出的涡激振动式、驰振式、尾流激振式以及扰流激励式压电俘能器数学模型的准确性。在此基础上通过物理参量分析，探究了包括外载电阻值，钝体的质量、长度、表面粗糙度，以及悬臂梁及压电片的长度、宽度、厚度的几何参数和电特性参数对流致振动型压电俘能器的影响。这些参数分析对俘能器系统的理论设计具有指导意义，也能深入读者对流致振动型压电俘能器的理解。

5

流致振动型压电俘能器系统性能分析

在第 2 章介绍了包括涡激振动型、驰振型、尾流激振型以及扰流激振型的悬臂梁式压电俘能器的数学模型，通过构建俘能器系统的机械控制方程与电控制方程，并结合通过准稳态假设与修正后的 Van Der Pol 模型得到的钝体在流场中受到的流体动力及力矩，实现了对流致振动型压电俘能器的输出、振动的理论解析。在第 3 章中详细阐述了与有关各类流致振动型压电俘能器试验研究设备从制作到安装搭建再到试验的全过程。而在第 4 章中利用搭建的实验平台对所提出的俘能器数学模型准确性进行了验证，并进一步分析了压电俘能器的物理参量对其输出的影响。

在本章中，将进一步结合试验数据与模型预测数据，利用时域图、频谱图、相位图等多种手段，对各种流致振动型压电俘能器的输出特性及振动响应进行深入探索。与此同时，对比不同截面形状、不同附着物、不同接口电路等不同设计条件下的流致振动型压电俘能器在不同工况下的表现与性能。

性能分析的目标是改进最终用户的体验以及降低运行成本。对于性能分析来说，最好的分析方法是能够将分析目标进行量化，以可视化的形式提供给开发者。流致振动型压电俘能器的性能主要包括了输出特性与振动响应两个方面。俘能器系统的输出直接影响实际供电能力，若无法输出能够使耗电设备正常运行的标准电压或者功率，则判定性能低下；而俘能器系统的振动响应包括钝体的流致振动以及复合悬臂梁的被动形变，一方面归结为钝体开始振动的起动流速，另一方面则归结于悬臂梁发生长时间大形变引起的疲劳断裂。对流致振动型压电俘能器而言，性能分析的目的在于找到一种起动流速低且输出高的设计方案，与此同时引起的形变大的问题可通过应用新材料解决。

5.1 涡激振动式压电俘能器性能分析

涡激振动式压电俘能器多由尾端圆柱与压电振子构成，可在较低流速下（如低速水流）产生涡激共振使压电俘能器的振动幅值和能量输出最大；且由于 Lock‐in 现象的存在，涡激共振区域增大，工作频带增宽。涡激振动发生的实质是圆柱绕流，圆柱绕流是自然界较为常见的现象，当流体流过任何非流线型物体时，都会在物体两侧交替产生脱落的旋涡，交替脱落的旋涡会在垂直于来流方向产生周期性变化作用力。周期性作用力可激励弹性固支的压电俘能器振动并发电。

5.1.1 流速对涡激振动式压电俘能器的影响

将单个圆柱作为接受流致振动的钝体置于 U 形循环水槽中，如图 5-1 所示，圆柱在水流中发生涡激振动。设定参数：圆柱钝体质量 $m_{tip}=300\text{g}$，高度 $l_{tip}=100\text{mm}$，直径（迎水面宽度）$D=50\text{mm}$；铜质悬臂梁长度 $l=140\text{mm}$，宽度 $b_s=20\text{mm}$，厚度 $h_s=0.8\text{mm}$；MFC 压电片长度 $l_p=28\text{mm}$，宽度 $b_p=14\text{mm}$，厚度 $h_p=0.3\text{mm}$。通过转动泵阀控制流入水槽中水流量，进而改变流经圆柱的水流速度，得到涡激振动式压电俘能器输出 RMS 电压随流速的关系曲线，如图 5-2 所示。

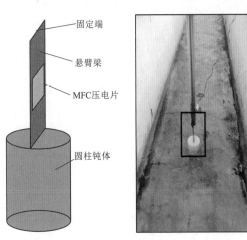

图 5-1　水中的涡激振动式压电俘能器 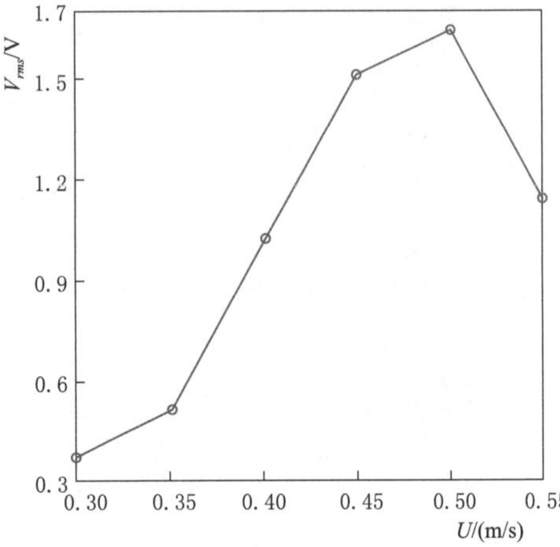　　　图 5-2　涡激振动式压电俘能器输出 RMS
电压随流速的变化

图 5-2 清楚地展示了随着水流速度的增加，涡激振动式压电俘能器的输出电压呈现出先增大后减小的趋势。在水流速度为 0.5m/s 时俘能器输出最大电压 1.64V，在这个流速附近，圆柱形钝体发生了涡激共振现象，这个流速附近范围也被称为锁定（Lock-in）区间。当水流速度低于或者高于这个区间的流速时，从圆柱两侧交替形成的涡脱落频率低于或者高于圆柱体的自然频率。当且仅当水流速度处于 Lock-in 区间时，涡脱落频率才接近于圆柱钝体的自然频率，发生共振，极大幅加剧涡激振动，从而提高压电俘能器的输出。

5.1.2 组合因子与质量比对涡激振动式压电俘能器的影响

美国康奈尔大学的 Williamson 教授等沿用了 Feng 的经典试验设计，对低质量比低阻尼比圆柱的涡激振动进行了大量试验研究。对 Williamson 系列试验的结果进行分类整理，得到不同组合因子 $m^*\zeta$ 与质量比 m^* 下圆柱涡激振动的无量纲振幅随约化流速的变化曲线，如图 5-3 所示，其中 $m^*=m_{tip}/m_d$，m_d 是移动流体质量。

从图 5-3 中可以看出：圆柱振动系统的组合因子 $m^*\zeta$ 和质量比 m^* 的不同会导致圆柱振动特性出现较大差异。具体表现为组合因子 $m^*\zeta$ 决定了圆柱的振幅，在质量比一定的情况下，其越小则振动的幅值越大；而在组合因子一定的情况下，圆柱的锁定区间范围主要受质量比 m^* 的影响，质量比越小则锁定区间的范围越大。这表明线性化分析的结果

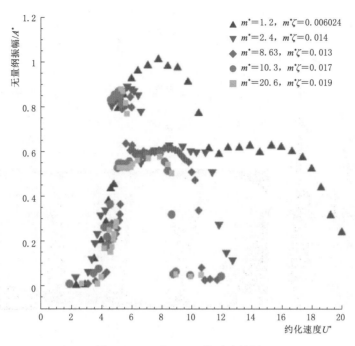

图 5 - 3　Williamson 的试验结果

与实验结果相符，都反映出涡激振动特性受到 $m^* \zeta$ 和 m^* 的影响较大。

5.2　驰振式压电俘能器性能分析

　　基于涡激振动的经典俘能器一般具有风速范围相对狭窄、输出功率较低等缺点。此外，流速的波动会改变涡旋脱落频率，从而大大降低能量收集效率。驰振具有振荡幅度大、工作风速范围宽的特点，因此，基于驰振而被设计、研究的驰振式压电俘能器具有更加重要的实际应用意义。

　　典型的驰振式压电俘能器可以通过在复合悬臂梁的顶端连接一个非圆柱钝体来设计，在来流的作用下，钝体上的流体动力驱动复合悬臂梁振荡。施加在钝体上的流体动力起到负阻尼的作用，当这种负阻尼中和了驰振式压电俘能器系统的机械阻尼以及电阻尼，并且系统的总阻尼变为负阻尼时，系统的不稳定性被触发，驰振发生。

　　为了提高压电俘能器的输出，除了外载电路的优化设计，最直接的方法是加剧非圆柱钝体的驰振。由于泵入驰振式压电俘能器的负阻尼由流速决定，所以流体流速成为决定非圆柱钝体驰振位移以及俘能器输出的关键因素之一；非圆柱钝体的几何形状将直接影响钝体在流场中的流固耦合特性，这也将进一步影响驰振式压电俘能器的输出特性及振动响应。

5.2.1　流速对驰振式压电俘能器的影响

　　如图 5 - 4 所示，以椭圆柱在 U 形循环水槽中的驰振为例，设定参数：椭圆柱钝体质量 $m_{tip} = 182\text{g}$，高度 $l_{tip} = 100\text{mm}$，长直径（迎水面宽度）$D = 50\text{mm}$，短直径 $d = $

20mm、25mm、30mm、40mm；铜质悬臂梁长度 $l=100$mm，宽度 $b_s=20$mm，厚度 $h_s=0.6$mm；MFC 压电片长度 $l_p=28$mm，宽度 $b_p=14$mm，厚度 $h_p=0.3$mm。

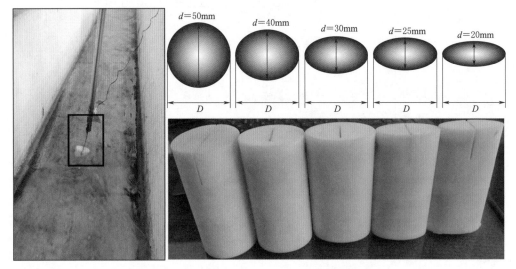

图 5-4　水中的驰振式压电俘能器及椭圆柱钝体

通过转动泵阀控制流入水槽中水流量，进而改变流经圆柱的水流速度。取短直径为 $d=20$mm 的椭圆柱作为试验对象，得到对应驰振式压电俘能器输出 RMS 电压随流速的关系曲线，如图 5-5 所示。

当水的流速较低时，驰振式压电俘能器几乎没有输出。这是因为在这个水的速度下，受椭圆柱钝体影响的升力小于系统的阻尼力，导致椭圆柱钝体不能振动。随着水的流速的增加，泵入俘能器系统中的负阻尼使作用在椭圆柱上的升力增加。当水的速度超过起动速度时，受椭圆柱钝体施加的升力超过系统的阻尼力，使其发生流致振动。压电俘能器输出的均方根电压和功率随水速度的增加而增加，这符合驰振的特征。

再以如图 4-3 所示的置于风洞中的驰振式压电俘能器为例，钝体截面形状被设置为正方形、三角形以及漏斗形，通过风洞试验与模型计算得到的俘能器的输出功率密度随风速的变化如图 5-6 所示。可以发现无论是在风洞中还是水槽中，椭圆柱、方柱、三棱柱以及漏斗形柱等非圆柱形钝体对应的压电俘能器的输出均随着流体流速的增加而增大。此外，具有不同截面形状的非圆柱形钝体在相同环境下表现出较大的差异性，因此在探究具有高性能的驰振式压电俘能器结构时需要研究钝体形状对系统性能的影响。

5.2.2　钝体形状对驰振式压电俘能器的影响

如图 5-4 所示，以椭圆柱在 U 形循环水槽中的驰振为例，探究钝体形状（截面形状为长直径相同、短直径不同的椭圆）对驰振式压电俘能器的影响。设定参数：椭圆柱钝体质量 $m_{tip}=182$g，高度 $l_{tip}=100$mm，长直径（迎水面宽度）$D=50$mm，短直径 $d=20$mm、25mm、30mm、40mm；铜质悬臂梁长度 $l=100$mm，宽度 $b_s=20$mm，厚度 $h_s=0.6$mm；MFC 压电片长度 $l_p=28$mm，宽度 $b_p=14$mm，厚度 $h_p=0.3$mm。

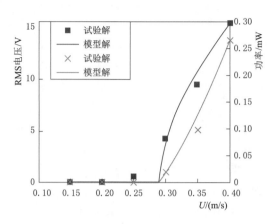

图 5-5 驰振式压电俘能器输出 RMS
电压随水流速的变化

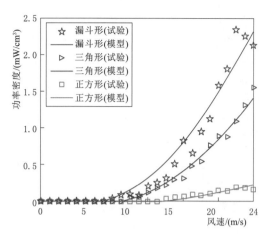

图 5-6 驰振式压电俘能器输出 RMS
电压随风速的变化

图 5-7 绘制了不同短直径的椭圆柱在不同水速下的均方根电压随椭圆柱短直径的变化。均方根电压随椭圆柱短直径的减小而明显增大，这是因为短直径的减小显著提高了椭圆柱所受的升力，使得钝体的振动振幅变大，导致收获电压越高。当水流速为 0.45m/s 时，$d=20$mm 的椭圆柱对应的驰振式压电俘能器输出均方根电压为 38.4V，比圆柱体（$d=50$mm）高 21.5 倍。

图 5-8 绘制了不同短直径的椭圆柱在不同水速下的起动流速随椭圆柱短直径的变化。椭圆柱短直径的减小也降低了起动速度。由式（2-67）的驰振式压电俘能器起动流速的计算公式可知，短直径越小的椭圆柱在相同情况下受到的升力越大，达到能够克服系统阻尼，并开始以较低的水速度开始发生驰振。

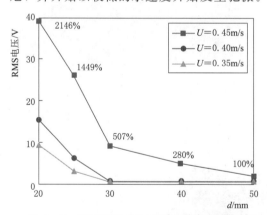

图 5-7 不同椭圆柱的驰振式压电俘能器
输出 RMS 电压随短直径 d 的变化

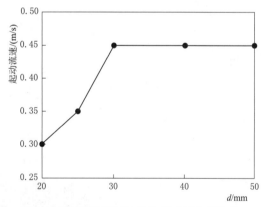

图 5-8 不同椭圆柱的驰振式压电俘能器
起动流速随短直径 d 的变化

图 5-9 表示不同短直径的椭圆柱在不同水速下的电压频率随椭圆柱短直径的变化。随着短直径的增加，电压频率减小。电压频率的降低是由于受制于钝体的附加质量力。钝体的流致振动导致水的加速运动，因此，由于水的惯性，其受到了反作用力。附加质量力的效果相当于附着在椭圆柱钝体上水的质量，导致等效质量的增加，从而降低了系统的频

率。因此，随着短直径的增加，附加质量力增加，系统频率降低。频率的降低也减少了能量收集器的输出。

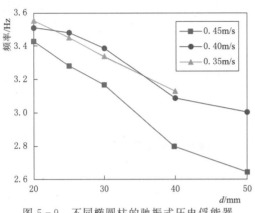

图 5-9 不同椭圆柱的驰振式压电俘能器
电压频率随短直径 *d* 的变化

为了比较更多具有不同形状的钝体在驰振式压电俘能器系统中的性能表现，仍引入如图 4-3 所示的置于风洞中的驰振式压电俘能器，钝体的形状为方柱、三棱柱及漏斗形柱。设定参数：钝体质量 $m_{tip}=120\text{g}$，高度 $l_{tip}=160\text{mm}$，迎风面宽度 $D=50\text{mm}$；铜质悬臂梁长度 $l=90\text{mm}$，宽度 $b_s=34\text{mm}$，厚度 $h_s=0.6\text{mm}$；MFC 压电片长度 $l_p=56\text{mm}$，宽度 $b_p=28\text{mm}$，厚度 $h_p=0.3\text{mm}$；外部外载电阻 $R=3\times10^5\,\Omega$。图 5-10 是在 24m/s 风速下带方柱、三棱柱及漏斗形柱的压电俘能器的总电压时

程曲线图。总电压时程曲线可以体现具有更好时效性的能量采集特性，通过其直观的表现内容可以初步判断电压输出稳定性和功率密度大小。从图中可知，方柱的振动最不稳定，相邻周期之间的电压输出差距比较大，即电压输出忽大忽小的程度最高，从而导致方柱俘能器的输出功率密度最小；而三棱柱及漏斗形柱的振动稳定性要更好一些，它们相邻周期之间的相似性更高，通过进一步比较可以判断出漏斗形质量块的振动稳定性最佳，而且输出功率密度最大。

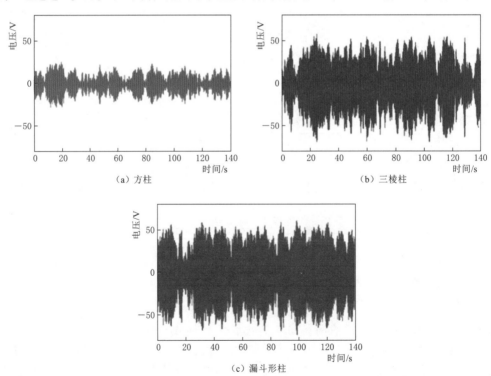

图 5-10 方柱、三棱柱及漏斗形柱的驰振式压电俘能器在 24m/s 下的电压时程曲线

无论是上述的在水槽实验中被研究的不同短直径的椭圆柱，亦或是在风洞试验中研究的方柱、三棱柱和漏斗形柱，这些非圆柱体对应的驰振式压电俘能器无论是在输出电压、功率，还是在起动流速以及振动频率上均存在较大差异。因此，在实际的驰振式压电俘能器的优化设计过程中，应选择具有最佳流固耦合性能表征最佳的钝体形状，使相同流体流速情况下发生的驰振位移最大化并以此提高流体能量向电能的能量转化率。

5.2.3 附着物对驰振式压电俘能器性能的影响

除了钝体的主体形状会影响非圆柱钝体的驰振响应与压电俘能器的输出特性，若在钝体的表面上添加小型附着物，由于附着物的存在，钝体附近的流场分布以及尾涡脱落将会受到影响。人为设计小型附着物与原始钝体表面的组合称之为超表面（Metasurface），近年来，由于其独特特性，超表面已广泛应用于如电磁学、热学、声学以及流体力学等领域。

如图 5-11 所示，以携带附着物的椭圆柱在 U 形循环水槽中的驰振为例，设定椭圆柱的主体参数：椭圆柱钝体质量 $m_{tip}=200\text{g}$，高度 $l_{tip}=100\text{mm}$，长直径（迎水面宽度）$D=50\text{mm}$，短直径 $d=20\text{mm}$；铜质悬臂梁长度 $l=100\text{mm}$，宽度 $b_s=20\text{mm}$，厚度 $h_s=0.8\text{mm}$；MFC 压电片长度 $l_p=28\text{mm}$，宽度 $b_p=14\text{mm}$，厚度 $h_p=0.3\text{mm}$。

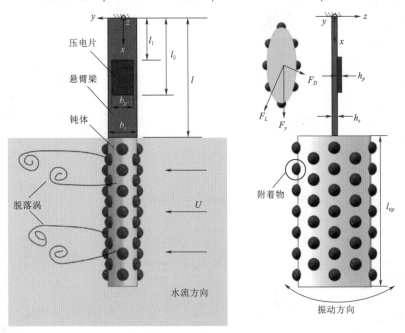

图 5-11 水中包裹附着物的驰振式压电俘能器

在椭圆柱表面的小型附着物被设置为类半球与类三棱柱两种结构，如图 5-12 所示。其中 E_{sp}、E_{tri} 分别表示特征值（Eigenvalue），即小型附着物的高度，其中 "一" 代表凹陷。依次在 U 形循环水槽中测试以上 11 种携带不同附着物的钝体，并与无附着物的情况（$E=0$）做对比，可以观察到小型附着物对驰振式压电俘能器的影响。

图 5-13 与图 5-14 分别为携带有类半球与类三棱柱附着物椭圆柱钝体的输出功率随流速的变化。附着物存在情况下，对应俘能器的输出功率仍然随着水流流速的增加而增

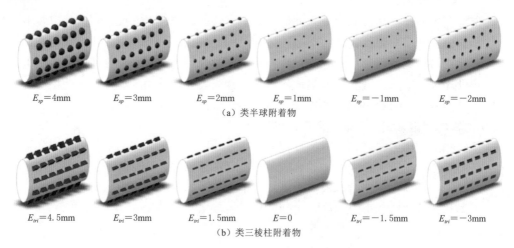

（a）类半球附着物

（b）类三棱柱附着物

图 5-12 携带类半球与类三棱柱附着物的椭圆柱钝体

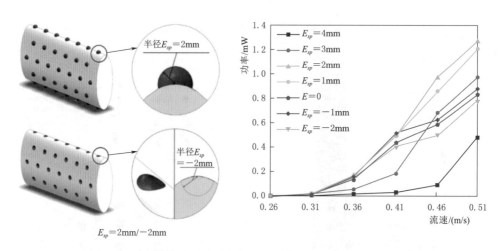

图 5-13 携带类半球附着物椭圆柱钝体输出功率随流速的变化

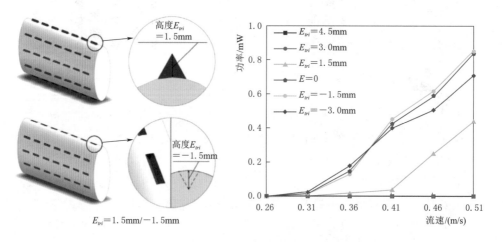

图 5-14 携带类三棱柱附着物椭圆柱钝体输出功率随流速的变化

大，这表明添加附着物的椭圆柱钝体经历的流致振动类型也为驰振。与未添加附着物的椭圆柱（$E=0$）相比，一部分添加类半球与类三棱柱附着物（$E\neq0$）对应的驰振式压电俘能器输出有所上升，而另一部分却会降低，这种现象与流速以及附着物的高度有关。

图 5-15 能够清晰地反映出在 $0.36\sim0.51$ m/s 的各个流速下压电俘能器的输出功率随特征值的变化。当特征值（附着物的高度）由负数增加至正数时，附着物从凹陷形式转变为凸起。对于添加有类半球型附着物的俘能器，其输出功率将随着特征值的绝对值先增大后减小；而对于添加有类三棱柱附着物的俘能器，此类附着物为俘能器带来的输出增幅并不明显。当椭圆柱表面添加附着物的高度足够大时，会极大幅地削弱压电俘能器的能量转化率，此时俘能器的输出几乎为零，这种削弱效应在类三棱柱形附着物上表现得尤为明显。

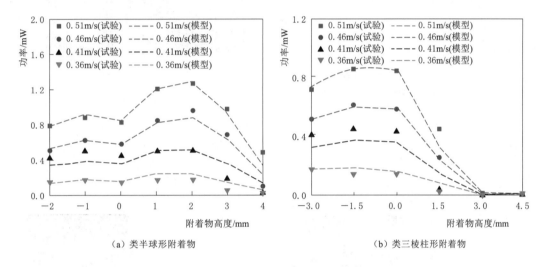

（a）类半球形附着物　　　　　　　　（b）类三棱柱形附着物

图 5-15　携带类半球与类三棱柱附着物椭圆柱钝体输出功率随特征值的变化

通过被验证正确性后的驰振式压电俘能器数学模型对添加类三棱柱附着物的椭圆柱流致振动振幅进行计算，得到振幅随特征值的变化，如图 5-16 所示。无附着物情况下（$E=0$），椭圆柱的理论振幅为 23.31mm，而有附着物且高度分别为 1.5mm 与 4.5mm 情况下（$E_{tri}=1.5$、4.5），其理论振幅分别为 14.45mm 与 1.41mm，与无附着物情况对比，振幅分别下降了 38.12% 与 93.99%。从能量采集角度来看，尽管这种大高度附着物带来的减振（减小流致振动位移）是不利的，但是却能为置于海洋环境中的设备、大跨度柔性建筑物等的减振提供一定的参考。

5.2.4　接口电路对驰振式压电俘能器性能的影响

如图 5-17 所示，以三棱柱在直流循环风洞中的驰振为例，设定三棱柱的主体参数：三棱柱钝体质量 $m_{tip}=120$g，高度 $l_{tip}=160$mm，迎风面宽度 $D=50$mm；铜质悬臂梁长度 $l=90$mm，宽度 $b_s=34$mm，厚度 $h_s=0.6$mm；MFC 压电片长度 $l_p=56$mm，宽度 $b_p=28$mm，厚度 $h_p=0.3$mm。

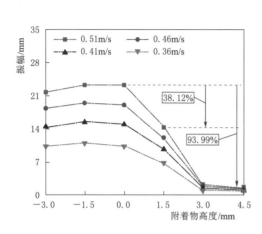

图 5-16 携带类三棱柱附着物椭圆柱
钝体振幅随特征值的变化

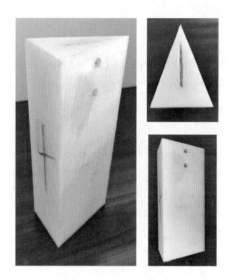

图 5-17 三棱柱钝体

将三棱柱与复合悬臂梁连接，组成一类驰振式压电俘能器，其中在 MFC 压电片与外载电路中间串联如图 5-18 所示的 4 种接口电路，分别为标准电路（Standard）、同步电荷提取电路（SECE）、并联同步开关电感电路（P-SSHI）和串联同步开关电感电路（S-SSHI），并以此对比分析接口电路对驰振式压电俘能器性能的影响。

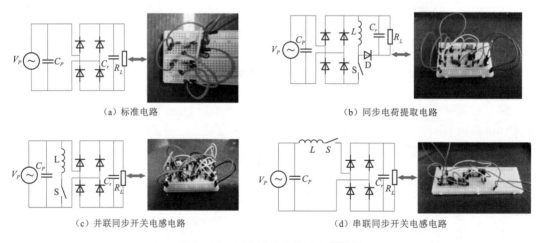

（a）标准电路 （b）同步电荷提取电路

（c）并联同步开关电感电路 （d）串联同步开关电感电路

图 5-18 四种接口电路原理即样板

试验中，标准电路中整流二极管选择 1N4007 型，最大反向漏电流为 $5\mu A$，相较于电路中电流可忽略不计，室温情况下且工作在最大正向平均电流 1A 时的正向压降为 0.7V，较低的导通压降也能够减少自身对接口电路的导通消耗。为了避免在电路中使用外部电源，所以 SECE 接口电路的设计采用了无源开关结构，核心包括了峰值检测模块、电压比较器以及晶体管开关控制模块。通过压电片端电压变化，控制开关电路导通时间，试验电路中使用一组互补三极管 TIP41C、TIP42C 以及一个 2.2nF 的检测电容。并联同步开关电感电路与串联电路所使用的元件相同，除电路中开关与电感电路的连接方式不同。试验电路中三极管选用与 SECE 接口电路相同，均为 TIP41C、TIP42C 对管配合使用，不同的是采用两组峰值检测开关电路。电路中压电片峰值电压检测电容不能过大，但由于检测器还需储存一定电荷以驱动三极管导通，电容值取为 $0.7\sim3nF$ 效果最好。

图 5-19 为风速 $U=10m/s$ 下，Standard 电路下驰振式压电俘能器的输出功率随外载电阻的变化，此接口电路下的最大输出功率约为 0.037mW，对应的最优电阻为 90kΩ。MFC 压电纤维片在低负载区间内输出电压随着外载电阻的升高呈线性增大的趋势，随着外载电阻超过 100kΩ，输出电压的增长趋势放缓，输出功率由原来的增大变为逐渐减小，因此 Standard 下电路的压电俘能器存在最大输出功率，同时也存在最优电阻。

图 5-20 为风速 $U=10m/s$ 下，SECE 电路下驰振式压电俘能器的输出功率随外载电

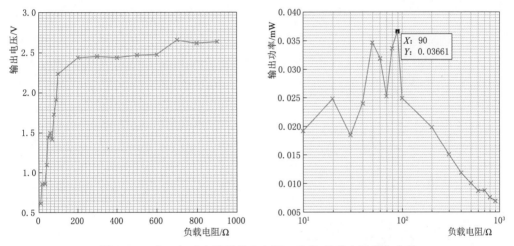

图 5-19 Standard 电路下输出电压、功率-外载电阻变化曲线

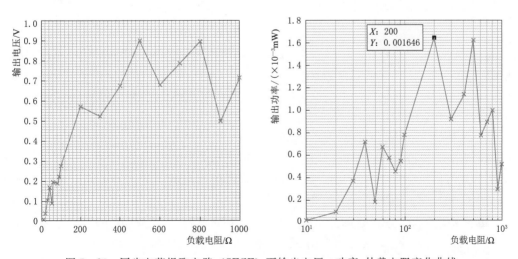

图 5-20 同步电荷提取电路（SECE）下输出电压、功率-外载电阻变化曲线

阻的变化，此接口电路下的最大输出功率约为 0.0016mW，对应的最优电阻为 200kΩ。输出电压随外载电阻不断上升，但是输出功率随负载变化有一定的起伏，且在高负载区时有下降趋势，这是因为在振动过程中压电元件输出电压为不标准的正弦电压，且电路中二极管与三极管压降无法忽略，在负载较大时与示波器内电阻并联从而降低等效负载端电压，使得输出功率减小。由于试验中同步电荷提取电路的输出电压随质量块驰振效应波动较大，因此输出功率表现为在一定区间波动而不是标准的恒定输出。

图 5-21 为风速 $U=10\mathrm{m/s}$ 下，P-SSHIE 电路下驰振式压电俘能器的输出功率随外载电阻的变化，由 3.6 节分析可知，并联同步开关电感电路的采集功率为四种经典接口电路的最大值，在风洞试验测试中，P-SSHI 接口电路的俘能器输出电压随负载阻值的增大呈两段式增长趋势，而输出功率随电阻增大呈现先增大后减小的趋势，且当负载阻值为 400kΩ 时达到最高输出 0.063mW，相比于标准接口电路，P-SSHI 接口电路的引入大幅提高了采集功率。

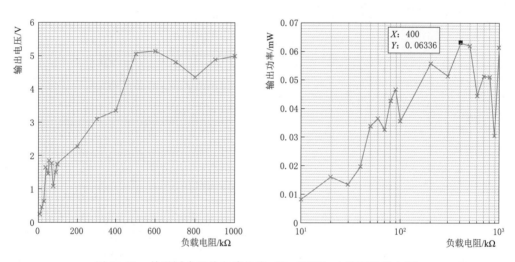

图 5-21　并联同步开关电感电路（P-SSHI）电路下输出电压、
功率-外载电阻变化曲线

图 5-22 为风速 $U=10\mathrm{m/s}$ 下，S-SSHIE 电路下驰振式压电俘能器的输出功率随外载电阻的变化。此接口电路下俘能器的特征与 P-SSHIE 相似，即俘能器输出电压随负载阻值的增大而增长，而输出功率随电阻增大呈现先增大后减小的趋势。S-SSHIE 接口电路下俘能器的最大输出功率约为 0.07mW，对应的最优电阻为 40kΩ。

综合四种接口电路的试验结果，相较于 Standard 接口电路而言，SSHI 接口电路的采集性能均有较大提升，且输出电压均随外载电阻的增加而增大，除 SECE 接口电路外输出功率与负载阻值均大致呈正态分布趋势，从负载输出功率曲线可以看出，在 10m/s 的风场中，P-SSHI 接口电路最大输出功率达到 0.6336mW，是 Standard 接口电路的 1.73 倍，S-SSHI 接口电路最大输出功率为 0.07mW，是 Standard 接口电路的 1.89 倍，这一结果与 3.6 节的理论分析一致。因此，可选用 SSHI 接口电路对压电俘能器系统进行优化。

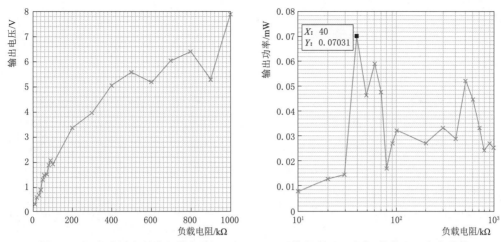

图 5-22　串联同步开关电感电路（S-SSHI）下输出电压、功率-外载电阻变化曲线

5.3　尾流激振式压电俘能器性能分析

　　尾流是指运动物体后面或物体下游的紊乱旋涡流，又称尾迹。流体绕物体运动时，物体表面附近形成很薄的边界层涡旋区。如果物体是类似于建筑物或桥墩等非流线型物体，流动将从物体后部表面分离，并有涡旋断续地从物体表面脱落。这些薄边界层或分离流涡旋区将顺流而下，在物体后面形成周期性的，充满大大小小漩涡的尾流。

　　这种断续从物体表面脱落的漩涡也是交替的，因此尾流的存在会使该物体上存在压差；如果物体是钝体，尾流能保持很远距离，并对处于尾流中的其他物体产生影响，这种影响是具有激励性质的，因此将由上游障碍物体产生的尾流激励下游物体的流致振动类型称为尾流激振。

　　与涡激振动与驰振不同的是，钝体发生的尾流激振除了正常来流对其施加的动力，还有来自上游障碍物体的尾流会对其施加的尾流力，因此，在合理的俘能器结构以及布置形式情况下，尾流激振式压电俘能器的输出会高于同情况下的涡激振动与驰振，这也是尾流激振式压电俘能器的优势所在。

5.3.1　流速对尾流激振式压电俘能器的影响

　　如图 5-23 所示，以圆柱、半圆柱（D 形）、半月柱（倒 D 形）为障碍物，半月柱、圆柱以及半圆柱为振动钝体在 U 形循环水槽中的尾流激振为例，深入探究流速对尾流激振式压电俘能器的影响。设定参数：钝体质量 $m_{tip}=265g$，高度 $l_{tip}=100mm$，直径（迎水面宽度）$D=50mm$；铜质悬臂梁长度 $l=100mm$，宽度 $b_s=20mm$，厚度 $h_s=0.6mm$；MFC 压电片长度 $l_p=28mm$，宽度 $b_p=14mm$，厚度 $h_p=0.3mm$。

　　L 为上游障碍物与下游振动钝体的中心间距，D 为振动钝体的迎水面宽度，则 L/D 代表约化间距，约化间距直接影响尾流对振动钝体激励作用的大小，正如在 1.2.3 小节中所述，根据约化间距可以将尾流激振区域分为合体区（Extended-Body Regime）、再附着区（Reattachment Regime）与共同泄涡区（Co-Shedding Regime）。在三个区域内各取一个值进行流速研究，以确保结果的严谨。

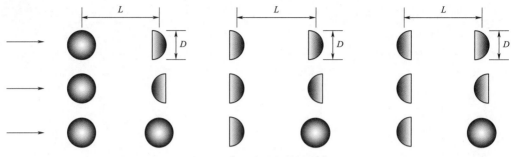

图 5 - 23　9 种尾流激振组合

5.3.1.1　圆柱尾流

圆柱尾流下压电俘能器的 RMS 输出功率随流速的变化如图 5 - 24 所示，选取 $L/D=$

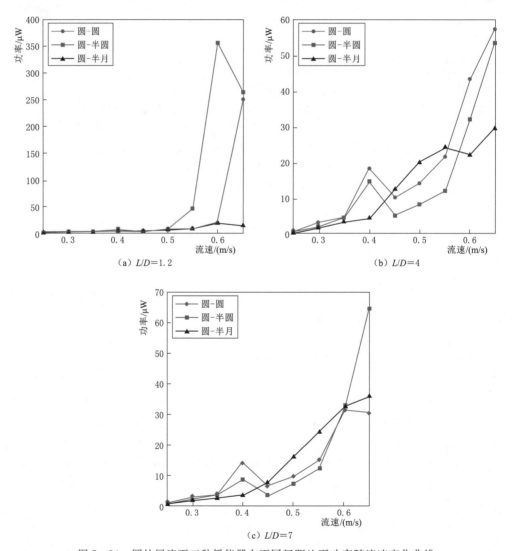

图 5 - 24　圆柱尾流下三种俘能器在不同间距比下功率随流速变化曲线

1.2、$L/D=4$ 和 $L/D=7$ 分别代表合体区、再附着区和共同泄涡区。圆柱尾流下三种俘能器的输出功率整体随流速的增大而增大，在最大试验流速 0.65m/s 时达到最大。$L/D=1.2$ 时，在流速达到 0.6m/s 之前，三种俘能器的输出功率较小，在 0.6m/s 左右突然变大，原因可能是振动钝体和障碍物体非常靠近的情况下，低速水流难以进入两者之间的间隙，而是绕过下游柱体，形成较长的剪切层，对下游振动钝体的作用力较小，而当流速增大到 0.6m/s 左右时，部分水流穿过间隙对下游质量块形成较大的冲击，从而使得输出功率突然增大。

　　由图 5-24（b）和图 5-24（c）可以看出，圆柱和半圆形振动钝体对应的俘能器输出功率在 0.4m/s 下有一处极大值，现有研究表明，双圆柱绕流下，下游柱体的流致振动响应同时经历尾激涡振和尾激驰振，在较低流速下发生尾激涡振，然后转变为尾激驰振，输出功率随流速增大而增大。

　　图 5-25 是圆柱尾流下间距比 $L/D=4$ 时频率随流速的变化曲线。很明显，三种俘能器都有两个频率成分，由大到小分别称为 f_2、f_1。f_2 是其中大于 3Hz 的频率成分，基本不随流速的变化而变化，在一定范围内浮动；较小的频率成分 f_1 随流速的增大而增大，在流速达到最大实验流速时两频率成分相互靠近，也可能结合为一个频率。图 5-23 中的小图分别是半圆柱振动钝体在 $U=$ 0.25m/s、0.45m/s、0.65m/s 下的频谱图，可以看到随着流速的增大两种频率成分逐渐靠近，f_1 逐渐增大，最后接近 f_2。

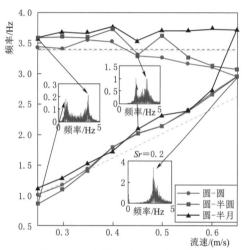

图 5-25　圆柱尾流下三种俘能器
频率随流速（$L/D=4$）变化曲线

　　对比发现，较大的频率成分在结构的一阶固有频率附近，也就是图中的两条横直线，深蓝色的虚线是带半圆柱和半月柱的俘能器在静水中的固有频率，浅蓝色的实线是带圆柱的俘能器在静水中的一阶固有频率。较小且随流速变化的频率满足斯特劳哈尔数计算的漩涡脱落频率 $f_v=SrU/D$，即图中的绿线（$Sr=0.2$）。具有两个频率成分说明尾流激振同时受两种水动力激励，其中一个是自身泄涡产生的，双柱绕流情况下下游柱体都被认为发生颤振，这部分水动力远小于俘能器自身的弹性恢复力，升力产生的附加刚度远低于结构刚度，因此这部分频率接近固有频率，而另一水动力激励是上游柱体产生的漩涡对下游柱体的直接作用，因此这部分频率接近于泄涡频率 f_v。

5.3.1.2　半月柱尾流

　　半月柱体尾流下三种俘能器的输出功率随流速的变化曲线如图 5-26 所示。对比图 5-24 的圆柱尾流情况，可以发现圆柱和半月柱尾流下三种间距下的输出功率随流速变化规律大体相同。输出功率在流速 $U<0.45$m/s 时均较低，直到流速 $U>0.5$m/s 后输出功率逐渐增大。半月柱尾流下，尾激涡振引发的极大值点后移至 $U=0.5$m/s，且只有圆柱形振动钝体发生，这应该是半月柱与圆柱尾流中的漩涡场的差异造成的，也就是形状带来

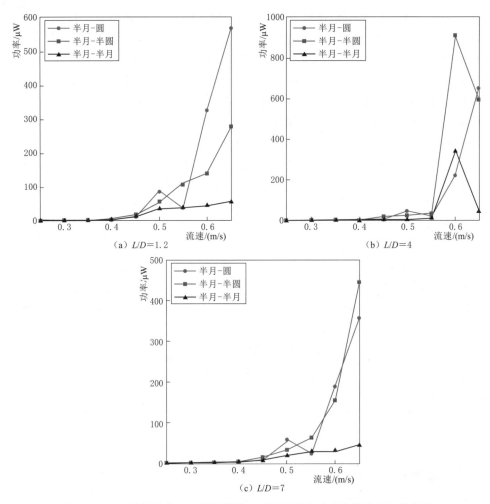

图 5-26　半月柱尾流下三种俘能器在不同间距比下功率随流速变化曲线

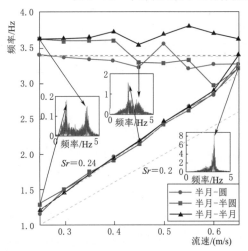

图 5-27　半月柱尾流下三种俘能器频率
随流速（$L/D=4$）变化曲线

的差异。半月柱尾流下俘能器的输出功率明显大于圆柱尾流下三种俘能器的最大输出功率。这些变化都可以体现半月柱和圆柱作为干扰柱体时的差异，即为不同截面形状阻流体的尾流存在差异，产生具备不同特点的流场，从而影响下游的俘能器的输出性能。

图 5-27 是半月柱尾流下 $L/D=4$ 时，三种俘能器的频率随流速的变化曲线，其中 f_2 仍不随流速发生变化，在各自固有频率周围波动，说明不同截面柱体的尾流对下游质量块的本身的自激振动过程影响较小。f_1 仍然满足斯特劳哈尔数计算的漩涡脱落频率 $f_v=SrU/D$，但从图中 $Sr=0.2$ 以及 $Sr=$

0.24 线可知，在半月柱尾流下的 f_1 大于圆柱尾流下的 f_1（$Sr=0.2$），这是半月柱与圆柱产生的漩涡尾流不同引起的，体现了障碍物形状对俘能器的影响，障碍物截面形状影响漩涡脱落过程从而影响下游俘能器的响应特性。

5.3.1.3 半圆柱尾流

半圆柱体尾流下三种俘能器的输出功率随流速的变化曲线如图 5-28 所示，半圆柱尾流下，俘能器的输出功率同样随流速的增大而增大。圆柱和半圆柱形振动钝体对应的俘能器输出功率曲线随流速的变化规律相同，在 $U=0.45\sim0.55\text{m/s}$ 小范围内两者的输出功率低于半月柱，反之高于半月柱。且半圆柱尾流下没有出现大流速下水流提前进入间隙的情况，从而在小间距 $L/D=1.2$ 时没有大功率出现，原因是半圆柱尾流与圆柱以及半月柱尾流存在差异，半圆柱尾流中漩涡在更远的距离出现，更难进入间隙，这与上游迎水面的形状有关，即由圆弧面和平面不同引起的。与圆柱尾流下情况相似，圆柱和半圆柱形振动

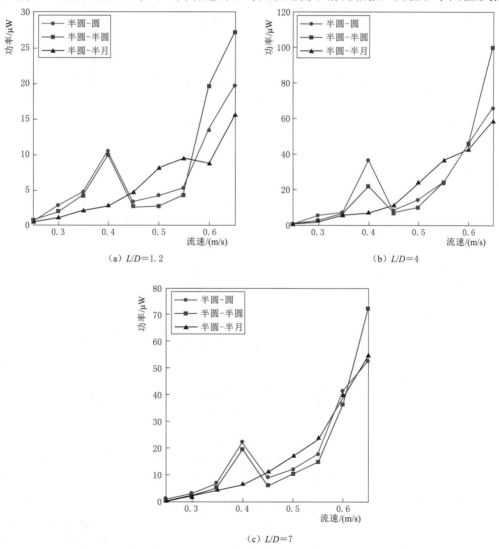

（a）$L/D=1.2$

（b）$L/D=4$

（c）$L/D=7$

图 5-28 半圆柱尾流下三种俘能器在不同间距比下功率随流速变化曲线

钝体的俘能器在 0.4m/s 有一处极大值出现，而半月柱没有。

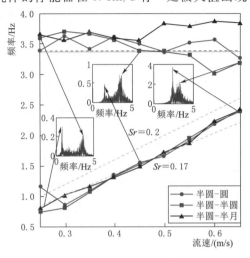

图 5-29   半圆柱尾流下三种俘能器频率
随流速（L/D=4）变化曲线

图 5-29 是半圆柱尾流下 L/D=4 时，三种俘能器的频率随流速的变化曲线，其中 f_2 仍不随流速发生变化，小图分别是半圆柱振动钝体在 U=0.25m/s、0.45m/s、0.65m/s 情况下的频谱图，可以清晰地看见两种频率分量 f_1、f_2 随流速的增大逐渐靠近。f_1 仍然满足斯特劳哈尔数计算的漩涡脱落频率 $f_v = SrU/D$，但从图中 Sr=0.2 线以及 Sr=0.17 线可知，半圆柱尾流下的 f_1 小于圆柱尾流下的 f_1（Sr=0.2），也就是泄涡频率低于圆柱与半月柱，该变化是半圆柱与圆柱产生的尾流漩涡差异引起的，体现了障碍物体截面对俘能器性能的影响，截面形状影响漩涡脱落过程从而影响下游俘能器的输出、响应特性。

综合以上 9 种组合类型的尾流激振式压电俘能器的研究，不难发现，流速不仅影响了尾流激振发生时由斯特劳哈德尔数决定的钝体振动频率分量 f_1，更是影响了压电俘能器的输出。

5.3.2   约化间距对尾流激振式压电俘能器的影响

仍然按图 5-23 所示的 9 种组合的尾流激振式压电俘能器为例，深入探究约化间距对压电俘能器的影响。设定参数：钝体质量 m_{tip}=265g，高度 l_{tip}=100mm，直径（迎水面宽度）D=50mm；铜质悬臂梁长度 l=100mm，宽度 b_s=20mm，厚度 h_s=0.6mm；MFC 压电片长度 l_p=28mm，宽度 b_p=14mm，厚度 h_p=0.3mm。

在相同流速下，通过连续调整上游障碍物体与下游振动钝体之间的中心距，并得到响应尾流激振式压电俘能器的输出功率，对尾流激振区域进行判定与划分：合体区（Extended-Body Regime）、再附着区（Reattachment Regime）与共同泄涡区（Co-Shedding Regime）。

5.3.2.1   圆柱尾流

图 5-30 分别是圆柱尾流后三种钝体在流速为 U=0.45m/s、0.55m/s、0.65m/s 下，对应的压电俘能器的输出功率随约化间距变化曲线。随着约化间距增大，三种钝体的输出功率先增大后减小。除 U=0.65m/s 时小间距情况下，带有三种钝体的压电俘能器最大输出功率都在第二个间距区域内，也就是流体分区中的再附着区域（Reattachment Region），在这个间距范围内尾流漩涡对下游钝体的影响最大。U=0.45m/s 和 U=0.55m/s 时，半月柱的输出功率略大于圆柱和半圆柱，而 U=0.65m/s 时半圆柱的输出功率最大。半圆柱、圆柱、半月柱形振动钝体对应的最大输出功率分别是 292μW、251μW、35.75μW，无尾流时各自的最大输出功率分别是 4.074μW、2.768μW、1.55μW，可见圆柱尾流下半圆柱、圆柱、半月柱的输出功率分别是无尾流时的 71.7 倍、90.7 倍、23 倍。

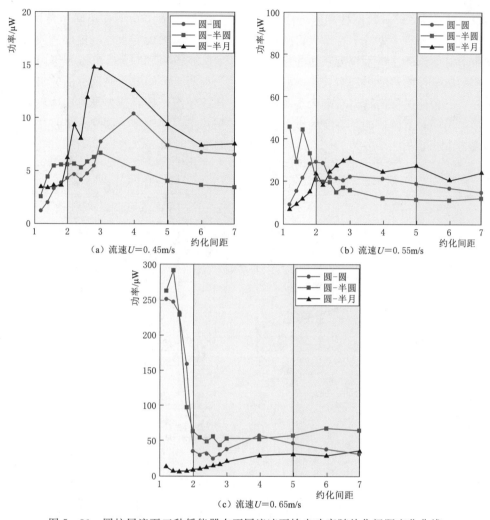

（a）流速$U=0.45$m/s　　（b）流速$U=0.55$m/s

（c）流速$U=0.65$m/s

图 5-30　圆柱尾流下三种俘能器在不同流速下输出功率随约化间距变化曲线

圆柱尾流下，流速 $U=0.35$m/s 时钝体振动频率随约化间距的变化，如图 5-31 所示。当水流流速维持在 0.35m/s 时，下游圆柱、半圆柱以及半月柱钝体的振动频率分量 f_1 与 f_2 几乎不受约化间距的影响。因此，约化间距只影响对下游钝体激励的大小，而不改变下游钝体振动的频率。

5.3.2.2　半月柱尾流

图 5-32 是半月柱尾流后三种钝体在流速 $U=0.4$m/s、0.55m/s、0.65m/s 时输出功率随约化间距的变化曲线。随着约化间距增大，三种钝体的输出功率先增大后减小。除了 $U=0.65$m/s，其他流速下最大输出功率在附着区域

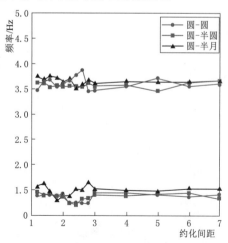

图 5-31　圆柱尾流下三种俘能器频率随约化间距（$U=0.35$m/s）变化曲线

内出现。$U=0.65\text{m/s}$ 时圆柱和半圆柱形钝体对应的最大输出功率在小间距范围内出现，然后随着间距的增大先减小后增大再减小，这是因为流速增大后水流会提前进入间隙，在小间距下对下游圆柱产生较为强烈的作用。在 $U=0.45\text{m/s}$ 和 $U=0.55\text{m/s}$ 下，半圆柱钝体对应的压电俘能器输出功率大于圆柱和半月柱，而 $U=0.65\text{m/s}$ 时圆柱的输出功率大于半圆柱，三种俘能器的输出功率大小顺序与圆柱尾流情况不同，该差异再次体现上游柱体截面形状不同对下游俘能器响应的影响。半月柱尾流下，半圆柱、圆柱、半月柱的最大输出功率为 $1169\mu\text{W}$、$756\mu\text{W}$、$57.94\mu\text{W}$，分别是无尾流时的 287 倍、273 倍、37 倍。

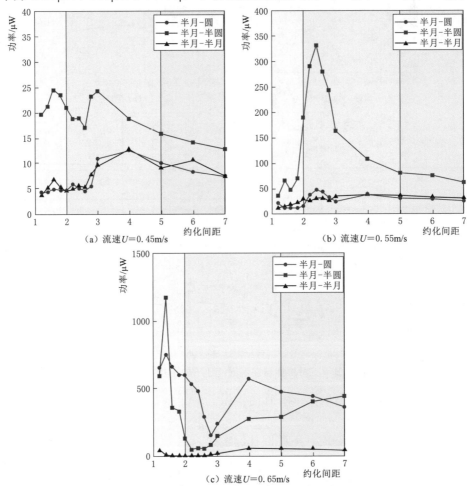

图 5-32　半月柱尾流下三种俘能器在不同流速下输出功率随约化间距变化曲线

　　半月柱尾流下，流速 $U=0.45\text{m/s}$ 时钝体振动频率随约化间距的变化如图 5-33 所示。当水流流速维持在 0.45m/s 时，下游圆柱、半圆柱以及半月柱钝体的振动频率分量 f_1 与 f_2 几乎不受约化间距的影响，但对于不受流速影响的频率分量 f_2，半月柱大于圆柱与半圆柱。而在圆柱尾流下三者的 f_2 是大小相互接近且靠近各自在静水中的固有频率，该变化表明上游柱体的截面形状对 f_2 的大小同样有影响，半月柱尾流下，带半月柱钝体的俘能器的 f_2 被增大，带圆柱和半圆柱钝体的俘能器的 f_2 基本不变。

5.3.2.3 半圆柱尾流

图 5-34 分别是半圆柱尾流下三种钝体在流速 $U=0.45\text{m/s}$、0.55m/s、0.65m/s 下，输出功率随约化间距的变化曲线。随着约化间距的增大，输出功率呈先变大后变小的趋势，最大输出功率都在再附着区域内出现。在水流流速 $U=0.45\text{m/s}$ 和 $U=0.55\text{m/s}$ 下，半月柱钝体对应的输出功率大于圆柱和半圆柱，而 $U=0.65\text{m/s}$ 时半圆柱形钝体对应的输出功率最大，三种钝体对应的尾流激振式压电俘能器的输出功率大小顺序不同于圆柱、半月柱尾流的情况。半圆柱尾流下，半圆柱、圆柱、半月柱对应的最大输出功率为 $126.3\mu\text{W}$、$70.14\mu\text{W}$、$67.06\mu\text{W}$，分别是无尾流时各自的 31 倍、25.3 倍、43.2 倍。

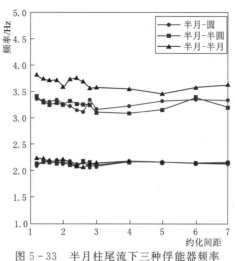

图 5-33 半月柱尾流下三种俘能器频率随间距（$U=0.45\text{m/s}$）变化曲线

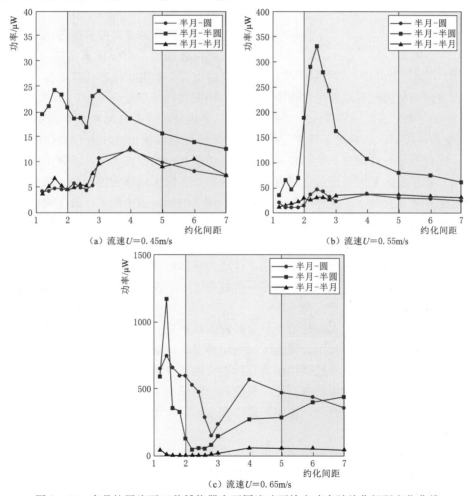

（a）流速 $U=0.45\text{m/s}$

（b）流速 $U=0.55\text{m/s}$

（c）流速 $U=0.65\text{m/s}$

图 5-34 半月柱尾流下三种俘能器在不同流速下输出功率随约化间距变化曲线

半圆柱尾流下，流速 $U=0.45\text{m/s}$ 时钝体振动频率随约化间距的变化如图 5-35 所示。当水流流速维持在 0.45m/s 时，下游圆柱、半圆柱以及半月柱钝体的振动频率分量 f_1 与 f_2 几乎不受约化间距的影响，但对于不受流速影响的频率分量 f_2，半月柱大于圆柱与半圆柱。这与半月柱尾流表现特征相似。

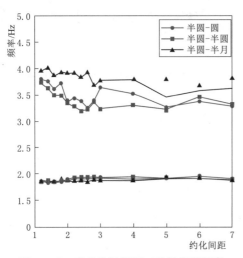

图 5-35　半月柱尾流下三种俘能器频率随间距 $(U=0.45\text{m/s})$ 变化曲线

观察图 5-30、图 5-32 与图 5-34，发现尾流激振在合体区（Extended-Body Regime），即小间距下反而出现了大功率，这种现象显然悖于经典的尾流激振区域划分，这些大功率往往伴随着高倍频率成分，这类高倍频率在其他情况下不出现，这体现出了双柱扰流的复杂程度之高。进一步结合时程曲线、相图及频谱图对这种特殊情况进行分析。

现有理论研究表明，典型的悬臂梁式压电俘能器的振动位移和输出电压呈正比关系变化，两者的幅值、频率一一对应，可利用电压变化结果对钝体的横向振荡进行讨论。从时程曲线可以直观地看出俘能器的输出电压特性，判断输出大小和电压输出的稳定性，结合频率图和相图可以分析俘能器在发电过程中振动速率和振动的频率成分分布。

图 5-36、图 5-37、图 5-38 分别是圆柱、半圆柱、半月柱尾流下小间距比 $L/D=1.2$，流速 $U=0.65\text{m/s}$ 情况下带有三种形状钝体的俘能器输出电压时程曲线、频谱图以及相图。圆柱与半月柱尾流下的圆柱和半圆柱俘能器在小间距比大流速条件下的输出电压时程曲线非常平稳，相邻周期的电压输出大小稳定，令输出功率密度很大，此时流体力足够大且稳定，才能保持下游钝体的振动；同时，相应的频谱图中除了一阶主频成分的存在外，还出现了高倍频成分，而没有来自上游漩涡的频率信号，这是由于此时尾激驰振作用远大于尾激涡振，小间距大流速情况下虽然剪切层提前进入间隙但尚未形成漩涡结构，因此只有尾激驰振造成的结构主频信号存在，伴随高频信号出现，并且此时的相图分布形成圆环，说明此时的振动速度较大，保持在一定数值之上，说明流体力同样如此，导致悬臂梁有较大的变形度从而产生更大的电压。

除了圆柱尾流的小间距大流速情况下有时程曲线平稳，输出功率大且形成圆环相图的情况外，在半月柱尾流的小间距大流速情况下同样发现该现象，而半圆柱尾流下三种钝体和所有柱体尾流条件下的半月柱钝体在所有间距流速条件下，时程曲线不稳定，相邻周期电压输出忽大忽小，因此输出功率较低，相应的频谱图中主频成分和上游漩涡频率成分同时存在，相图是一个实心的圆形，说明间隙中有漩涡结构出现，振动速度忽大忽小，也体现了此时振动是不稳定的。

通过对比可以看出圆柱和半圆柱的振动速度大于半月柱，而圆柱和半月柱作为上游障碍物体时整体性能优于半圆柱，由此可以说明障碍物的受力和扰流性能是需要分别讨论的重要参数，扰流特性好不一定受力条件好。从结果分析，结构迎风面为平面时受力条件更

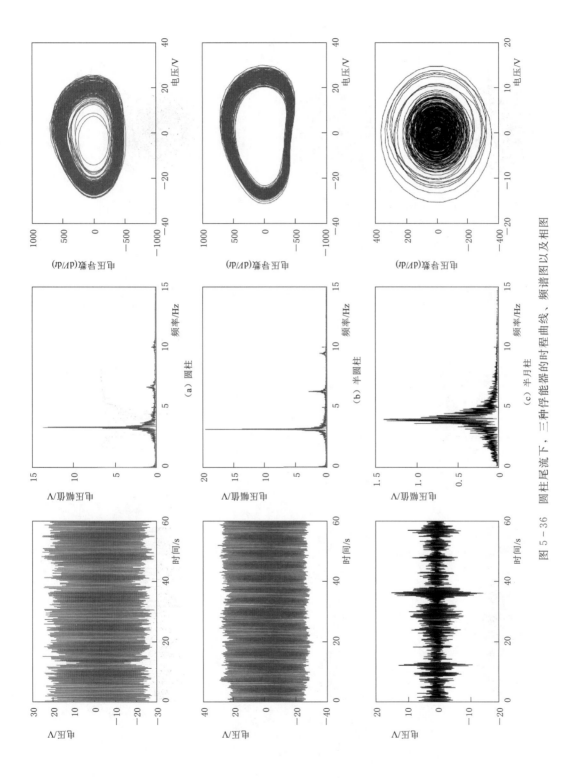

图 5-36 圆柱尾流下，三种俘能器的时程曲线、频谱图以及相图

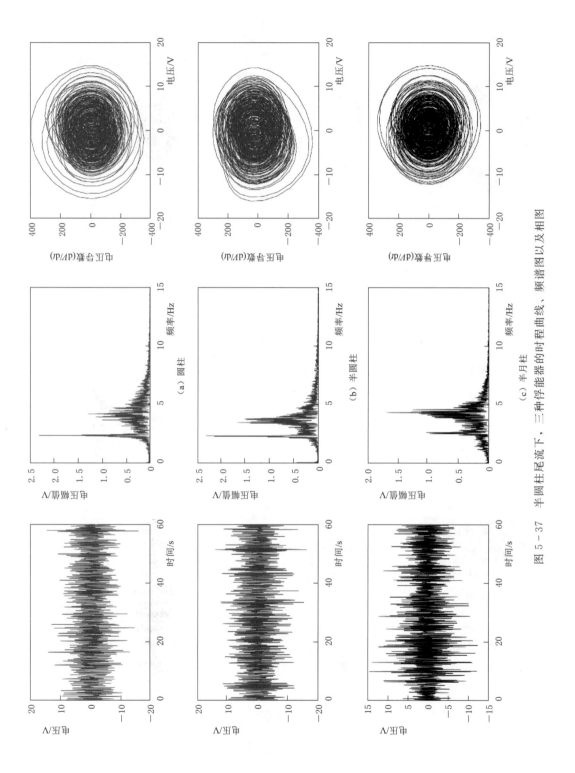

图 5 - 37　半圆柱尾流下，三种俘能器的时程曲线、频谱图以及相图

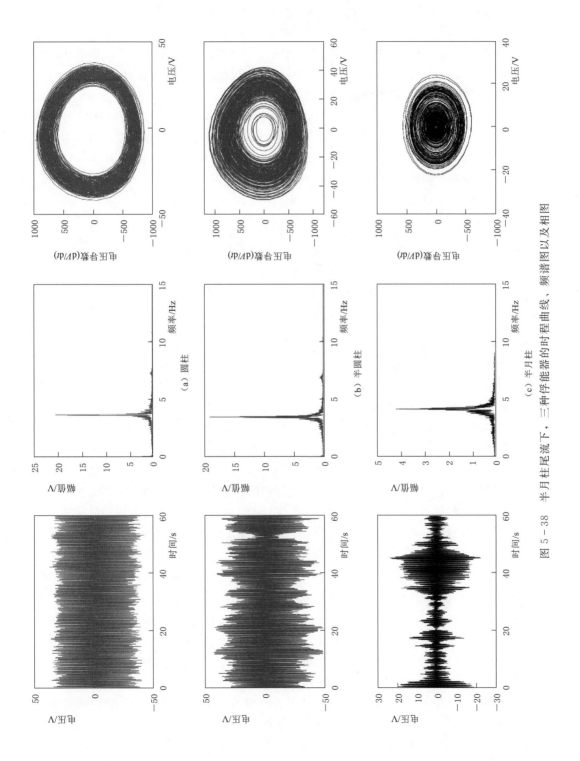

图 5-38 半月柱尾流下，三种俘能器的时程曲线、频谱图以及相图

好，而产生的尾流不利于下游俘能器采集能量；结构迎风面为圆弧面时，受力低于平面但产生的尾流更利于下游俘能器采集能量。圆柱尾流和半月柱尾流下三种俘能器的功率随流速、间距变化规律相似，说明上游侧的圆弧面决定了它们的尾流结构是相似的，有理由相信下游侧形状的小幅度变化对该尾流结构影响较小，而半圆柱尾流下三种俘能器的功率变化规律与其他两者不同，说明迎水侧形状更加容易影响扰流特性（尾流结构）。

5.3.3 下游钝体形状对尾流激振式压电俘能器的影响

以图 5-39 所示的三种组合的尾流激振式压电俘能器为例，其中上游障碍物为半圆柱，下游振动钝体分别为半圆柱、半月柱及圆柱，深入探究下游发生流致振动钝体的形状对压电俘能器的影响。设定参数：钝体质量 $m_{tip}=265g$，高度 $l_{tip}=100mm$，直径（迎水面宽度）$D=50mm$；铜质悬臂梁长度 $l=100mm$，宽度 $b_s=20mm$，厚度 $h_s=0.6mm$；MFC 压电片长度 $l_p=28mm$，宽度 $b_p=14mm$，厚度 $h_p=0.3mm$。

图 5-39 半圆柱尾流下的半圆柱、半月柱及圆柱的尾流激振

在尾流的影响下，尾流激振的特征变得复杂，可能表征为涡激振动，也可能表征为驰振，还可能出现涡激振动与驰振耦合的形式。因此，将尾流激振划分为尾激涡振和尾激驰振，其中尾激涡振是一种限幅限速振动，而尾流驰振是发散性自激振动现象，这两种尾流激振类型的特征分别与单柱下的涡激振动与驰振类似。为了区分这两种尾流激振类型，选取半圆柱尾流情况进一步进行分析。

半圆柱尾流下，半月柱、圆柱和半圆柱所对应的尾流激振式压电俘能器在不同的约化间距比下均方根功率与水流流速的关系如图 5-40 所示。选取 $L/D=1.2$、$L/D=4$ 和 $L/D=7$ 分别代表合体区、再附着区和共同泄涡区。图 5-40(a)~(c) 分别是半月柱、圆柱和半圆柱的试验解和模型解析解对比结果。试验解用不同颜色的符号表示，模型解用对应颜色下不同的线形绘制，黑色的符号与线条是三种柱体在无尾流干扰情况下的试验解和模型解。理论结果与实验结果比较接近，吻合较好，这也验证了尾流激振式压电俘能器数学模型的正确性。

如图 5-40 (a) 所示，半月柱俘能器的输出功率随着来流速度的增加而增大，在相同流速下，$L/D=4$ 时输出功率最大，$L/D=1.2$ 时功率最小，分别对应了不同理论分区，符合对各自分区的性质定义，即合体区两柱体的流体流态相当于一个大柱体的流态，上游柱体的尾流包裹着下游柱体绕流，对下游柱体施加的力很小，而在再附着区上游柱体产生的漩涡撞击下游柱体，形成较大的作用力，从而产生更大的形变输出更大的电压，进一步在共同泄涡区，上游柱体产生的漩涡开始衰弱，撞击产生的作用力减小，输出电压减小。

如图 5-40 (b) 所示，对于圆柱俘能器，在小流速下的尾激涡振阶段，随着流速增大，输出功率先增大后减小，在 0.4m/s 处形成一个波峰，离开尾激涡振，功率随来流速度的增加而增大，在 0.65m/s 时达到最大值。如图 5-40 (c) 所示，半圆柱俘能器的功率曲线与圆柱的功率曲线相似，但其最大输出功率大于圆柱体。

无论哪种组合下，有上游柱体尾流干扰的俘能器的输出明显大于无干扰情况，表明尾

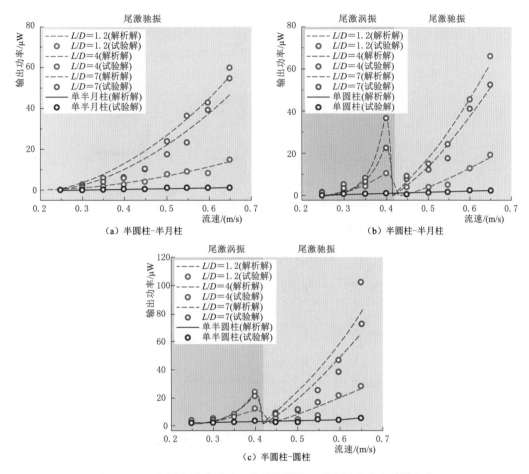

图 5-40　半圆柱尾流下的三种俘能器输出功率随水流流速的变化

流激振中下游柱体有着比单纯的涡激振动或驰振更好的受力特性，能产生更大的电能。

5.3.4　上游障碍物形状对尾流激振式压电俘能器的影响

如图 5-41 所示，以短直径不同的椭圆柱作为上游障碍物，以漏斗形柱作为下游振动钝体在直流风洞中的尾流激振为例，深入探究上游障碍物形状对尾流激振式压电俘能器的影响。设定参数：漏斗形柱质量 $m_{tip}=150\text{g}$，高度 $l_{tip}=200\text{mm}$，直径（迎水面宽度）$D=50\text{mm}$；铜质悬臂梁长度 $l=90\text{mm}$，宽度 $b_s=34\text{mm}$，厚度 $h_s=0.8\text{mm}$；MFC 压电片长度 $l_p=28\text{mm}$，宽度 $b_p=14\text{mm}$，厚度 $h_p=0.3\text{mm}$；椭圆柱障碍物长直径 $D_z=50\text{mm}$，短直径 $d_z=50\text{mm}$、40mm、30mm、20mm。

在 5.3.2 节中，获悉椭圆柱相比于圆柱有更低的流动阻力和更高的升力，轴长比（Aspect Ratio，AR，$AR=a/b$）$AR=1$ 的椭圆柱障碍物（圆柱）阻力系数最大，随着轴长比的减小阻力系数逐渐减小，因此上游障碍物选用椭圆柱以获得更强的尾涡，如图 5-41 所示。下游振动钝体采用漏斗形，其前半部分的侧面保持了一定斜度可以使流体绕流不受涡脱离等的影响，后半部分呈平板形式可以消除侧向压力和结构升力之间的夹角，以增强结构的非流线特征。

图 5-42 为风速 $U=8\text{m/s}$、13m/s、18m/s 下尾流激振式压电俘能器的输出功率密

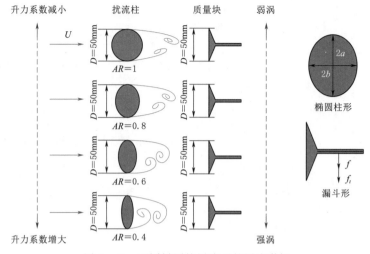

图 5-41　不同椭圆柱尾流下的尾流激振

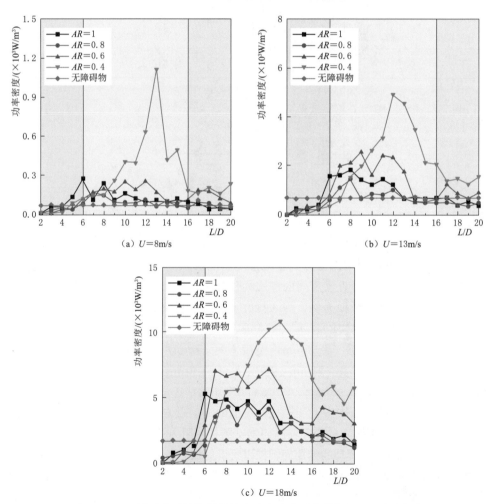

图 5-42　不同风速下俘能器的输出功率密度随约化间距 L/D 的变化

度随约化间距 L/D 的变化。根据功率密度的分布，可以将合体区划分为 $L/D=2\sim6$，在附着区划分为 $L/D=6\sim16$，共同泄涡区划分为 $L/D=16\sim20$。

对比四种短直径不同的椭圆柱障碍物，其中短直径最小（$AR=0.4$）的椭圆柱障碍物对应的尾流激振式压电俘能器的输出功率密度在整体上远大于其他障碍物。这说明在附着区内，由短直径越小的椭圆柱对下游漏斗形钝体的激励最为明显，这对应于更强的脱落涡与尾流，这与 5.3.2 节的分析一致。在 $U=18\text{m/s}$ 时，无障碍物时的俘能器输出功率密度为 1754W/m^3，椭圆柱障碍物 $AR=1$、0.8、0.6、0.4 尾流后的最大输出功率密度分别是 4752W/m^3、4182W/m^3、7190W/m^3、10930W/m^3，分别是无尾流时的 271%、239%、411%、624%。

图 5-43 为约化间距 $L/D=4$、12、18 下尾流激振式压电俘能器的输出功率密度随风速的变化，$L/D=4$、12、18 三种约化间距比分别代表合体区、再附着区与共同泄涡区。随着风速的不断增加，泵入压电俘能器系统的负阻尼增大，直至超越系统的结构阻尼，漏

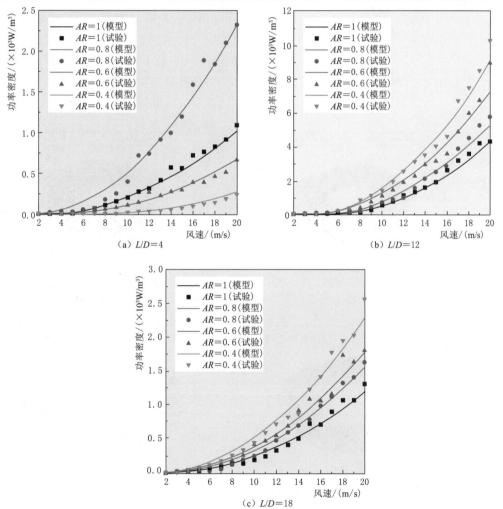

图 5-43 不同约化间距 L/D 下俘能器的输出功率密度随风速的变化

斗形钝体开始发生横向振动。且在各椭圆柱障碍物尾流下的俘能器输出功率均随着风速而增大，这表明发生的尾流激振类型为尾激驰振。在合体区内，$AR=0.8$ 的椭圆柱对应的俘能器输出性能最佳；而在附着区与共同泄涡区中，$AR=0.8$ 的椭圆柱对应的俘能器输出性能却是最佳的。

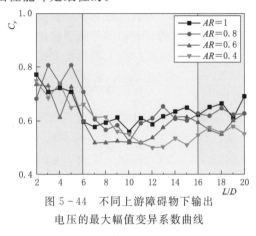

图 5-44 不同上游障碍物下输出
电压的最大幅值变异系数曲线

图 5-44 为 $AR=0.4$、0.6、0.8、1 的椭圆柱障碍物对应的输出电压幅值变异系数曲线，其中输出电压幅值变异系数 C_y 表示输出电压幅值与输出电压均方根之差与输出电压幅值之比，其大小能够反映出系统输出稳定性，C_y 越小表示系统输出越稳定。当尾流激振处于再附着区前段（$L/D=6\sim11$），$AR=0.6$ 的椭圆柱障碍物对应的 C_y 最小；而当尾流激振处于再附着区后段（$L/D=11\sim18$），$AR=0.4$ 的椭圆柱障碍物对应的 C_y 最小。这说明上游障碍物的形状也会影响压电俘能器系统的稳定性，且短直径小的椭圆柱障碍物往往使系统更加稳定。

图 5-45 为风洞试验数据得到的不同椭圆柱尾流下的压电俘能器输出相位图。通过相

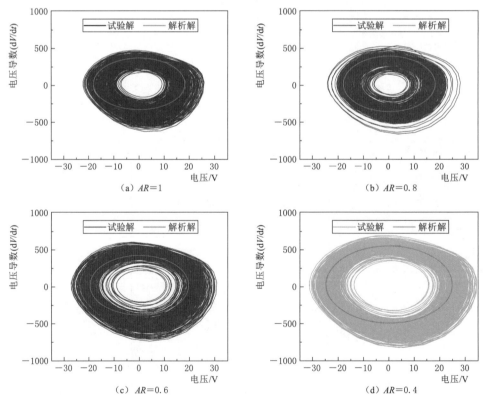

图 5-45 不同轴长比下的输出相位图

图可以分析出振动过程中周期内振动的快慢以及振动速率分布等特性。可以看出解析解在试验解最密集区域，并且在稳定区随着轴长比 AR 的减小，圆的尺寸逐渐增加，呈现出的圆环也逐渐增大。这说明在稳定区扰流柱 AR 的减小更有利于发生流致振动的漏斗形钝体输出电能以及功率的稳定性，在四种扰流柱中 $AR=0.4$ 的扰流柱尾流具有最好的稳定性和最大的功率密度，其扰流柱尾流输出电压变化对时间求导的最大值可以达到 700。可以分析出，轴长比较小时的尾流可以产生更大的气动力，使得漏斗形钝体带动悬臂梁和压电片产生更大的变形，从而获得更稳定的输出性能。从整体分析，可以发现在所有漏斗形钝体的振动过程中，当输出电压为负时，输出电压的最大时间导数略大，这可能是由于贴在悬臂梁上的压电片的位置对此产生了影响。

5.3.5 尾流因子 k 和相位差 ϕ 对尾流激振式压电俘能器的影响

尾流激振的特点在于尾流干扰，现阶段对尾流激振的研究仍以试验研究为主，数值模拟为辅。对尾流干扰的要素评估只能从所得结果出发，研究特定工况下尾流干扰的特点和大小。本书所提出的尾流激振式压电俘能器数学模型已经将尾流激振的流体力量化为与振动位移有关的，由尾流干扰因子 k 和尾流干扰力与悬臂梁位移之间的相位差 ϕ 组成的形式，本小节将通过模型对这两个参数进行研究，分析其对尾流激振式压电俘能器的影响。

仍以图 5-38 所示的三种组合的尾流激振式压电俘能器为例，其中上游障碍物为半圆柱，下游振动钝体分别为半圆柱、半月柱及圆柱，深入探究下游发生流致振动钝体的形状对压电俘能器的影响。设定参数：钝体质量 $m_{tip}=265\mathrm{g}$，高度 $l_{tip}=100\mathrm{mm}$，直径（迎水面宽度）$D=50\mathrm{mm}$；铜质悬臂梁长度 $l=100\mathrm{mm}$，宽度 $b_s=20\mathrm{mm}$，厚度 $h_s=0.6\mathrm{mm}$；MFC 压电片长度 $l_p=28\mathrm{mm}$，宽度 $b_p=14\mathrm{mm}$，厚度 $h_p=0.3\mathrm{mm}$。

尾流因子 k 是一个描述尾流干扰大小的标量，以数值大小量化地描述尾流干扰的大小，因此只考虑正值 k。图 5-46 是半圆柱尾流下带不同截面形状柱体的俘能器分别在 $0.2\mathrm{m/s}$、$0.4\mathrm{m/s}$、$0.6\mathrm{m/s}$、$0.8\mathrm{m/s}$ 下输出功率随 k 的变化曲线图。在尾激涡振阶段，流速为 $0.2\mathrm{m/s}$ 时，随着 k 的增大，三种俘能器的输出功率先增大后减小，经历着快速上升和快速下降的大幅变化过程，并且有着明显的对称特性，能量主要集中在快速变化阶段，其他区域输出基本为 0。随着流速增大至 $0.4\mathrm{m/s}$，可以看出能量集中段左移，功率增大，说明提高流速是提高流致振动压电俘能器输出的有效手段，尾流激振也不例外，流

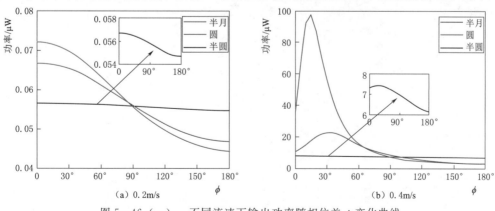

图 5-46（一）　不同流速下输出功率随相位差 ϕ 变化曲线

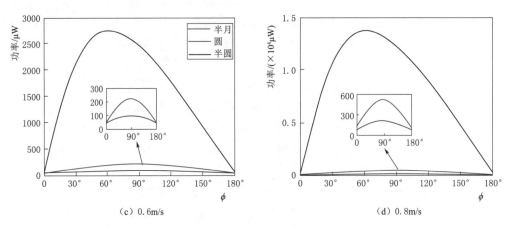

（c）0.6m/s   （d）0.8m/s

图 5 - 46（二）　　不同流速下输出功率随相位差 ϕ 变化曲线

速越大激发高功率输出所需要的尾流因子 k 就越小，俘能器更容易产生高功率。进入尾激驰振阶段，曲线的对称性消失，功率随 k 的增大而减小。在尾激涡振阶段，圆柱的输出功率最大，然后是半圆柱，半月柱的输出功率最低，在尾激驰振阶段，半圆柱的输出功率最大，圆柱的功率次之，半月柱的输出功率最低。

通过对三种俘能器的输出功率随 k 变化曲线的对比发现，在尾流激振的不同阶段，不同柱体俘能器的输出性能不同，圆柱更适合在尾激涡振阶段采集能量，半圆柱更适合在尾激驰振阶段采集能量，而半月柱在所有区域的输出特性都比较差。

Assi 在对尾流激振的研究中提出，尾流激励力与振动位移之间的相位差 ϕ 是产生和维持尾流激振大幅振动的关键，在尾流涡振阶段 ϕ 接近于零，在向尾流驰振区转变时快速变为 180° 并保持。图 5 - 47 是半圆柱尾流下带不同俘能器分别在 0.2m/s、0.4m/s、0.6m/s、0.8m/s 下输出功率随相位差 ϕ 的变化图。在尾激涡振阶段，小相位差对应着较大的功率，随着 ϕ 的增大，功率逐渐降低。随着流速增大到 0.4m/s，对应的功率也增大，在这个范围内，圆柱的输出功率最大。在尾激驰振阶段，随着 ϕ 的增大，输出功率先

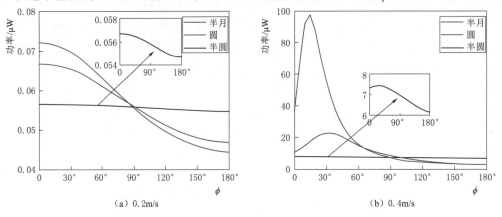

（a）0.2m/s   （b）0.4m/s

图 5 - 47（一）　　不同流速下输出功率随相位差 ϕ 变化曲线

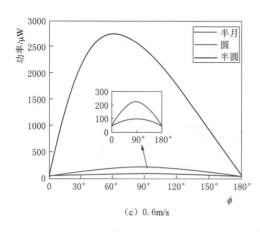

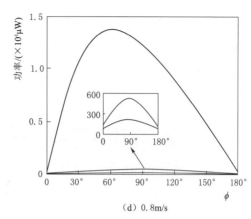

（c）0.6m/s

（d）0.8m/s

图 5-47（二）　不同流速下输出功率随相位差 ϕ 变化曲线

增大后减小，此范围内半圆柱的输出功率最大。在尾激涡振阶段，相位差 ϕ 接近于 0，尾流激励以涡振的形式触发振动，而在向尾激驰振阶段转换的过程中，ϕ 由 0°向 180°变化，在此变化过程中大量能量由流体流向俘能器，从而激发大幅度的尾激驰振。

　　在流致振动压电俘能器的设计中，尾流激振式既充分利用了自然条件，又有效提高了功率。在一定假设和简化的基础上确定其控制方程可以有效提高设计效率，对钝体质量、悬臂梁厚度、长宽比等结构参数进行优化选型的手段已经较为成熟，可借鉴文献较多，技术条件丰厚。基于尾流激振压电俘能器兼具高功率和使用范围广的特点，在满足实际要求的情况下优先选择性能条件优越的柱体，辅以选型计算能有效实现压电能量采集。

5.4　阵列扰流激振式压电俘能器性能分析

　　与尾流激励不同的是，扰流激励不仅仅指来自上游障碍物，可能受到多个方向上干扰柱体的影响。以阵列扰流激振为例，作为一种典型的扰流激振模式，广泛存在于各个领域，例如桥梁工程中的桥墩群、海洋工程中的柔性立管群、钻井平台的立柱群、风力发电厂的机组群以及城市的通风廊道。

　　相比于单柱扰流下的驰振、涡激振动，亦或是多柱扰流下的尾流激振，阵列扰流激振更为复杂，阵列扰流的各个干扰柱体之间均会相互影响，这种耦合作用也将反馈至发生流致振动的钝体上，并使水流流体变得更为复杂。阵列扰流激振下的流致振动型压电俘能器的输出将受到阵列干扰柱群、钝体形状等的影响，如图 5-48 所示，以阵列扰流激振式压电俘能器为例进行研究。

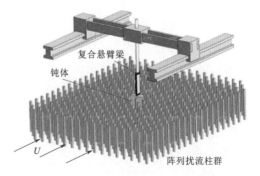

图 5-48　阵列扰流激振式压电俘能器模型

5.4.1 流速对阵列扰流激振式压电俘能器的影响

如图 5-49 所示，以半圆柱与圆柱形钝体在大型直流循环水槽中的阵列扰流激振式压电俘能器为例，设定参数：钝体质量 $m_{tip}=178\mathrm{g}$，高度 $l_{tip}=100\mathrm{mm}$，长直径（迎水面宽度）$D=50\mathrm{mm}$；铜质悬臂梁长度 $l=90\mathrm{mm}$，宽度 $b_s=34\mathrm{mm}$，厚度 $h_s=0.6\mathrm{mm}$；MFC 压电片长度 $l_p=56\mathrm{mm}$，宽度 $b_p=28\mathrm{mm}$，厚度 $h_p=0.3\mathrm{mm}$。

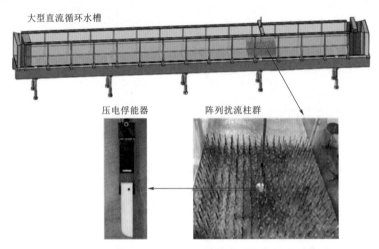

图 5-49　阵列扰流激振式压电俘能器试验装置

其中阵列扰流方阵为 21×18 的矩形阵，中间拔去两根为钝体空出位置，钝体处于阵列扰流柱群中央，如图 5-50（a）所示，即为初始工况；选取正前方一列阵列扰流柱，从靠近钝体的位置依次向外拔除阵列扰流柱（一次拔除一个），共 10 个小测试工况，记为工况一（1）、工况一（2）至工况一（10），如图 5-50（b）所示；工况二如图 5-50（c）所示，选取正前方两列阵列扰流柱，从靠近钝体的位置依次向外拔除阵列扰流柱（一次拔除同排的两个），共 10 个小测试工况，记为工况二（1）、工况二（2）至工况二（10），同理工况三、工况四、工况五分别为下游一列、下游两列、侧面三列，如图 5-50（d）、（e）、（f）所示，工况六如图 5-50（g）所示，一次拔去上游一列（共 10 个阵列扰流柱），从中间向两边依次交替拔除，共 18 个小测试工况，记为工况六（1）、工况六（2）至工况六（18）。工况一到工况五分别研究了上游、下游和侧面拔除若干扰流柱对压电俘能器能量采集的影响，工况六则详细研究了上游阵列扰流柱从排布完全到全部拔除，压电俘能器能量采集的变化情况。

以初始工况和工况二（3）、（7）、（10）四种工况为例，绘制对应工况下半圆柱及圆柱对应俘能器输出功率随流速变化的理论曲线与实验曲线，如图 5-51 所示。不同工作条件下的结果用不同的颜色进行区分。通过对理论模型解与实验结果的比较，验证了扰流激振式压电俘能器数学解析模型的有效性。半圆柱对应压电俘能器的功率随着速度的增加而稳步增加；而圆柱对应压电俘能器的功率随着速度的增加先增加后减小，最后再次稳步增加。这表明半圆柱形扰流激振式压电俘能器处于扰流驰振区域，而圆柱形扰流激振式压电俘能器先后经历了扰流涡振与扰流驰振两个区域。

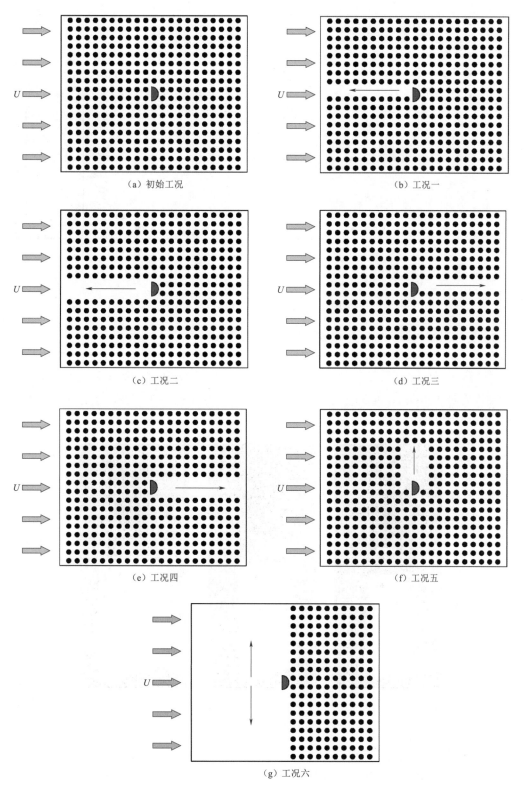

图 5-50 阵列扰流柱群不同工况示意图

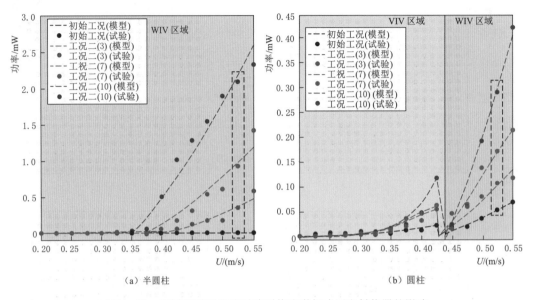

图 5-51 不同工况下流速对阵列扰流激振式压电俘能器的影响

5.4.2 钝体形状对阵列扰流激振式压电俘能器的影响

如图 5-52 所示，将钝体形状设置为截面形状为等腰三角形的三棱柱，顶角分别为 60°、50°和 40°。设定参数：三棱柱钝体质量 $m_{tip}=178$g，高度 $l_{tip}=100$mm，长直径（迎水面宽度）$D=50$mm；铜质悬臂梁长度 $l=90$mm，宽度 $b_s=34$mm，厚度 $h_s=0.6$mm；MFC 压电片长度 $l_p=56$mm，宽度 $b_p=28$mm，厚度 $h_p=0.3$mm。

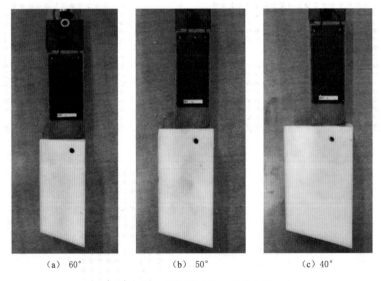

（a）60° （b）50° （c）40°

图 5-52 顶角不同的三棱柱钝体

试验测试 60°三棱柱、50°三棱柱、40°三棱柱三种压电俘能器在不同阵列扰流工况下能量采集情况。图 5-53 为三种不同钝体压电俘能器在流速 0.50m/s 时各工况下的采集功率。随着三棱柱截面等腰三角形顶角的增大，压电俘能器的输出功率呈上升趋势；上游阵列扰流柱（工况一、工况二）对压电俘能器的调节作用最为明显，与半圆柱压电俘能器类似，随着上游一列或者两列阵列扰流柱的依次拔除，压电俘能器的采集功率呈上升趋势，采集效果越来越好，工况二最为明显，当工况二拔除 10 排时达到最大，在流速0.50m/s、工况二（10）时 60°三棱柱、50°三棱柱、40°三棱柱压电俘能器的采集功率相对于初始工况增幅达均到最大，分别为 12.1 倍、3.9 倍、2.3 倍；下游和侧面阵列扰流柱的对各压电俘能器调节不明显。

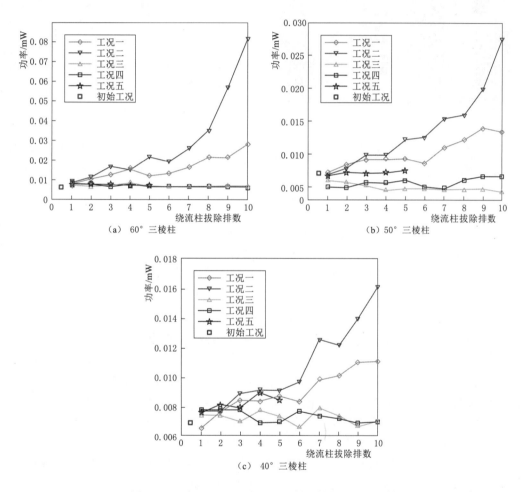

图 5-53　在 0.50m/s 流速下顶角不同的三棱柱钝体
对应俘能器在各个工况下的输出功率

5.4.3　各方向扰流柱对阵列扰流激振式压电俘能器的影响

如图 5-54 所示，将钝体形状设置为半圆柱与圆柱形状，通过进行如图 5-50（a）～（f）所示的六种工况，判断上游、下游以及侧面不同阵列扰流激励对压电俘能器输出的影响。设定参数：钝体质量 $m_{tip}=178$g，高度 $l_{tip}=100$mm，长直径（迎水面宽度）$D=$

（a）半圆柱　　　　（b）圆柱

图 5-54　半圆柱及圆柱形钝体

50mm；铜质悬臂梁长度 $l=90$mm，宽度 $b_s=34$mm，厚度 $h_s=0.6$mm；MFC 压电片长度 $l_p=56$mm，宽度 $b_p=28$mm，厚度 $h_p=0.3$mm。

图 5-55 为半圆柱钝体对应的压电俘能器在不同阵列扰流工况下的能量采集情况，结合各图分析可得：随着流速的增加，半圆柱压电俘能器的采集功率总体呈上升趋势；上游阵列扰流柱（工况一、工况二）对压电俘能器的调节作用最为明显，随着上游一列或者两列阵列扰流柱的依次拔除，半圆柱压电俘能器的采集功率呈上升趋势，采集效果越来越好，工况二最为明显，当工况二拔除 10 排时达到最大，流速 0.35m/s、0.40m/s、0.45m/s、0.50m/s、0.55m/s 时分别采得最大功率 0.05mW、0.09mW、0.88mW、1.83mW 和 0.32mW；在流速 0.50m/s、工况二（10）时压电俘能器的采集功率相对于初始工况增幅达到最大，增加 129.6 倍；下游和侧面的阵列扰流柱对压电俘能器的调节作用不太明显，半圆柱压电俘能器的采集功率变化不大，相对于初始工况采集功率差距较小。

圆柱形钝体对应的压电俘能器在不同阵列扰流工况下的能量采集情况如图 5-56 所示。试验数据表明：随着流速的增加，圆柱压电俘能器的采集功率总体呈上升趋势，在流速 0.35m/s、0.40m/s、0.45m/s、0.50m/s、0.55m/s 时分别采得最大功率 0.02mW、0.03mW、0.03mW、0.13mW、0.18mW；上游（工况一、工况二）阵列扰流柱对压电俘能器采集功率的影响相对于半圆柱压电俘能器调节作用较小，随着上游一列或者两列阵列扰流柱的依次拔除，圆柱压电俘能器的采集功率基本呈上升趋势，但上升的趋势不大，相对于初始工况差距较小，在流速 0.50m/s、工况二（10）时压电俘能器的采集功率相对于初始工况增幅达到最大，增加 4.6 倍；随着下游（工况三、工况四）和侧面（工况五）若干列阵列扰流柱的依次拔除，压电俘能器的采集功率变化不大，相对于初始功率差距较小。

通过对半圆柱和圆柱形钝体的压电俘能器的试验测试，分析了上游（工况一和工况二）、下游（工况三和工况四）和侧面（工况五）的不同阵列扰流激励对流致振动型压电俘能器的影响。可以发现上游阵列扰流柱对压电俘能器能量采集有明显的调节作用，能够显著增加对流体能量的采集效率。为直观比较上游阵列扰流柱对各压电俘能器输出电压的影响，绘制了半圆柱及圆柱形钝体对应压电俘能器在流速 0.5m/s 时，初始工况、工况二（4）、工况二（7）和工况二（10）的输出电压时程曲线，如图 5-57 所示。半圆柱压电俘能器的输出电压幅值最高，能量采集效果最好，圆柱次之，其输出电压幅值分别可以达到 52.0V、24.0V；上游阵列扰流柱（工况二）的依次拔除，对输出电压有提升的作用，为排除振动频率以及稳定性的影响，计算半圆柱、圆柱工况二（10）的输出电压均方根值分别为 23.4V、6.2V，相对于各自初始工况电压均方根值分别增加 11.4 倍、2.1 倍。

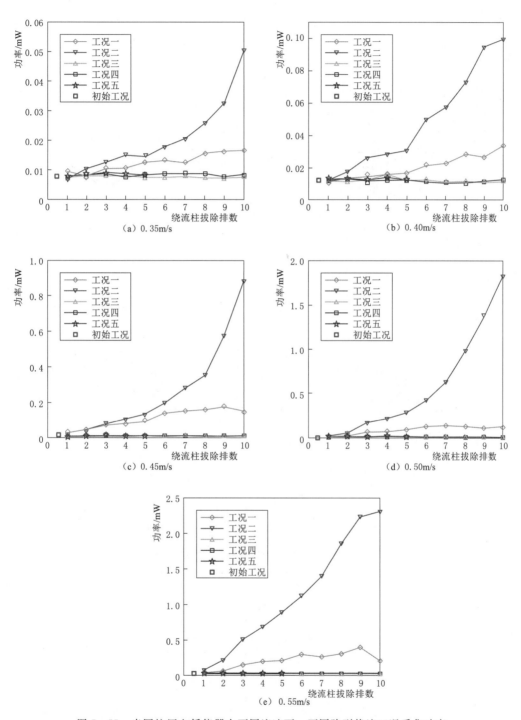

图 5-55 半圆柱压电俘能器在不同流速下，不同阵列扰流工况采集功率

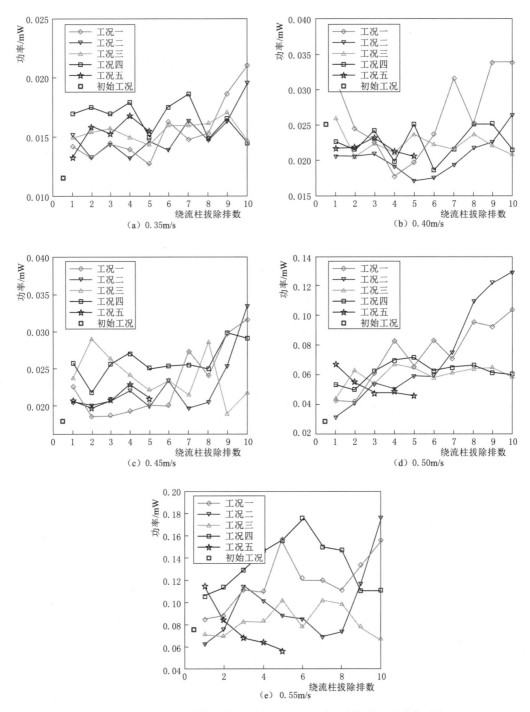

图 5-56　圆柱压电俘能器在不同流速下，不同阵列扰流工况采集功率

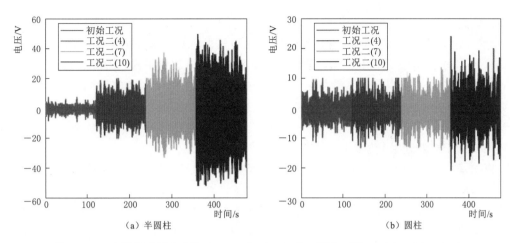

图 5-57 半圆柱及圆柱在流速 0.5m/s 时，初始工况和工况二（4）、（7）、（10）
的输出电压时程曲线对比

图 5-58 是半圆柱和圆柱形钝体的压电俘能器在流速 0.5m/s 时，不同工况试验所得相图。通过对相图的分析，可以得出振动过程的一些细节以及采集能量质量的优劣，比如单个周期内振动的快慢以及振动速率分布等特性。从整体来看，半圆柱压电俘能器输出电压变化对时间求导的最大值可以达到 1100，而圆柱只能达到 300 左右，也就是说半圆柱

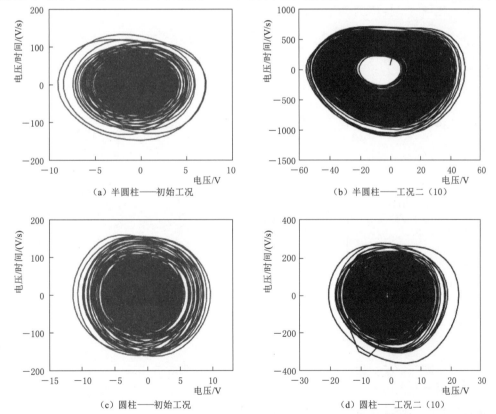

图 5-58 半圆柱及圆柱在流速 0.50m/s 时，初始工况和工况二（10）的输出电压时程曲线对比

钝体振动过程中的振动速率变化要比圆柱大；并且从图中可以看出，半圆柱钝体在工况二（10）的相图，中间存在空白区域，四周的相图则相当密集，而初始工况，以及圆柱在工况二（10）的相图则恰恰相反，均是中间区域比较密集，四周则比较稀疏，这说明半圆柱钝体在工况二（10）时，小位移的情况下最小振动速率最大，说明悬臂梁在复位后普遍受到更大的流体力；除此之外，半圆柱和圆柱形钝体在两种工况下的四幅相图输出负电压时的输出电压对时间求导比输出正电压对时间求导略大一些，这种现象和压电纤维片（MFC）在悬臂梁上粘贴位置有关。

进一步分析上游阵列扰流柱对系统振动频率的影响。图 5-59 是半圆柱、圆柱形钝体对应的压电俘能器在流速 0.5m/s 时，初始工况、工况二（4）、工况二（7）和工况二（10）所得输出电压的频谱图。随着上游阵列扰流柱的依次拔除，一阶振动频率下的输出电压逐渐增大，半圆柱压电俘能器的增幅最为剧烈。半圆柱、圆柱压电俘能器一阶振动频率下的输出电压分别可达到 17.9V 和 3.1V；两种压电俘能器在初始工况下的频谱图都较为杂乱，频率成分较多，半圆柱、圆柱的一阶振动频率达到了 2.81Hz 和 2.92Hz；对于工况二的几种情况，半圆柱压电俘能器的频率成分相对比较单一，基本稳定在 2.76Hz 附近，上游（工况二）阵列扰流柱的拔除对半圆柱的一阶振动频率影响不大；圆柱在工况二的几种情况下，频率相对半圆柱混乱度增加，一阶振动主频分别稳定在 2.58Hz 和 2.21Hz 附近，总体来看，半圆柱的振动频率最高，一阶振动频率下的电压幅值最高，同等条件下，比圆柱形钝体更加适合采集流体能量。

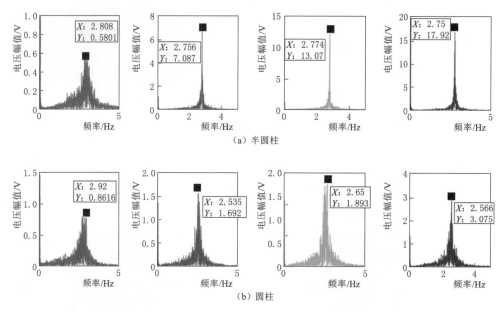

图 5-59 半圆柱及圆柱在流速 0.5m/s，初始工况和工况二（4）、（7）、（10）的频谱图

综上关于阵列扰流激振式压电俘能器的试验研究，发现除了流速及钝体形状这两种影响俘能器输出的基本因素之外，各方向的阵列扰流激励也能够产生重要影响，且上游阵列扰流柱对压电俘能器能量采集的增强作用最明显。

5.5　本章小结

　　针对涡激振动式、驰振式、尾流激振式及阵列扰流激振式等多种流致振动型压电俘能器，分别从各类俘能器的特点全面分析了影响压电俘能器性能的主要因素，通过流速对流致振动型压电俘能器输出的影响，表征了各类流致振动的特点。对于涡激振动式压电俘能器，主要影响因素有组合因子与质量比；对于驰振式压电俘能器，影响因素包括钝体形状、小型附着物形状以及接口电路；对于尾流激振式压电俘能器，影响因素包括约化间距、下游振动钝体的形状、上游障碍物的形状、尾流因子以及相位差等。这些因素对流致振动型压电俘能器性能的影响归结于俘能器的输出、钝体的振动以及系统的稳定性；对于阵列扰流激振式压电俘能器，上游阵列扰流柱对压电俘能器的输出增幅有着明显调节作用。在本章中，充分结合水槽试验、风洞试验举例及流致振动型压电俘能器数学建模方法，能够极大幅加深读者对流致振动型压电俘能器的了解。

6

具有电感－电阻电路的驰振式压电
俘能器非线性特性分析

目前所提出的流致振动型压电俘能器外载电路中只有电阻元件，而实际能够应用的电路比较复杂。压电俘能器的几何尺寸影响系统的频率和阻尼，并最终影响采集功率，电路中的电子元件又影响压电俘能器的功率采集，进而影响了系统的频率和阻尼，这也意味着不同的几何尺寸和不同的电路，出现的非线性现象也不同。为了使压电俘能器更接近于实际应用，就必须研究更为复杂的电路。

Tan 等提出了一种悬臂梁式压电俘能器的机电耦合控制方程，通过引入电阻尼和修正解耦机械控制方程的固有频率，考虑了耦合机械控制方程中的机电耦合效应，利用机电解耦模型，推导出控制方程的解析解，便于确定各电子元器件的最优值，从而实现采集最大功率的目标。为了解决纯电阻电路无法得到最佳电阻尼的问题，设计了一种与外载电阻串联或并联的含电感的电路，发现修正频率和电阻尼的多重解与包含外载电阻、电感的初始条件有关，解析解与数值解吻合的区域与环境风速密切相关。然而在这项研究中解析解的边界还没有明确界定，出现非线性现象的原因尚不清楚。而在实际设计当中，不得不考虑系统的非线性，如果所遇到的非线性问题明确，就可根据非线性结构设计更为合理的压电俘能器，得到具有最优起始流速和最大采集功率的压电俘能器。

在本章的研究中，以驰振式压电俘能器为例，分析具有串联和并联连接的电感－电阻电路的驰振压电俘能器的 Hopf 分岔。为了进行非线性分析，对机电耦合分布参数模型进行了重新推导，同样采用修正频率和电阻尼来解耦，用以考虑耦合效应。在解耦模型的基础上，再对电阻尼对应的 Hopf 分岔（EDHB）进行分析，得到驰振边界（Hopf 分岔）。提出用电感对应的 Hopf 分岔（IHB）作为外载电阻和 EDHB 的函数来分析电路对 Hopf 分岔的影响，研究风速和外载电阻对压电俘能器 Hopf 分岔的影响。最后，通过对完全耦合控制方程的直接数值求解，证明得到的解析解和 Hopf 分岔。

6.1　驰振压电气动弹性系统建模

本节与第 2 章所述驰振式压电俘能器数学模型不同之处在于外载电路同时包括了电

感、电阻，而在电路的设计中，又分为电感和电阻串联、电感和电阻并联的情况。为了描述问题，简单叙述了建模的过程，得到位移和电压的控制方程，并进行了特征值分析。由第 2 章的研究结果可知，几何非线性在高风速下对系统影响比较大，本章研究的是电路对系统非线性的影响，主要是基于低风速的，因此为了使问题简化，在模型的控制方程推导中，不考虑几何非线性对系统的影响。在特征值问题分析的过程中，同样将位移分解为空间变量和时间变量，代入控制方程，得到了边界条件及归一化特征函数。

6.1.1 驰振式压电俘能器模型

如图 6-1 所示，驰振压电俘能器由贴有双层压电片的悬臂梁和连接到梁自由端的钝体组成，两层压电片粘贴在悬臂梁层的两侧，并且与电路相反的极性并联连接，钝体受到恒定风速 U 的冲击，不发生形变，即为刚体。

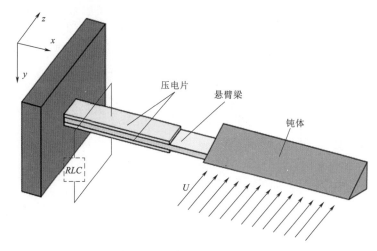

图 6-1 驰振压电俘能器简图

当 U 很小时，系统是稳定的；当 U 超过临界速度时，系统就会经历超临界 Hopf 分岔，从而发生驰振，悬臂梁在 y 方向振荡，这种临界速度被称为驰振的起始速度。悬臂梁的横向位移 $y = y(x,t)$ 是通过 Euler-Bernoulli 梁假设得到的，其满足：

$$\frac{\partial^2 M(x,t)}{\partial x^2} + c_a \frac{\partial y(x,t)}{\partial t} + m \frac{\partial^2 y(x,t)}{\partial t^2} = F_{tip}\delta(x-l) - M_{tip}\frac{\mathrm{d}\delta(x-l)}{\mathrm{d}x} \quad (6-1)$$

式中　$\delta(x)$——Dirac delta 函数；

　　　　l——悬臂梁的长度；

　　　　c_a——空气黏滞阻尼系数；

　　　　m——梁单位长度的质量；

　　　　t——时间；

F_{tip}、M_{tip}——梁末端处的气动力和力矩，是由结构的振动引起的，可以表示为

$$F_{tip} = \frac{1}{2}\rho_{air}U^2 b_{tip}\int_0^{l_{tip}}(a_1\tan\alpha + a_3\tan^3\alpha)\mathrm{d}s$$

$$M_{tip} = \frac{1}{2}\rho_{air}U^2 b_{tip}\int_0^{l_{tip}}s(a_1\tan\alpha + a_3\tan^3\alpha)\mathrm{d}s$$

$$(6-2)$$

式中 ρ_{air}——空气的密度;

b_{tip}——钝体的宽度;

l_{tip}——钝体的长度;

s——沿钝体长轴的坐标;

α——攻角,可计算为 $\alpha = \tan^{-1}\left(\dfrac{\dot{y}(l,t) + s\dot{y}'(l,t)}{U}\right)$;

a_1、a_3——经验系数,由 Barrero 测量截面为等腰三角形(顶角 30°)的三棱柱体得到。

$M(x,t)$ 有三个分量的内部力矩,第一个分量是抗弯性能,即 $EI\dfrac{\partial y^2(x,t)}{\partial x^2}$,其中 EI 为具有杨氏模量 E 和惯性面积矩 I 的悬臂梁的弯曲刚度;第二个分量由应变比阻尼效应组成,即 $c_s I\dfrac{\partial^3 y(x,t)}{\partial x^2 \partial t}$,式中 c_s 为梁的黏性应变系数;第三个分量由并联的压电片给定,可表示为 $v_p[H(x)-H(x-l_p)]V_t$,其中,l_p 为压电片的长度,$H(x)$ 为 Heaviside 阶跃函数,$V(t)$ 为压电片产生的电压,v_p 为压电耦合项,可表示为 $v_p = -e_{31}b_p(h_p+h_s)$,其中 $e_{31} = E_p d_{31}$,为压电应力系数,E_p 为压电片的杨氏模量,d_{31} 为压电层应变系数,b_p 为压电片宽度,h_s、h_p 分别为悬臂梁厚度和压电层厚度。

将 $M(x,t)$ 的这三个分量代入式(6-1)中,得到机电系统的控制方程为

$$EI\frac{\partial^4 y(x,t)}{\partial x^4} + c_s I\frac{\partial^5 y(x,t)}{\partial x^4 \partial t} + c_a\frac{\partial y(x,t)}{\partial t} + m\frac{\partial^2 y(x,t)}{\partial t^2} + \left(\frac{\mathrm{d}\delta(x)}{\mathrm{d}x} - \frac{\mathrm{d}\delta(x-l_p)}{\mathrm{d}x}\right)v_p V(t)$$

$$= F_{tip}\delta(x-l) - M_{tip}\frac{\mathrm{d}\delta(x-l)}{\mathrm{d}x} \tag{6-3}$$

利用高斯定理建立机械和电变换的关系,即

$$\frac{\mathrm{d}}{\mathrm{d}t}\int_A Dn\,\mathrm{d}A = \frac{\mathrm{d}}{\mathrm{d}t}\int_A D_3\,\mathrm{d}A = \frac{I}{2} \tag{6-4}$$

式中 D——电位移矢量;

n——梁平面的法向矢量;

I——流过并联连接的两个压电片的总电流;

D_3——电位移分量,由以下关系给出:

$$D_3(x,t) = e_{31}\varepsilon_{11}(x,t) + \varepsilon_{33}^s E_3 \tag{6-5}$$

式中 $\varepsilon_{11}(x,t)$——压电层中的平均应变分量,表述为 $\varepsilon_{11}(x,t) = -\dfrac{h_s+h_p}{2}\dfrac{\partial^2 y(x,t)}{\partial x^2}$;

ε_{33}^s——恒定应变下的介电常数分量;

E_3——电场,可表示为 $E_3 = -\dfrac{V(t)}{h_p}$。

将式(6-5)代入式(6-4),得到电控制方程:

$$\vartheta_p\int_0^{l_p}\frac{\partial^3 y(x,t)}{\partial t \partial x^2}\,\mathrm{d}x - C_p\frac{\mathrm{d}V(t)}{\mathrm{d}t} = I \tag{6-6}$$

式中 C_p——压电层电容，$C_p = \dfrac{2 \in^s_{33} b_p l_p}{h_p}$。

同样采用 Galerkin 方法离散机电耦合控制方程，将悬臂梁的位移 $y = y(x, t)$ 分解为空间变量和时间变量，并将梁的振型表述为

$$\left.\begin{array}{l} \phi_i(s) = \phi_{i1}(s) = A_{i1}\sin\beta_{i1}s + B_{i1}\cos\beta_{i1}s + C_{i1}\sinh\beta_{i1}s + D_{i1}\cosh\beta_{i1}s, \ 0 < s < l_p \\ \phi_i(s) = \phi_{i2}(s) = A_{i2}\sin\beta_{i2}s + B_{i2}\cos\beta_{i2}s + C_{i2}\sinh\beta_{i2}s + D_{i2}\cosh\beta_{i2}s, \ l_p < s < l \end{array}\right\}$$

$$(6-7)$$

式中 β_{i1}、β_{i2}——系数，其关系为：$\beta_{i1} = \sqrt[4]{(EI_2 m_1/EI_1 m_2)}\beta_{i2}$；

A_{i1}、B_{i1}、C_{i1}、D_{i1}、A_{i2}、B_{i2}、C_{i2}、D_{i2}——系数由边界条件决定，边界条件可写为

$$\left.\begin{array}{c} \phi_{i1}(0) = 0, \phi'_{i1}(0) = 0 \\ \phi_{i1}(l_p) = \phi_{i2}(l_p), \phi'_{i1}(l_p) = \phi'_{i2}(l_p) \\ EI_1\phi''_{i1}(l_p) = EI_2\phi''_{i2}(l_p), EI_1\phi'''_{i1}(l_p) = EI_2\phi'''_{i2}(l_p) \\ EI_2\phi''_{i2}(l) - \omega^2 m_{tip}l_c\phi_{i2}(l) - \omega^2 I_t\phi'_{i2}(l) = 0 \\ EI_2\phi'''_{i2}(l) + \omega^2 m_{tip}l_c\phi'_{i2}(l) - \omega^2 m_{tip}\phi_{i2}(l) = 0 \end{array}\right\}$$

$$(6-8)$$

式中 $'$——对 s 的导数。

基于线性化的动力方程和边界条件，特征函数用下面的表达式进行归一化：

$$\left.\begin{array}{l} \displaystyle\int_0^{l_p} m_1\phi_{q1}(s)\phi_{r1}(s)\mathrm{d}s + \int_{l_p}^l m_2\phi_{q2}(s)\phi_{r2}(s)\mathrm{d}s + I_t\phi'_{q2}(l)\phi'_{r2}(l) \\ \quad + m_{tip}\phi_{q2}(l)\phi_{r2}(l) + m_{tip}\phi'_{q2}(l)l_c\phi_{r2}(l) + m_{tip}\phi_{q2}(l)l_c\phi'_{r2}(l) = \delta_{qr} \\ \displaystyle\int_0^{l_p} EI_1\phi''_{q1}(s)\phi''_{r1}(s)\mathrm{d}s + \int_{l_p}^l EI_1\phi''_{q2}(s)\phi''_{r2}(s)\mathrm{d}s = \delta_{qr}\omega_r^2 \end{array}\right\}$$

$$(6-9)$$

式中 q、r——振动模态；

ω_r——悬臂梁的第 r 阶固有频率；

δ_{qr}——克罗内克 δ 函数，当 q 等于 r 时其值 1，否则为零。

6.1.2 机电解耦

由控制方程式（6-3）和边界条件式（6-7）确定的机电耦合方程，一般是难以直接得到解析解的，为了得到模型的解析解，最理想的方法是将微分方程组的电流项解耦，换算到位移项，应用机电解耦的方法可将微分方程解耦，得到位移和功率的解析解。在解耦之后，位移和功率可表示为修正频率和阻尼的函数，不同于只有电阻的电路，电阻-电感电路的修正频率和阻尼相对复杂，其非线性现象更为明显。

图 6-2 和图 6-3 是压电俘能器连接外载电路的示意图和等效电路图，其中电阻-电感分别为串联、并联连接。根据 Abdelkefi 的工作，第一阶固有频率远小于第二阶或第三阶固有频率。此外，Bibo 比较了第一阶模态响应与前三阶模态响应，发现第一阶模态足以捕获系统响应。为了简化模型，只考虑第一阶模态。对于具有电感-电阻串联电路的悬臂梁压电俘能器，考虑第一阶模态的非线性分布耦合模型简化为

$$\ddot{Q}_s(t) + 2\xi\omega\dot{Q}_s(t) + \omega^2 Q_s(t) + \theta_p[L\dot{I}_s(t) + RI_s(t)] = \phi(l)F_{tip} + \phi'(l)M_{tip}$$

$$(6-10)$$

$$C_p\left[L\ddot{I}_{\hat{s}}(t)+R\dot{I}_{\hat{s}}(t)\right]+I_{\hat{s}}(t)-\theta_p\dot{Q}_{\hat{s}}(t)=0 \tag{6-11}$$

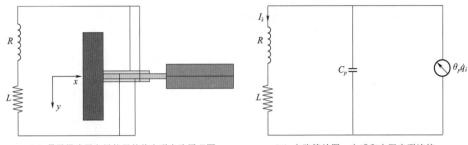

（a）悬臂梁式压电俘能器外载串联电路原理图　　　（b）电路等效图，电感和电阻串联连接

图 6-2　压电俘能器外载串联电路和等效图

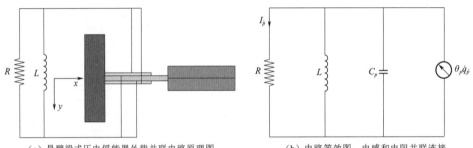

（a）悬臂梁式压电俘能器外载并联电路原理图　　　（b）电路等效图，电感和电阻并联连接

图 6-3　压电俘能器外载并联电路和等效图

对于具有电感-电阻并联电路的悬臂梁压电俘能器，考虑第一阶模态的控制方程表示为

$$\ddot{Q}_{\hat{p}}(t)+2\xi\omega\dot{Q}_{\hat{p}}(t)+\omega^2 Q_{\hat{p}}(t)+\theta_p R I_{\hat{p}}(t)=\phi(l)F_{tip}+\phi'(l)M_{tip} \tag{6-12}$$

$$C_p R\ddot{I}_{\hat{p}}(t)+\dot{I}_{\hat{p}}(t)+\frac{RI_{\hat{p}}(t)}{L}-\theta_p\ddot{Q}_{\hat{p}}(t)=0 \tag{6-13}$$

式中　$\hat{s}$、$\hat{p}$——串联和并联；

　　$Q_{\hat{s}}$、$Q_{\hat{p}}$——串联和并联情况下悬臂梁 y 方向上的位移模态坐标；

　　$I_{\hat{s}}$、$I_{\hat{p}}$——串联和并联电路流过外载电阻的电流；

　　ξ——机械阻尼比；

　　$\hat{\ }$——相对于 t 的导数；

　　θ_p——模态机电耦合项，由 $\phi'(l_p)\vartheta_p$ 给出，$\phi(x)$ 是第一阶模态，ϑ_p 为机电耦合系数；

　　ω——第一阶固有频率。

考虑一阶模态，得到由驰振力与力矩共同作用而产生的外力：

$$\phi(l)F_{tip}+\phi'(l)M_{tip}=A\dot{Q}(t)-B\dot{Q}(t)^3 \tag{6-14}$$

式中　A、B——负线性阻尼和立方阻尼，可表示为 $\rho_{air}Ub_{tip}k_1/2$ 和 $-\rho_{air}b_{tip}k_3/$
　　　　　$(2U)$，其中 $k_1=a_1\left[\phi^2(l)l_{tip}+\phi(l)\phi'(l)l_{tip}^2+\dfrac{1}{3}\phi'^2(l)l_{tip}^3\right]$，$k_3=$

$$a_3\phi(l)\int_0^{l_{tip}}\left[\phi(l)+x\phi'(l)\right]^3\mathrm{d}s+a_3\phi'(l)\int_0^{l_{tip}}s\left[\phi(l)+x\phi'(l)\right]^3\mathrm{d}s\ .$$

由于 a_1 为正，a_3 为负，所以 A 和 B 均为正。

基于等效结构方法，将电感和电阻串联或并联连接的压电俘能器的机电模型解耦为

$$\ddot{Q}(t)+(2\xi\omega+c-A)\dot{Q}(t)+B\dot{Q}(t)^3+\Omega^2Q(t)=0 \qquad (6-15)$$

式中 Ω、c——修正频率、电阻尼，可表示为

$$\Omega=\begin{cases}\Omega_{\hat{s}}=\sqrt{\omega^2+\dfrac{\theta_p^2\Omega_{\hat{s}}^2\left[C_pR^2-L(1-C_pL\Omega_{\hat{s}}^2)\right]}{(1-C_pL\Omega_{\hat{s}}^2)^2+(C_pR\Omega_{\hat{s}})^2}}\\[4mm]\Omega_{\hat{p}}=\sqrt{\omega^2-\dfrac{\theta_p^2R^2L\Omega_{\hat{p}}^2(1-C_pL\Omega_{\hat{p}}^2)}{\left[R(1-C_pL\Omega_{\hat{p}}^2)\right]^2+(L\Omega_{\hat{p}})^2}}\end{cases}$$

$$c=\begin{cases}c_{\hat{s}}=\dfrac{R\theta_p^2}{(1-C_pL\Omega_{\hat{s}}^2)^2+(C_pR\Omega_{\hat{s}})^2}\\[4mm]c_{\hat{p}}=\dfrac{L^2\Omega_{\hat{p}}^2R\theta_p^2}{\left[R(1-C_pL\Omega_{\hat{p}}^2)\right]^2+(L\Omega_{\hat{p}})^2}\end{cases} \qquad (6-16)$$

分析式（6-16）可知，引入电感 L 可增加或降低给定电阻的电阻尼。当电感 L 接近于零或无穷大时，串联和并联情况下的修正频率可表示为

$$\Omega^{L\to0}=\begin{cases}\Omega_{\hat{s}}^{L\to0}=\sqrt{\omega^2+\dfrac{C_p(\theta_pR\Omega_{\hat{s}}^{L\to0})^2}{1+(C_pR\Omega_{\hat{s}}^{L\to0})^2}}\\[4mm]\Omega_{\hat{p}}^{L\to0}=\omega\end{cases}$$

$$\Omega^{L\to\infty}=\begin{cases}\Omega_{\hat{s}}^{L\to\infty}=\sqrt{\omega^2+\dfrac{\theta_p^2}{C_p}}\\[4mm]\Omega_{\hat{p}}^{L\to\infty}=\sqrt{\omega^2+\dfrac{C_p(\theta_pR\Omega_{\hat{p}}^{L\to\infty})^2}{1+(C_pR\Omega_{\hat{p}}^{L\to\infty})^2}}\end{cases} \qquad (6-17)$$

类似地，当电感 L 接近零或无穷大时，串联和并联情况下的电阻尼可表示为

$$c^{L\to0}=\begin{cases}c_{\hat{s}}^{L\to0}=\dfrac{R\theta_p^2}{1+(C_pR\Omega_{\hat{s}}^{L\to0})^2}\\[4mm]c_{\hat{p}}^{L\to0}=0\end{cases}$$

$$c^{L\to\infty}=\begin{cases}c_{\hat{s}}^{L\to\infty}=0\\[4mm]c_{\hat{p}}^{L\to\infty}=\dfrac{R\theta_p^2}{1+(C_pR\Omega_{\hat{p}}^{L\to\infty})^2}\end{cases} \qquad (6-18)$$

通过式（6-17）和式（6-18），可以发现 $L\to0$ 时的串联的修正频率和电阻尼等于 $L\to\infty$ 时并联的修正频率和电阻尼。实际上，这两个表达式与仅具有电阻的情况相同。如

图 6-2 和图 6-3 所示，$L \to 0$ 的串联连接和 $L \to \infty$ 的并联连接简化为纯电阻情况，对于 $L \to \infty$ 的串联情况和 $L \to 0$ 并联情况，修正频率与外载电阻无关，电阻尼接近零。从数学的角度来看，$L \to \infty$ 的串联可以认为是 $R \to \infty$ 的纯电阻电路，而 $L \to 0$ 的并联可以看作 $R \to 0$ 的纯外载电阻电路。

为了确定电感 L 对修正频率的最大或最小值的影响，计算式（6-16）中 Ω 对 L 的偏导数，即 $\partial \Omega / \partial L = 0$，这样就可以求出串联和并联情况下的最大和最小修正频率：

$$\Omega^{\max} = \begin{cases} \Omega_{\hat{s}}^{\max} = \sqrt{\omega^2 + \dfrac{\theta_p^2}{C_p} + \dfrac{\theta_p^2}{2C_p^2 R \Omega_{\hat{s}}^{\max}}} \\[4mm] \Omega_{\hat{p}}^{\max} = \sqrt{\omega^2 + \dfrac{R\theta_p^2}{2}\Omega_{\hat{p}}^{\max}} \end{cases}$$

$$\Omega^{\min} = \begin{cases} \Omega_{\hat{s}}^{\min} = \sqrt{\omega^2 + \dfrac{\theta_p^2}{C_p} - \dfrac{\theta_p^2}{2C_p^2 R \Omega_{\hat{s}}^{\min}}} \\[4mm] \Omega_{\hat{p}}^{\min} = \sqrt{\omega^2 - \dfrac{R\theta_p^2}{2}\Omega_{\hat{p}}^{\min}} \end{cases} \tag{6-19}$$

对应的电感为

$$L^{\Omega\max} = \begin{cases} L_{\hat{s}}^{\Omega\max} = \dfrac{1 + C_p R \Omega_{\hat{s}}^{\max}}{C_p (\Omega_{\hat{s}}^{\max})^2} \\[4mm] L_{\hat{p}}^{\Omega\max} = \dfrac{R}{C_p R (\Omega_{\hat{p}}^{\max})^2 - \Omega_{\hat{p}}^{\max}} \end{cases}$$

$$L^{\Omega\min} = \begin{cases} L_{\hat{s}}^{\Omega\min} = \dfrac{1 - C_p R \Omega_{\hat{s}}^{\min}}{C_p (\Omega_{\hat{s}}^{\min})^2} \\[4mm] L_{\hat{p}}^{\Omega\min} = \dfrac{R}{C_p R (\Omega_{\hat{p}}^{\min})^2 + \Omega_{\hat{p}}^{\min}} \end{cases} \tag{6-20}$$

6.1.3　位移及采集功率解析解

基于式（6-10）～式（6-13），可以得到模态坐标 Q 的解析解：

$$Q_0 = \sqrt{\dfrac{4(A - 2\xi\omega - c)}{3B\Omega^2}} \tag{6-21}$$

式中　Q_0——$Q(t)$ 的幅值。

位移的幅值和系统的平均采集功率可计算为

$$A_{tip} = \phi(l)Q_0, \quad P_{ave} = \dfrac{c\Omega^2 Q_0^2}{2} \tag{6-22}$$

将式（6-21）代入式（6-22）中，钝体位移和俘能器平均采集功率又可表示为

$$A_{tip} = \phi(l)\sqrt{\dfrac{4(A - 2\xi\omega - c)}{3B\Omega^2}}, \quad P_{ave} = \dfrac{2c(A - 2\xi\omega - c)}{3B} \tag{6-23}$$

为了使压电俘能器平均采集功率最大化，令 $\dfrac{\partial P_{ave}}{\partial c} = 0$，可得到的最优电阻尼为

$$c_{opt} = \frac{A - 2\xi\omega}{2} \tag{6-24}$$

6.2 非线性分析

通过上述研究得到了串联、并联电路的修正频率及阻尼，解析得到了位移及功率的表达式。可通过得到的修正频率及阻尼研究系统结构及电路对起始风速的影响，以此研究压电俘能器的起始风速。并分别探究系统电阻尼对应的 Hopf（EDHB）分岔和电感对应的 Hopf 分岔（IHB），探讨串联电路及并联电路的 IHB 解的数目问题，由此分析压电俘能器，并探讨其中的非线性现象。

6.2.1 电阻尼（EDHB）和电感（IHB）对应的 Hopf 分叉

Hopf 分岔是指从平衡点失稳分岔出极限环，即产生周期性振荡的现象。如图 6-1 所示，三棱柱钝体受到恒定风速 U 的冲击，当 U 很小时，系统稳定；当 U 超过临界风速时，系统经历超临界 Hopf 分岔并发生驰振。由式（6-23）可知，当 $A - 2\xi\omega - c \geqslant 0$ 时发生驰振。由此，求解得到驰振起动风速的解析解：

$$U^0 = \frac{4\xi\omega + 2c}{\rho_{air} b_{tip} k_1} \tag{6-25}$$

当 $U < U^0$ 时，质量块位移幅值 $A_{tip} = 0$，平均采集功率 $P_{ave} = 0$。把 c_{opt} 代入式（6-25）中，可以得到驰振的最佳起振速度 $U_{opt}^0 = \dfrac{4\xi\omega}{\rho_{air} b_{tip} k_1}$。与式（6-24）对比，$U_{opt}^0$ 是最小的 U^0。从其物理意义上讲，U_{opt}^0 是给定压电俘能器发生驰振时的最小风速。在给定风速的情况下，得到了电阻尼对应于 Hopf 分岔（EDHB）的 c_{hp}：

$$c_{hp} = \frac{\rho_{air} U b_{tip} k_1}{2} - 2\xi\omega \tag{6-26}$$

c_{hp} 代表发生驰振的电阻尼，也就是说，当 $c = c_{hp}$ 时，采集的功率总是为 0。与式（6-24）中的最佳电阻尼 c_{opt} 表达式相比，$c_{hp} = 2c_{opt}$。当 $U = U^0$ 时，$c = c_{hp}$；当 $U = U_{opt}$ 时，$c = c_{opt}$。因此，当 $U = U_{opt}^0$ 时，$c = c_{hp} = c_{opt}$。在满足 $c_{hp} = 2c_{opt}$ 和 $c = c_{opt}$ 的条件下，得到了 $U = U_{opt}$ 时 $c_{opt} = 0$ 的结论。如上所述，电阻尼对于确定驰振和 Hopf 分岔起始驰振风速非常重要。此外，还发现作为电阻尼函数的电感 L 和电阻 R 的多重组合可以实现 EDHB c_{hp}：

$$\Omega_{\hat{s}}^2 = \frac{\omega^2 C_p R + R\theta_P^2 - c_{\hat{s}}}{C_p(R - c_{\hat{s}} L)}, \quad \Omega_{\hat{p}}^2 = \frac{\omega^2 L - R c_{\hat{p}}}{L(1 - c_{\hat{p}} R C_p)} \tag{6-27}$$

将式（6-27）代入式（6-16）中，可以重新得到 $c_{\hat{s}}$ 和 $c_{\hat{p}}$ 的表达式如下：

$$\left. \begin{aligned} c_{\hat{s}} &= \frac{\theta_p^2 (R - c_{\hat{s}} L)^2}{R(1 - \omega^2 C_p L - \theta_p^2 L)^2 + C_p R(R - c_{\hat{s}} L)(\omega^2 C_p R + R\theta_p^2 - c_{\hat{s}})} \\[2mm] c_{\hat{p}} &= \frac{R\theta_p^2 (L\omega^2 - c_{\hat{p}} R)(1 - c_p c_{\hat{p}} R)}{L(L\omega^2 - c_{\hat{p}} R)(1 - c_p c_{\hat{p}} R) + (1 - c_p L\omega^2)^2 R^2} \end{aligned} \right\} \tag{6-28}$$

为了确定任意电阻 R 下电感对应的 Hopf 分岔（IHB）L_{hp}，用 $c=c_{hp}$ 将式（6-28）改写为

$$\eta_1 L_{hp}^2 + \eta_2 L_{hp} + \eta_3 = 0 \qquad (6-29)$$

系数 η_1、η_2、η_3 的表达式如下：

$$
\left.
\begin{aligned}
\eta_1 &= \begin{cases} \eta_{1\hat{s}} = c_{hp}\left[-c_{hp}\theta_p^2 + R(\theta_p^2 + C_p\omega^2)^2\right] \\ \eta_{1\hat{p}} = \omega^2(c_{hp} - c_{hp}^2 C_p R - R\theta_p^2 + c_{hp}C_p R^2\theta_p^2 + c_{hp}C_p^2 R^2\omega^2) \end{cases} \\
\eta_2 &= \begin{cases} \eta_{2\hat{s}} = c_{hp}c_p R\left[c_{hp}^2 - 2\omega^2 - c_{hp}R(\theta_p^2 + C_p\omega^2)\right] \\ \eta_{2\hat{p}} = c_{hp}R\left[c_{hp}^2 C_p R - c_{hp}(1 + C_p R^2\theta_p^2) + R(\theta_p^2 - 2C_p\omega^2)\right] \end{cases} \\
\eta_3 &= \begin{cases} \eta_{3\hat{s}} = R(c_{hp} - c_{hp}^2 C_p R - R\theta_p^2 + c_{hp}c_p R^2\theta_p^2 + c_{hp}C_p^2 R^2\omega^2) \\ \eta_{3\hat{p}} = c_{hp}R^2 \end{cases}
\end{aligned}
\right\} \qquad (6-30)
$$

因此，L_{hp} 可由下式解出：

$$L_{hp} = \frac{-\eta_2 \pm \sqrt{\Delta}}{2\eta_1} \qquad (6-31)$$

式中　判别式 $\Delta = \eta_2^2 - 4\eta_1\eta_3$，可计算为

$$
\Delta = \begin{cases} \Delta_{\hat{s}} = c_{hp}R\left[c_{hp} - R(\theta_p^2 + C_p\omega^2)\right]^2\left[c_{hp}^3 C_p^2 R + 4\theta_p^2 - 4c_{hp}C_p R(\theta_p^2 + C_p\omega^2)\right] \\ \Delta_{\hat{p}} = c_{hp}R^2(c_{hp}C_p R - 1)^2(c_{hp} - R\theta_p^2)(c_{hp}^2 - c_{hp}R\theta_p^2 - 4\omega^2) \end{cases}
$$

$$(6-32)$$

Δ 可确定 IHB 根的个数，即 L_{hp}。当 $\Delta>0$ 时，L_{hp} 有两个完全不同的实根；当 $\Delta<0$ 时，L_{hp} 的根不存在；对于 $\Delta=0$ 的特殊情况，L_{hp} 有两个相同的实根，可计算为

$$L_{hp,d} = \frac{-\eta_2}{2\eta_1} \qquad (6-33)$$

6.2.2　串联电路的 IHB 双实根解

串联情况下，当满足下列等式之一时，$\Delta_{\hat{s}}=0$：

$$c_{hp} - R(\theta_p^2 + C_p\omega^2) = 0 \qquad (6-34)$$

或

$$c_{hp}^3 C_p^2 R + 4\theta_p^2 - 4c_{hp}C_p R(\theta_p^2 + C_p\omega^2) = 0 \qquad (6-35)$$

当满足式（6-34）时，EDHB $c_{hp,d0}^{\hat{s}}$ 可通过式（6-36）计算：

$$c_{hp,d0}^{\hat{s}} = R(\theta_p^2 + C_p\omega^2) \qquad (6-36)$$

由式（6-32）可以发现，当 c_{hp} 超过 $c_{hp,d0}^{\hat{s}}$ 的值时，$\Delta_{\hat{s}}$ 不会改变符号。把式（6-35）代入式（6-36）中，得到串联时的 IHB 的双根如下：

$$L_{hp,d0}^{\hat{s}} = \frac{1}{C_p\omega^2 + \theta_p^2} \qquad (6-37)$$

$L_{hp,d0}^{\hat{s}}$ 与电阻无关，仅受压电俘能器结构参数的影响。同样地，临界风速 $U_{hp,d0}^{\hat{s}}$ 由

式（6-35）和式（6-36）求解得

$$U^{\hat{s}}_{hp,d0} = \frac{4\xi\omega + 2R(\theta_p^2 + C_p\omega^2)}{\rho_{air}b_{tip}k_1}$$

(6-38)

当满足式（6-35）时，EDHB的函数为立方函数，为了求根，把该函数写成三次函数标准形式，即

$$c_{hp}^3 + pc_{hp} + q = 0$$

(6-39)

其中

$$p = -\frac{4(\theta_p^2 + C_p\omega^2)}{C_p}, q = \frac{4\theta_p^2}{RC_p^2}$$

对于三次等式（6-39），实根 c_{hp} 的个数和类型的判别式为 $\Delta_{cubic} = 18abcd - 4b^3d + b^2c^2 - 4ac^3 - 27a^2d^2 = -108\left(\frac{q^2}{4} + \frac{p^3}{27}\right)$。式中，$a=1$，$b=0$，$c=p$ 和 $d=q$，分别为三次系数、二次系数、线性系数和常系数项。当 $\Delta_{cubic}=0$ 时，电阻的表达式为

$$R^{\hat{s}}_{hp,c} = \frac{3\sqrt{3}\theta_p^2}{4(\theta_p^2 + C_p\omega^2)\sqrt{C_p\theta_p^2 + C_p^2\omega^2}}$$

(6-40)

式中　$R^{\hat{s}}_{hp,c}$——临界电阻，用于确定式（6-35）中 EDHB 的实根数量和类型，当 $R = R^{\hat{s}}_{hp,c}$，即 $\Delta_{cubic}=0$ 时，等式（6-35）有一对实数双根和一个实数单根；当 $R < R^{\hat{s}}_{hp,c}$（即 $\Delta_{cubic}<0$）时，只有一个实根；当 $R > R^{\hat{s}}_{hp,c}$（即 $\Delta_{cubic}>0$）时，等式有三个实根。

对于 $R < R^{\hat{s}}_{hp,c}$ 的情况，唯一实根可表述为 $c^{\hat{s}}_{hp,d1} = \sqrt[3]{-\frac{q}{2} + \sqrt{\frac{q^2}{4} + \frac{p^3}{27}}} + \sqrt[3]{-\frac{q}{2} - \sqrt{\frac{q^2}{4} + \frac{p^3}{27}}}$。因为 $q>0$ 且 $\frac{q^2}{4} + \frac{p^3}{27} > 0$，所以 $c^{\hat{s}}_{hp,d1}$ 是一个负值。因此，等式（6-35）没有正的 EDHB。由式（6-16）可以发现电阻尼总是正的。因此，c_{hp} 对于 $\Delta_{\hat{s}}$ 的唯一解是 $c^{\hat{s}}_{hp,d0}$。由于当 $c_{hp} > c^{\hat{s}}_{hp,d0}$ 时 $\Delta_{\hat{s}}$ 不会改变符号，对于任意 EDHB，$\Delta_{\hat{s}}$ 大于（小于）或等于 0。换句话说，除非 $c_{hp} = c^{\hat{s}}_{hp,d0}$，否则 IHB 总是有两个实值（没有实根）。

当 $R > R^{\hat{s}}_{hp,c}$ 时，三个根的解为

$$c^{\hat{s}}_{hp,di} = 2\sqrt{-\frac{p}{3}}\cos\left[\frac{1}{3}\arccos\left(\frac{3q}{2p}\sqrt{\frac{-3}{p}}\right) + i\frac{2}{3}\pi\right]$$

(6-41)

式中　$c^{\hat{s}}_{hp,di}$（$i=1,2,3$）——$R > R^{\hat{s}}_{hp,c}$ 时串联情况下的 EDHBs。

通过式（6-32）可以发现，当 c_{hp} 大于三个 $c^{\hat{s}}_{hp,di}$ 值中的任何一个时，$\Delta_{\hat{s}}$ 都会改变符号。式（6-34）和式（6-35）均满足时，临界电阻的解如下：

$$(R^{\hat{s}}_{hpi})^2 = 2\frac{(\theta_p^2 + C_p\omega^2) \pm \sqrt{C_p\omega^2(\theta_p^2 + C_p\omega^2)}}{C_p(\theta_p^2 + C_p\omega^2)^2}, i=1,2$$

(6-42)

6.2.3　并联电路的 IHB 双实根解

对于并联电路，当满足下列式子之一时 $\Delta_{\hat{p}} = 0$：

$$c_{hp}C_pR - 1 = 0 \qquad\qquad (6-43)$$

或
$$(c_{hp} - R\theta_p^2)(c_{hp}^2 - c_{hp}R\theta_p^2 - 4\omega^2) = 0 \qquad\qquad (6-44)$$

当满足式（6-43）时，EDHB $c_{hp,d0}^{\hat{p}}$ 表达式如下：

$$c_{hp,d0}^{\hat{p}} = \frac{1}{C_pR} \qquad\qquad (6-45)$$

当 $c_{hp} > c_{hp,d0}^{\hat{p}}$ 时，由式（6-32）可知 $\Delta_{\hat{p}}$ 不变号。把式（6-45）代入式（6-33）中，可以得到并联情况下 IHB 的双根：

$$L_{hp,d0}^{\hat{p}} = \frac{1}{C_p\omega^2} \qquad\qquad (6-46)$$

$L_{hp,d0}^{\hat{p}}$ 与电阻无关。同样，临界风速 $U_{hp,d0}^{\hat{p}}$ 的表达式可由式（6-25）和式（6-45）得到

$$\hat{U}_{hp,d0}^p = \frac{4C_pR\xi\omega + 2}{C_pR\rho_{air}b_{tip}k_1} \qquad\qquad (6-47)$$

当满足式（6-44）时，EDHBs $c_{hp,di}^{\hat{p}}$ 可表示为

$$\left.\begin{aligned} c_{hp,d1}^{\hat{p}} &= R\theta_p^2 \\[2mm] c_{hp,d2}^{\hat{p}} &= \frac{R\theta_p^2 + \sqrt{R^2\theta_p^4 + 16\omega^4}}{2} \\[2mm] c_{hp,d3}^{\hat{p}} &= \frac{R\theta_p^2 - \sqrt{R^2\theta_p^4 + 16\omega^4}}{2} \end{aligned}\right\} \qquad (6-48)$$

式中 $i = 1, 2, 3$。

由式（6-32）可知，当 c_{hp} 大于三个 $c_{hp,di}^{\hat{p}}$ 中的任何一个值时，$\Delta_{\hat{p}}$ 将会变号。当 $c_{hp,d0}^{\hat{p}} = c_{hp,d1}^{\hat{p}}$ 时，临界电阻 $R_{hp1}^{\hat{p}}$ 表达式为

$$R_{hp1}^{\hat{p}} = \frac{1}{\sqrt{C_p\theta_p^2}} \qquad\qquad (6-49)$$

同样地，$c_{hp,d0}^{\hat{p}} = c_{hp,d2}^{\hat{p}}$ 时，临界电阻 $R_{hp2}^{\hat{p}}$ 可表示为

$$R_{hp2}^{\hat{p}} = \frac{1}{\sqrt{4C_p^2\omega^4 + C_p\theta_p^2}} \qquad\qquad (6-50)$$

由式（6-48）知，$c_{hp,d3}^{\hat{p}}$ 为一个负值，因此 $c_{hp,d0}^{\hat{p}} \neq c_{hp,d3}^{\hat{p}}$。

6.3 Hopf 分叉

机电解耦分布参数模型的解析解，通过先前研究的机电耦合分布参数模型确定，该模型用于分析具有电阻-电感电路的驰振压电俘能器。为了更好地理解系统的 Hopf 分岔，选择机电解耦模型来分析系统。为了研究所得到的非线性结果，并使非线性现象更明显，采用表 6-1 所列出的悬臂梁和钝体的物理和几何参数。

表 6-1   悬臂梁和质量块的物理和几何参数

物理量	物理意义	数值大小	物理量	物理意义	数值大小
l	悬臂梁长度/mm	90	ξ	悬臂梁机械阻尼比	0.003
l_p	压电片长度/mm	42.2	ρ_{air}	空气密度/(kg/m^3)	1.29
b	悬臂梁宽度/mm	38	m_{tip}	质量块质量/g	65
b_p	压电层宽度/mm	36.2	l_{tip}	质量块长度/mm	235
h_s	悬臂梁厚度/mm	0.635	b_{tip}	质量块宽度/mm	30
h_p	压电层厚度/mm	0.267	a_1	质量块的线性气动经验系数	1.6
E_s	悬臂梁杨氏模量/(GN/m^2)	70	a_3	质量块的三次气动经验系数	−6.7
E_p	压电层杨氏模量/(GN/m^2)	62	d_{31}	压电层应变系数（PC/N）	−320
ρ_s	悬臂梁密度/(kg/m^3)	2700	ε_{33}^s	介电常数/(nF/m)	27.3
ρ_p	压电层密度/(kg/m^3)	7800			

6.3.1 电阻尼

基于机电解耦模型，EDHB 随风速度 U 而变化，如图 6-4 所示。根据式 (6-25)，发生驰振时，Q_0 一定为正值（$A-2\xi\omega-c>0$）。在这种情况下，电阻尼 c 必须小于由式 (6-27) 求得到的 c_{hp}，如图 6-4 的绿色三角形区域所示。当 $c>c_{hp}$ 时，系统保持稳定。在 $c=c_{hp}$ 的边界处，随着 c 的增加，系统经历亚临界 Hopf 分岔。驰振的最小起始风速等于最佳起始风速 $U_{opt}^0=0.965$m/s。在该临界点，电阻尼等于零。当风速 $U<U_{opt}^0$ 时，对于任何电阻和电感系统保持稳定，也就是说，具有表 6-1 中参数的系统不能获得任何能量。当 U 超过最佳起始速度 U_{opt}^0 时，c_{hp} 随着 U 的增加而线性增长，如图 6-4 中蓝线。当风速

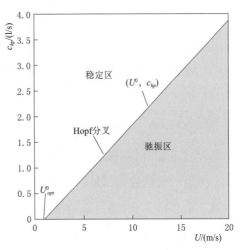

图 6-4   EDHB c_{hp} 随来流风速 U 变化，白色区域代表稳定区间，着色区域代表驰振区间

为 20m/s 时，$c_{hp}<4$s^{-1}。因此，本章中关注的是 c_{hp} 小的正值。

6.3.2 电感

如上一小节所述，电阻尼 c 对 Hopf 分岔有很大的影响。通过分析式 (6-28)，可通过电感 L 和电阻 R 的多种组合来获得 EDHB，通过 IHB L_{hp} 分析 Hopf 分岔对电路的影响。如式 (6-31) 所示，L_{hp} 取决于电阻 R 和 EDHB c_{hp}。Δ 的正负决定了 L_{hp} 实根的个数。当 $\Delta>0$ 时，L_{hp} 有两个完全不同的实根；当 $\Delta<0$ 时，L_{hp} 的根不存在；当 $\Delta=0$ 时，L_{hp} 有一对二重根。对于特殊情况 $\Delta=0$，串联和并联电路的 EDHB c_{hp} 随电阻 R 变化，如图 6-5 所示。

这些值由式 (6-36)、式 (6-41) 和式 (6-45) ～式 (6-48) 得到。对于串联电路，当电阻小于 $R_{hp,c}^{\hat{s}}$ 时，存在两个 c_{hp} 值，这是由式 (6-40) 所确定的，并且这两个实

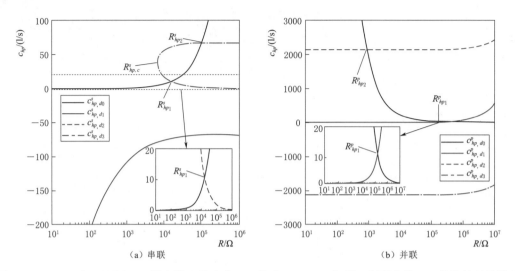

（a）串联　　　　　　　　　　　　（b）并联

图 6-5　$\Delta = 0$ 时，EDHB c_{hp} 随电阻 R 的变化，Δ 从式（6-31）解得，判别实根 L_{hp} 的数目以及类型

根 $c^{\hat{s}}_{hp,d1}$ 有一个总是负的。因此，当 $\Delta_{\hat{s}} = 0$ 时，只有一个正的 $c^{\hat{s}}_{hp,d0}$。对于这种情况，$R = 10^3 \Omega$ 时 $\Delta_{\hat{s}}$ 随 c_{hp} 的变化如图 6-6（a）所示。

当 $c_{hp} > c^{\hat{s}}_{hp,d0}$ 时，$\Delta_{\hat{s}}$ 不改变符号，这是由式（6-32）得出的。因此当且仅当 $c_{hp} = c^{\hat{s}}_{hp,d0}$ 时，对于所有正的 c_{hp}，$\Delta_{\hat{s}} > 0$ 都成立，当 $R < R^{\hat{s}}_{hp,c}$ 时 L_{hp} 总是有实根值。当电阻增加到超过 $R^{\hat{s}}_{hp,c}$ 时，存在一个负的和三个正的 $c^{\hat{s}}_{hp,di}$。$c^{\hat{s}}_{hp,d1}$ 为负，$c^{\hat{s}}_{hp,d3} > 39.39 \mathrm{s}^{-1}$。正如上小节所讨论的，$c_{hp}$ 是一个小的正值，因此 $c^{\hat{s}}_{hp,d1}$ 和 $c^{\hat{s}}_{hp,d3}$ 不会影响俘能器的非线性特性。最小的正的 $c^{\hat{s}}_{hp,di}$ 随电阻的变化对 Hopf 分岔有很大的影响。

随着电阻逐渐大于由式（6-42）得到的 $R^{\hat{s}}_{hp1}$，$c^{\hat{s}}_{hp,d2}$ 变得小于 $c^{\hat{s}}_{hp,d0}$。在此范围内，选择电阻 $R = 10^5 \Omega$，并在图 6-6（b）中绘制了 $\Delta_{\hat{s}}$ 随 c_{hp} 的变化曲线。当 $c_{hp} < c^{\hat{s}}_{hp,d2}$ 时，$\Delta_{\hat{s}} > 0$；$c_{hp} > c^{\hat{s}}_{hp,d2}$ 时，$\Delta_{\hat{s}} < 0$。由式（6-32）可知，当 $c_{hp} > c^{\hat{s}}_{hp,d2}$ 时，$\Delta_{\hat{s}}$ 变号。因此，当 c_{hp} 增加超过 $c^{\hat{s}}_{hp,d2}$ 时，L_{hp} 的实根的个数从 2 个变为 0 个。对于并联情况，所有电阻存在一个负和三个正的 $c^{\hat{p}}_{hp,di}$。对所有电阻而言，$c^{\hat{p}}_{hp,d2}$ 是大的正值，$c^{\hat{p}}_{hp,d3}$ 是负值，这两个值对 Hopf 分岔几乎没有影响。当 $R < R^{\hat{p}}_{hp1}$ 时，最小的正值 c_{hp} 为 $c^{\hat{p}}_{hp,d1}$；当 $R > R^{\hat{p}}_{hp1}$ 时，c_{hp} 为 $c^{\hat{p}}_{hp,d0}$。对于小的电阻，例如 $R = 10^4 \Omega$，在图 6-6（c）中绘制了 $\Delta_{\hat{p}}$ 随 c_{hp} 变化曲线。类似于串联电路的大电阻（$R > R^{\hat{s}}_{hp1}$），当 $c_{hp} < c^{\hat{p}}_{hp,d1}$ 时，L_{hp} 有两个完全不同的实根。在 $c^{\hat{p}}_{hp,d1}$ 之后，L_{hp} 没有实根。对于大的外载电阻（$R > R^{\hat{p}}_{hp1}$），L_{hp} 总是存在正根，如图 6-6（d）所示。

从上面的讨论可以看出，当外载电阻大于或小于 R_{hp1} 时，串联和并联连接的 IHB L_{hp} 存在两种不同的情况。对于串联电路，在 $R = 10^3 \Omega$、$R = 10^5 \Omega$ 时，IHB 随风速 U 的

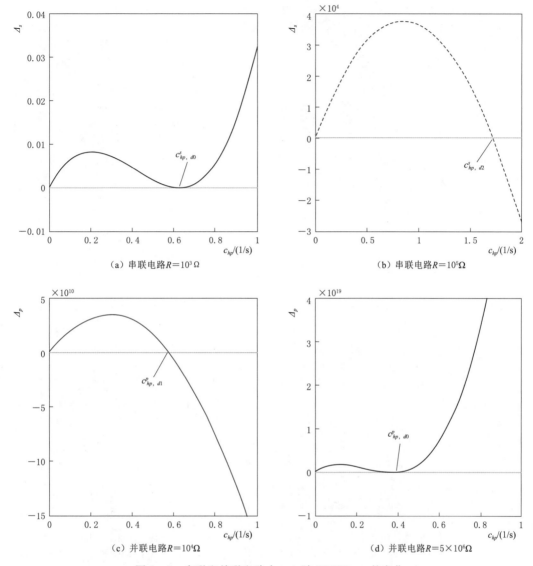

图 6-6　串联和并联电路中，Δ 随 EDHB c_{hp} 的变化

变化与修正频率所对应的 Hopf 分岔（MFHB）随风速 U 的变化，分别如图 6-7、图 6-8 所示。

对于小电阻（$R < R_{hp1}^{\hat{s}}$）而言，例如电阻 $R = 10^3\,\Omega$，当 $U < U_{L\to\infty}^0$ 时，系统保持稳定，其中 $U_{L\to\infty}^0$ 是 $L\to\infty$ 时的驰振起始风速，其值由式（6-25）求出，电阻尼 $c = c_{\hat{s}}^{L\to\infty}$ 则由式（6-18）求出。由式（6-18）可知，$c_{\hat{s}}^{L\to\infty} = 0$，故 $U_{L\to\infty}^0 = U_{opt}^0$。因此，根据图 6-4，对所有电感而言，$U_{L\to\infty}^0$ 是发生驰振的最小起始风速。随着风速从 $U_{L\to\infty}^0$ 增加到 $U_{L\to0}^0$，只有一个正的 IHB。在 $U_{L\to0}^0$ 之后除了 $U = U_{hp,d0}^{\hat{s}}$ 的情况之外，都存在两个正的 IHB，即 $L_{hp1}^{\hat{s}}$ 和 $L_{hp2}^{\hat{s}}$。$L_{hp1}^{\hat{s}}$ 和 $L_{hp2}^{\hat{s}}$ 由式（6-31）确定，而 $U_{hp,d0}^{\hat{s}}$ 则通过式（6-38）求解得到。

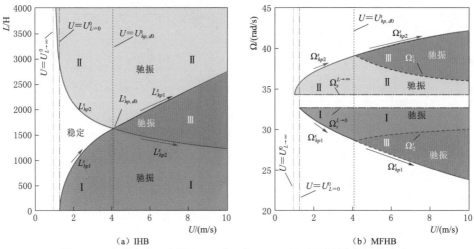

（a）IHB　　　　　　　　　　（b）MFHB

图 6-7　串联电路，电阻 $R=10^3\,\Omega$ 的 IHB、MFHB 随风速 U 的变化。
白色区域代表稳定区间，着色区域代表驰振区间

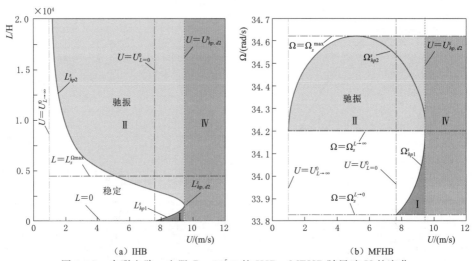

（a）IHB　　　　　　　　　　（b）MFHB

图 6-8　串联电路，电阻 $R=10^5\,\Omega$ 的 IHB、MFHB 随风速 U 的变化。
白色区域代表稳定区间，着色区域代表驰振区间

如图 6-6（a）所示，在临界点 $U=\hat{U}^{\hat{s}}_{hp,d0}$ 处，由于 $c_{hp}=\hat{c}^{\hat{s}}_{hp,d0}$ 时 $\Delta_{\hat{s}}=0$，因此此处只有一个正的 IHB。当风速在 $U^0_{L\to0}$ 和 $\hat{U}^{\hat{s}}_{hp,d0}$ 之间，且 $L\leqslant\hat{L}^{\hat{s}}_{hp1}$（区域 I）或 $L\geqslant\hat{L}^{\hat{s}}_{hp2}$（区域 II）时，系统发生驰振，修正频率对应区域（区域 I 和 II）如图 6-7（b）所示。区域 I 和区域 II 分别位于 $\hat{\Omega}^{\hat{s}}_{hp1}\leqslant\Omega\leqslant\Omega^{L\to0}_{\hat{s}}$ 和 $\Omega^{L\to\infty}_{\hat{s}}\leqslant\Omega\leqslant\hat{\Omega}^{\hat{s}}_{hp2}$ 之间，$\Omega^{L\to0}_{\hat{s}}$ 和 $\Omega^{L\to\infty}_{\hat{s}}$ 可通过式（6-16）求解，$\hat{\Omega}^{\hat{s}}_{hp1}$ 和 $\hat{\Omega}^{\hat{s}}_{hp2}$ 由式（6-17）和 $L=\hat{L}^{\hat{s}}_{hp1}$、$L=\hat{L}^{\hat{s}}_{hp2}$ 联合确定。当 $\hat{L}^{\hat{s}}_{hp1}<L<\hat{L}^{\hat{s}}_{hp2}$ 时，系统保持稳定。随着风速增大并超过 $\hat{U}^{\hat{s}}_{hp,d0}$，$\hat{L}^{\hat{s}}_{hp1}$ 开始大于 $\hat{L}^{\hat{s}}_{hp2}$。与 $U^0_{L\to0}<U<\hat{U}^{\hat{s}}_{hp,d0}$ 时的情况不同，在 $L=\hat{L}^{\hat{s}}_{hp1}$ 和 $L=\hat{L}^{\hat{s}}_{hp2}$ 之间，系统经历了驰振，在图中标记为区域 III。和区域 I 或者区域 II 相比，修正频率存在两个分离的区域 III。这是由于风速在这个区

域时，存在两个正实修正频率解锁导致的，这两个修正频率可由式（6-17）和 $L=L_{hp1}^{\hat{s}}$ 或 $L=L_{hp2}^{\hat{s}}$ 联立求解。比如，$\Omega_{hp1}^{\hat{s}}$ 和 $\Omega_{hp2}^{\hat{s}}$ 同时从式（6-17）与 $L=L_{hp1}^{\hat{s}}$ 联立时解得，其他的根 $\Omega_{1}^{\hat{s}}$ 和 $\Omega_{2}^{\hat{s}}$ 形成修正频率的两个分离区域Ⅲ。实际上，当从区域Ⅲ中选择电感时，每个区域Ⅲ中的两个不同的修正频率可从式（6-17）获得。当电感位于区Ⅰ或区Ⅱ时，只有一个正的修正频率，同样可由式（6-17）求解。

当外载电阻变大（$R>R_{hp1}^{\hat{s}}$）时，例如 $R=10^5\Omega$，IHB 和 MFHB 随风速的变化如图 6-8 所示。与小外载电阻 $R=10^3\Omega$ 的情况类似，最小起始风速为 $U_{L\to\infty}^0$。当 $U_{L\to\infty}^0<U<U_{L\to0}^0$ 时，仅存在一个正的 IHB 或 MFHB。当 $U_{L\to0}^0<U<U_{hp,d2}^{\hat{s}}$ 时，系统有两个正的 IHBs，即 $L_{hp1}^{\hat{s}}$ 和 $L_{hp2}^{\hat{s}}$，和两个 MFHBs，$\Omega_{hp1}^{\hat{s}}$ 和 $\Omega_{hp2}^{\hat{s}}$。当风速超过 $U_{hp,d2}^{\hat{s}}$（区域Ⅳ）时，所有电感都会发生驰振。与小外载电阻 $R=10^3\Omega$ 的情况不同的是，当 $U>U_{hp,d2}^{\hat{s}}$ 时，不存在 IHB 或 MFHB，这是由于随着风速大于 $U_{hp,d2}^{\hat{s}}$（或电阻尼超过 $c_{hp,d2}^{\hat{s}}$），$\Delta_{\hat{s}}$ 改变符号，如图 6-6（b）所示。因此，当 $U>U_{hp,d2}^{\hat{s}}$ 时 $\Delta_{\hat{s}}<0$。此外，当 $L=L_{\hat{s}}^{\max}$（区域Ⅱ和Ⅳ）时，出现最大修正频率 $\Omega_{\hat{s}}^{\max}$，$\Omega_{\hat{s}}^{\max}$ 和 $L_{\hat{s}}^{\max}$ 可由式（6-19）代入式（6-20）求解得到。当 $L_{\hat{s}}^{\max}$ 在稳定区（白色区）时，修正频率的边界是 $\Omega_{\hat{s}}^{L\to\infty}<\Omega<\Omega_{hp2}^{\hat{s}}$。当 $L_{\hat{s}}^{\max}$ 进入到区域Ⅱ或区域Ⅳ之后，最大频率变为 $\Omega_{\hat{s}}^{\max}$。

对于并联电路，IHB 和 MFHB 在 $R=10^4\Omega$（$R<R_{hp1}^{\hat{p}}$）和 $R=5\times10^6\Omega$（$R>R_{hp1}^{\hat{p}}$）时随风速 U 的变化如图 6-9 和图 6-10 所示。当外载电阻较小时（$R<R_{hp1}^{\hat{p}}$），电感和修正频率的曲线与大外载电阻（$R>R_{hp1}^{\hat{s}}$）的情况类似。当风速增加超过 $U=U_{hp,d1}^0$ 时，IHB 和 MFHB 消失且所有电感都发生驰振，这种现象与图 6-6（c）所示的结果一致。与串联连接的 $R=10^5\Omega$ 情况不同，发生驰振的最小起始速度是 $U_{L\to0}^0$，而不是 $U_{L\to\infty}^0$。由式（6-24）可知 $c_{\hat{p}}^{L\to0}=0$，当 $c=0$ 时产生最小起始风速。此外，是最小修正频率 $\Omega_{\hat{p}}^{\min}$ 而不是最大修正频率。当 $L_{\hat{p}}^{\min}$ 处于区域Ⅰ或Ⅳ时，出现 $\Omega_{\hat{p}}^{\min}$。如图 6-10 所示，当大外载电阻 $R=5\times10^6\Omega$（$R>R_{hp1}^{\hat{s}}$）作并联连接时，IHB 和 MFHB 随风速的变化与小外载电阻 $R=10^3\Omega$（$R<R_{hp1}^{\hat{s}}$）作串联连接时相似。唯一的区别是发生驰振的最小的起始风速是 $U_{L\to0}^0$，而不是 $U_{L\to\infty}^0$。

如上所述，外载电阻对串联和并联连接的 IHB、MFHB 都具有很大影响。图 6-11 为更多不同的外载电阻的 IHB 和 MFHB，以进一步分析外载电阻对这两个变量的影响。

对于串联连接而言，当 $R<R_{hp1}^{\hat{s}}$ 且 $U>U_{hp,d0}^{\hat{s}}$ 时，存在两个正的 IHB；当 $R>R_{hp1}^{\hat{s}}$ 且 $U>U_{hp,d2}^{\hat{s}}$ 时，没有正的 IHB。如图 6-7 和图 6-8 所示，当风速小于 $U_{hp,d0}^{\hat{s}}$（$R<R_{hp1}^{\hat{s}}$）或 $U_{hp,d2}^{\hat{s}}$（$R>R_{hp1}^{\hat{s}}$）时，电感的稳定区域位于 $L_{hp1}^{\hat{s}}$ 和 $L_{hp2}^{\hat{s}}$ 的左侧。因此，外载电阻对 IHB 的影响可以由 $L_{hp,d0}^{\hat{s}}$ 和 $U_{hp,d0}^{\hat{s}}$（$R<R_{hp1}^{\hat{s}}$）或者 $L_{hp,d2}^{\hat{s}}$ 和 $U_{hp,d2}^{\hat{s}}$（$R>R_{hp1}^{\hat{s}}$）之间的关系来表示。为了更好地呈现外载电阻对 IHB 的影响，在图 6-12（a）和图 6-12（b）中

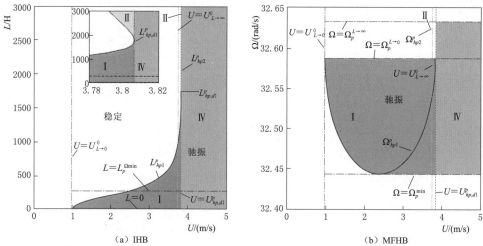

(a) IHB

(b) MFHB

图 6-9　并联电路，电阻 $R=10^4\,\Omega$ 的 IHB 和 MFHB 随风速 U 的变化。
白色区域代表稳定区间，着色区域代表驰振区间

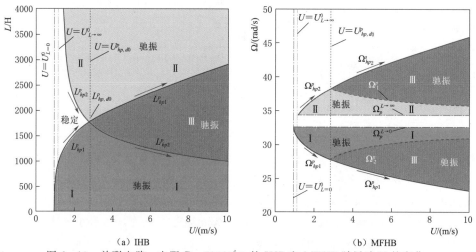

（a）IHB

（b）MFHB

图 6-10　并联电路，电阻 $R=5\times10^6\,\Omega$ 的 IHB 和 MFHB 随风速 U 的变化。
白色区域代表稳定区间，着色区域代表驰振区间

绘制了 $L^{\hat{s}}_{hp,d0}$、$L^{\hat{s}}_{hp,d2}$、$L^{\hat{s}}_{hp,d2}$ 和 $U^{\hat{s}}_{hp,d2}$ 随 R 的变化规律。由图 6-12（a）可知，随着外载电阻逐渐趋近于 $R^{\hat{s}}_{hp1}$，$U^{\hat{s}}_{hp,d0}$ 或 $U^{\hat{s}}_{hp,d2}$ 也随之增加。

当外载电阻接近 $R^{\hat{s}}_{hp1}$ 时，电感的稳定区域增加，如图 6-11（a）所示。从图 6-11（b）可以看出，$L^{\hat{s}}_{hp,d0}$ 对所有外载电阻保持恒定。通过式（6-37）可知，$L^{\hat{s}}_{hp,d0}$ 与外载电阻无关，而 $L^{\hat{s}}_{hp,d2}$ 随着外载电阻的增加而减小。$L^{\hat{s}}_{hp,d0}$、$L^{\hat{s}}_{hp,d2}$、$U^{\hat{s}}_{hp,d0}$ 和 $U^{\hat{s}}_{hp,d0}$ 的组合效应随 R 的变化可用于绘制图 6-11（a）中的 $L^{\hat{s}}_{hp,d0}$（$L^{\hat{s}}_{hp,d2}$）随 $U^{\hat{s}}_{hp,d0}$（$U^{\hat{s}}_{hp,d2}$）的变化。对所有外载电阻而言，并联连接也有类似现象，除非 $L^{\hat{p}}_{hp,d0}=L^{\hat{p}}_{hp,d1}=1/C_p\omega^2$。因此，$L^{\hat{p}}_{hp,d0}$ 随 $U^{\hat{p}}_{hp,d0}$ 变化的曲线与 $L^{\hat{p}}_{hp,d1}$ 随 $U^{\hat{p}}_{hp,d1}$ 变化的曲线重合，如图 6-11（c）所示。

此外，串联时所有外载电阻的最小风速为 $U_{L\to\infty}^0$，而并联的最小风速为 $U_{L\to 0}^0$。对于串联电路而言，随着外载电阻的增加，驰振修正频率的范围减小，如图 6-11（b）所示。例如，当 $R=10^3\Omega$ 时，随风速增加到 34.45m/s，小的 MFHB $\Omega_{hp1}^{\hat{s}}$ 接近 0。换言之，只要风速大于 34.45m/s，仅需 $R=10^3\Omega$ 就可以获得非常小驰振的修正频率。还注意到，所有外载电阻的 MFHB 从同一点（$U_{L\to\infty}^0$，$\Omega_s^{L\to\infty}$）开始。对于不同的外载电阻，另一个起始点位于 $\Omega_s^{L\to 0}$ 随 $U_s^{L\to 0}$ 变化的红色虚线上，$\Omega_s^{L\to 0}$ 和 $U_s^{L\to 0}$ 随外载电阻的变化如图 6-12（c）和图 6-12（d）所示。在纯电阻电路中，发生驰振的起始风速和修正频率随外载电阻变化的类似现象出现在驰振和基底振动的俘能器中。事实上，$L\to 0$ 的串联连接就会退化成没有电感的电路，如图 6-2 所示。

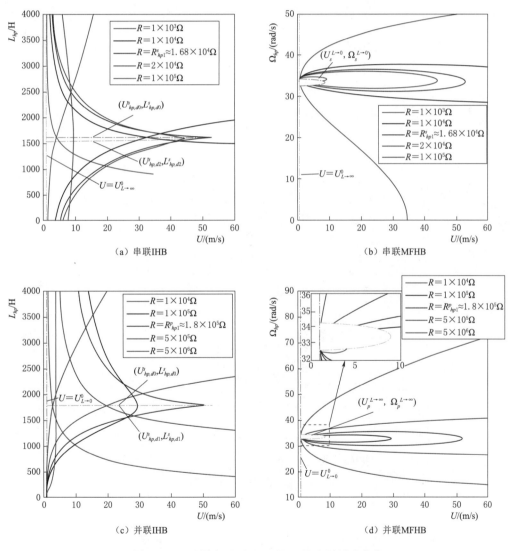

图 6-11　不同电阻下 IHB 和 MFHB 随风速变化

与串联连接不同的是，并联连接的修正频率范围随着外载电阻的增大而增大，如图 6-11（d）所示。对所有的外载电阻而言，修正频率从相同点（$U_{L\to 0}^0$，$\Omega_{\hat{p}}^{L\to 0}$）开始，而非（$U_{L\to\infty}^0$，$\Omega_{\hat{p}}^{L\to\infty}$）点。此外，对于不同的外载电阻，另一个起始点位于 $\Omega_{\hat{p}}^{L\to\infty}$ 随 $U_{\hat{p}}^{L\to\infty}$ 变化的浅绿色虚线上。在图 6-12（c）和图 6-12（d）中，$\Omega_{\hat{p}}^{L\to\infty}$ 或 $U_{\hat{p}}^{L\to\infty}$ 随外载电阻变化的曲线与 $\Omega_{\hat{s}}^{L\to 0}$ 或 $U_{\hat{s}}^{L\to 0}$ 随外载电阻变化的曲线重合，这是因为与 $L\to\infty$ 并联连接也可简化为如图 6-3 所示的纯外载电阻电路。因此，$L\to 0$ 的串联连接相当于 $L\to\infty$ 的并联电路。

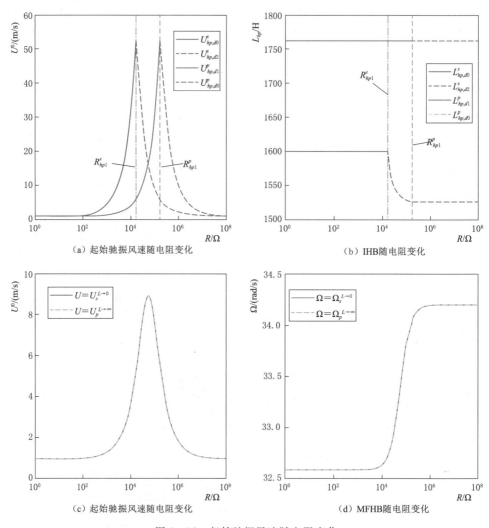

图 6-12 起始驰振风速随电阻变化

6.4 结果分析

通过以上非线性的分析研究，明确了压电俘能器边界，得到了一些非线性现象。在此基础上，分别研究电阻和电感对串联、并联电路的修正频率、阻尼、位移及采集功率的影响。应用所得到的解析解边界，举例研究各参数的边界，并结合各风速、电阻及电感下的时域图、相位图以及频谱图加以验证说明，确认以上计算结果的准确性。

6.4.1 电感对串联电路的影响

对于电感和电阻串联的电路，当 $R = 10^3 \Omega$ 且 $U = 2.5\,\text{m/s}$ 时，修正频率、电阻尼、平均采集功率和位移随电感 L 变化曲线绘制在图 6-13 中，解析解可由式（6-16）代入式（6-23）中计算得到。将式（6-16）和式（6-17）求解的数值结果表示为蓝色实心圆（Small IC）。

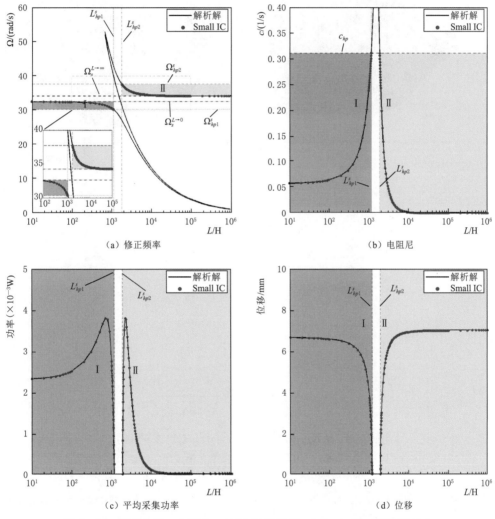

图 6-13 串联电路，电阻 $R = 10^3 \Omega$ 和风速 $U = 2.5\,\text{m/s}$ 时，修正频率 Ω、
电阻尼 c、平均采集功率和位移随电感 L 的变化。
"Small IC" 表示以小的初始条件得到的数值解

对于一个特殊电感 $L = 600\text{H}$ 而言，位移的时域曲线绘制在图 3-14（a）中，图例"Small IC"为图 6-14（a）和图 6-14（b）中的时域图和相位图中所示的数值结果选择为小的初始条件。时域曲线从较小的初始条件开始，然后在60s左右稳定。相位图从一个小圆圈开始，然后逐渐扩展，最后以一个更大的圆圈稳定。位移的幅值［图6-13（d）中的实心圆］是由稳定解的振幅获得的，例如60s后位移的振幅。使用图6-14（c）中的稳定数值结果（60s后的数据）绘制位移的频谱图。从频谱图得到的修正频率和位移分别为31.79rad/s、5.805mm，与解析解31.79rad/s、5.828mm的结果吻合。

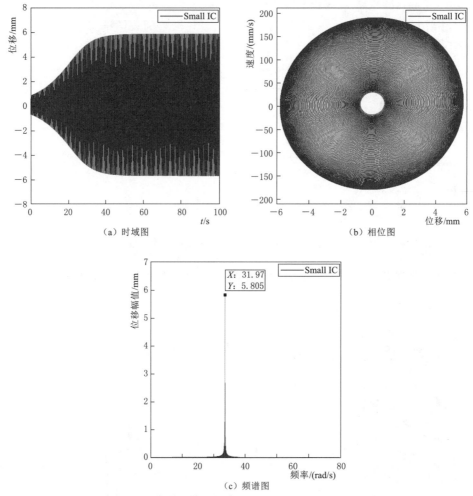

图6-14 串联电路，电感 $L=600\text{H}$，电阻 $R=103\Omega$，
风速 $U=2.5\text{m/s}$ 时，位移的时域图、相位图、频谱图。
"Small IC"表示以小的初始条件得到的数值解

在图6-13（a）中，$\Omega_{\hat{s}}$ 有一个或三个解析解（黑线）。当 $L<700\text{H}$ 时，$\Omega_{\hat{s}}$ 只存在一个解析解；当 $L \geqslant 700\text{H}$ 时，对于 L 和 R 的每个给定组合，存在三个修正频率。当 $R=10^3\Omega$ 且 $U=2.5\text{m/s}$ 时，IHB $L_{hp1}^{\hat{s}}$ 和 $L_{hp2}^{\hat{s}}$ 分别是1160.38H、1884.24H，MFHB $\hat{\Omega}_{hp1}^{\hat{s}}$ 和 $\Omega_{hp2}^{\hat{s}}$ 分别是30.32rad/s 和37.68rad/s，$\Omega_{\hat{s}}^{L\to0}$ 和 $\Omega_{\hat{s}}^{L\to0}$ 分别是32.59rad/s、34.2rad/s。发生驰振的区域Ⅰ和Ⅱ由图6-13（a）中的 $L_{hp1}^{\hat{s}}$、$L_{hp1}^{\hat{s}}$、$L_{hp1}^{\hat{s}}$、$L_{hp1}^{\hat{s}}$、$\hat{\Omega}_{hp2}^{\hat{s}}$、$\Omega_{\hat{s}}^{L\to0}$ 和 $\Omega_{\hat{s}}^{L\to\infty}$

界定。在 $L=3000\mathrm{H}$ 时，解析修正频率为 35.68rad/s、24.96rad/s 和 22.82rad/s。但是，24.96rad/s 和 22.82rad/s 不在区域Ⅱ中。从频谱图中获得的唯一修正频率是 35.68rad/s，如图 6-15（c）所示。

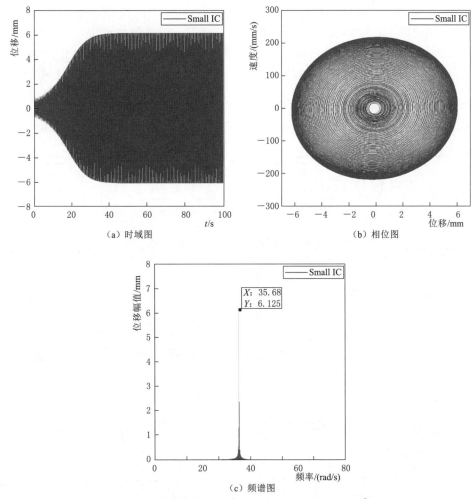

图 6-15　串联电路，电感 $L=3000\mathrm{H}$、电阻 $R=10^3\,\Omega$、
风速 $U=2.5\mathrm{m/s}$ 时，位移的时域图、相位图、频谱图。
"Small IC"表示以小的初始条件得到的数值解

　　因此，数值解在区域Ⅰ或Ⅱ中。如图 6-4 所示，在 $U=2.5\mathrm{m/s}$ 时临界阻尼 c_{hp} 为 $0.311\mathrm{s}^{-1}$。电阻尼的数值解落入由 c_{hp}、$L_{hp1}^{\hat{s}}$ 和 $L_{hp2}^{\hat{s}}$ 限定的区域Ⅰ和区域Ⅱ中，如图 6-13（b）所示。区域Ⅰ中的电阻尼随电感 L 增加而增加，而区域Ⅱ中的电阻尼随 L 增加而减小。平均功率随电感 L 的变化如图 6-13（c）所示。区域Ⅰ中的平均功率逐渐增加到最大值，然后在临界电感 $L_{hp1}^{\hat{s}}$ 处急剧下降为零。随着区域Ⅱ中电感 L 的增加，在临界电感时的平均功率从零开始增加到最大值，然后减少到零。图 6-13（d）显示了位移随电感 L 的变化。随着区域Ⅰ中 L 的增加，位移在 $L=L_{hp1}^{\hat{s}}$ 处减小为零，而在区域Ⅱ中，

位移在 $L = L_{hp2}^{\hat{s}}$ 处从零开始随 L 增加而增加。系统分别在 $L = L_{hp1}^{\hat{s}}$ 和 $L = L_{hp2}^{\hat{s}}$ 处经历亚临界和超临界 Hopf 分岔。在与 Hopf 分岔相对应的电感附近，修正频率、电阻尼、平均采集功率和位移随电感 L 显著变化，随着电感远离对应于 Hopf 分岔的电感，它们几乎与电感无关。

当 $R = 10^3 \Omega$ 且 $U = 10\mathrm{m/s}$ 时，修正的频率、电阻尼、平均采集功率和位移随电感 L 的变化如图 6-16 所示。以小初始条和大初始条件获得的数值结果在图中分别显示为蓝色圆形和品红色菱形，解析结果与数值计算的结果一致。如图 6-7 所示，当 $U = 10\mathrm{m/s}$，MFHB $\Omega_{hp1}^{\hat{s}}$ 和 $\Omega_{hp2}^{\hat{s}}$ 分别为 23.74rad/s、42.1rad/s，临界修正频率 $\Omega_1^{\hat{s}}$ 和 $\Omega_2^{\hat{s}}$ 分别为 35.93rad/s、30.03rad/s，IHB $L_{hp1}^{\hat{s}}$ 和 $L_{hp2}^{\hat{s}}$ 分别为 2732.7H、1241.5H。值得注意的是，

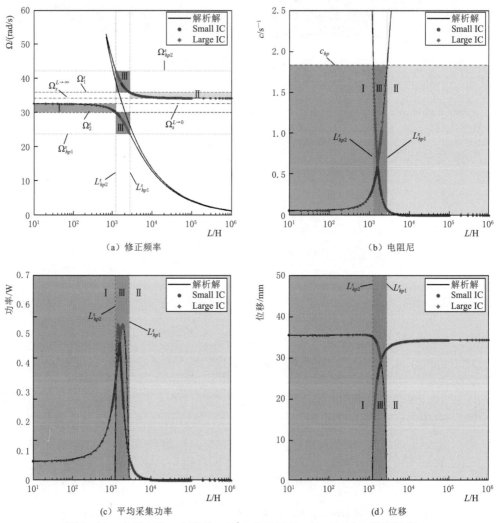

（a）修正频率 　　　　　　　　　　　（b）电阻尼

（c）平均采集功率 　　　　　　　　　（d）位移

图 6-16　串联电路，电阻 $R = 10^3 \Omega$ 和风速 $U = 10\mathrm{m/s}$ 时，修正频率 Ω、
电阻尼 c、平均采集功率和位移随电感 L 的变化。

"Small IC"表示以小的初始条件得到的数值解，"Large IC"表示以大的初始条件得到的数值解

在图 6-16（a）中，数值解处于 $\Omega_1^{\hat{s}}$、$\Omega_2^{\hat{s}}$、$L_{hp1}^{\hat{s}}$、$L_{hp2}^{\hat{s}}$、$\Omega_{hp1}^{\hat{s}}$、$\Omega_{hp2}^{\hat{s}}$、$\Omega_s^{L\to 0}$ 和 $\Omega_s^{L\to\infty}$ 限定的区域 I、II 和 III 中，该区发生驰振并用颜色填充。在区域 I 或 II 中只有一个数值解，区域 III 有两个分离的区域，包含具有大和小初始条件的两个数值解。不同数目的数值解取决于电感 L，主要是由 $L=L_{hp2}^{\hat{s}}$ 和 $L=L_{hp1}^{\hat{s}}$ 时分别出现的超临界和亚临界 Hopf 分岔引起的。与小初始条件修正频率相比，对应于大初始条件的修正频率与 $\Omega_s^{L\to 0}$ 或 $\Omega_s^{L\to\infty}$ 相差较大。

如图 6-4 所示，在 $U=10\mathrm{m/s}$ 时临界阻尼 c_{hp} 为 $1.831\mathrm{s}^{-1}$。电阻尼的数值解在由 c_{hp}、$L_{hp1}^{\hat{s}}$ 和 $L_{hp2}^{\hat{s}}$ 限定的区域 I、II 和 III 内，如图 6-16（b）所示。小初始条件数值结果对应于小的电阻尼，而大初始条件的数值结果对应于大的电阻尼。可以预料，具有大电阻尼的数值结果更难以实现，大阻尼和小阻尼的交叉点 L 约为 1600H。

平均采集功率随电感 L 的变化如图 6-16（c）所示，随着 L 从 10H 开始增加，平均功率仅在区域 I 小的初始条件下逐渐增加，进入区域 III 后，较小初始条件平均采集功率继续增加，然后被较大初始条件 $L=1600\mathrm{H}$ 取代。在大初始条件下平均功率增加到最大值，然后在 $L_{hp1}^{\hat{s}}$ 时急剧减少到零。当 L 从 $10^6\mathrm{H}$ 开始减少时，区域 II 中小初始条件下，平均功率从零开始，然后在区域 III 中增加到最大值，在 $L_{hp2}^{\hat{s}}$ 时急剧下降。同样，在 $L=1600\mathrm{H}$ 时，较小初始条件的平均功率被区域 III 中的大初始条件代替。

与获得的能量类似，图 6-16（d）显示了位移随 L 变化，同时也被 IHB $L_{hp1}^{\hat{s}}$ 和 $L_{hp2}^{\hat{s}}$ 分为区域 I、III 和 II。当 L 从 10H 增加时，区域 I 中的位移平滑过渡并且在进入 III 区之前减小，在进入区域 III 之后，小初始条件的位移继续减小并且被从 $L=1600\mathrm{H}$ 开始的大初始条件的位移替代，然后在 $L_{hp1}^{\hat{s}}$ 处急剧减小到零。当 L 从 $10^6\mathrm{H}$ 减小时，位移从大振幅开始并且在区域 II 中平滑过渡，然后在进入区域 III 之前减小，进入 III 区后，位移在 $L_{hp2}^{\hat{s}}$ 处急剧下降至零，同样，初始条件较小的位移被 $L=1600\mathrm{H}$ 时大初始条件位移所取代。

在区域 III 中，以位移的时域曲线、相位和频谱图分析图 6-17 和图 6-18 中具有不同初始条件的两种不同数值解。当 $L=1500\mathrm{H}$ 时，大初始条件（品红线）和小初始条件（蓝线）的时域图、相位图和频谱图，如图 6-17 中（a）～（c）所示。从图中可以发现，当时间在时域曲线中的稳定范围时，具有大初始条件的位移幅值小于小初始条件的幅值。类似地，具有大初始条件的相位稳定周期小于小初始条件的稳定周期。频谱图中，修正频率的数值解为 $39.7\mathrm{rad/s}$（大的初始条件）、$28.99\mathrm{rad/s}$（小的初始条件）。解析解和数值解吻合度较好。如图 6-18（a）、（b）所示，在 $L=1800\mathrm{H}$ 时，小初始条件的位移幅值小于大初始条件幅值。从相位来看，小初始条件的位移速度大于大初始条件的速度。这是因为在图 6-18（c）中，小初始条件的修正频率远大于大初始条件的修正频率。

图 6-19～图 6-21 为外载电阻 R 增加到 $10^5\Omega$ 且风速 $U=2.5\mathrm{m/s}$、$9\mathrm{m/s}$、$10\mathrm{m/s}$ 时，修正频率、电阻尼、平均采集功率和位移幅值随电感 L 的变化。发生驰振时（彩色区域），解析解和数值解一致。由图 6-8 知，当 $U=2.5\mathrm{m/s}$ 时，$\Omega_s^{L\to\infty}$、$\Omega_{hp2}^{\hat{s}}$ 和 $L_{hp2}^{\hat{s}}$ 的值分别为 $34.2\mathrm{rad/s}$、$34.53\mathrm{rad/s}$、$7668\mathrm{H}$。如图 6-19（a）所示，修正频率的区域 II 由

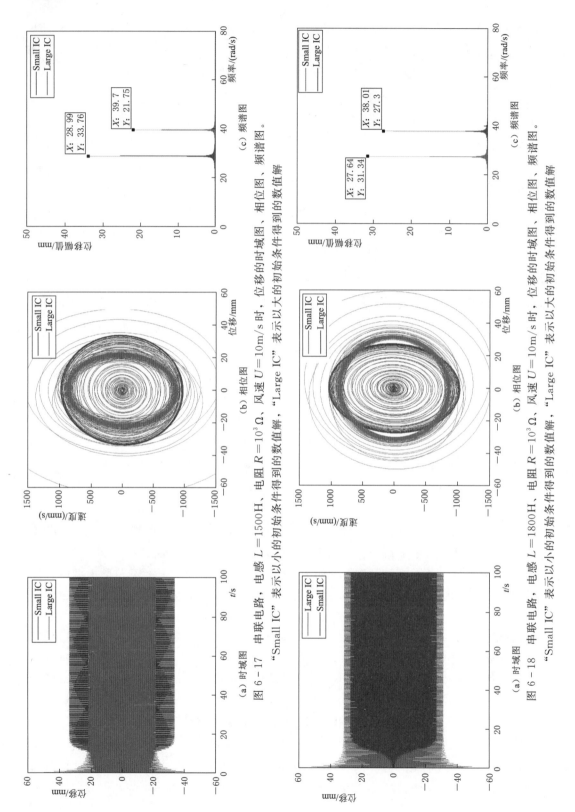

图 6 - 17 串联电路，电感 $L = 1500\,\text{H}$，电阻 $R = 10^3\,\Omega$，风速 $U = 10\,\text{m/s}$ 时，位移的时域图，相位图，频谱图的数值解。"Small IC"表示以小的初始条件得到的数值解，"Large IC"表示以大的初始条件得到的数值解

图 6 - 18 串联电路，电感 $L = 1800\,\text{H}$，电阻 $R = 10^3\,\Omega$，风速 $U = 10\,\text{m/s}$ 时，位移的时域图，相位图，频谱图的数值解。"Small IC"表示以小的初始条件得到的数值解，"Large IC"表示以大的初始条件得到的数值解

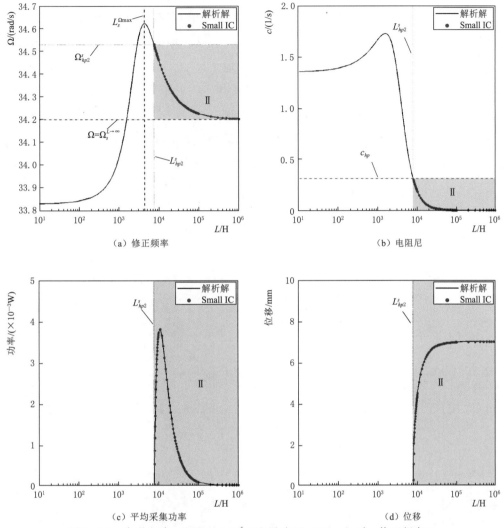

图 6-19 串联电路，电阻 $R=10^5\,\Omega$ 和风速 $U=2.5\text{m/s}$ 时，修正频率 Ω、
电阻尼 c、平均采集功率和位移随电感 L 的变化。
"Small IC" 表示以小的初始条件得到的数值解

$\Omega_s^{L\to\infty}$、$\hat{\Omega}_{hp2}^s$ 和 $\hat{L}_{hp2}^s$ 限定，且最大修改频率是 $\hat{\Omega}_{hp2}^s$，这是因为 $\hat{L}_{hp2}^s > L_s^{\Omega\max}$。在图 6-19
(b) 中，当 $U=2.5\text{m/s}$ 时，数值电阻尼小于从图 6-4 得到的 $c_{hp}=0.311\text{s}^{-1}$。与 $R=$
$10^3\,\Omega$ 的情况不同，仅当 $L>\hat{L}_{hp2}^s$ 时才获得数值解的平均采集功率和位移。

从图 6-8 可知，$U_{L=0}^0=7.62\text{m/s}>2.5\text{m/s}$，因此仅当 $L>\hat{L}_{hp2}^s$ 时才发生驰振。如
图 6-20 所示，风速增加到大于 $U_{L=0}^0$，例如 9m/s，当 $L<\hat{L}_{hp1}^s$（除过 $L>\hat{L}_{hp2}^s$）时发生
驰振。由图 6-8 可知，在该风速下，发现 $\Omega_s^{L\to0}$、$\hat{\Omega}_{hp1}^s$、$\hat{L}_{hp1}^s$ 和 $\hat{L}_{hp2}^s$ 分别为 33.38rad/s、
33.98rad/s、830.5H、2217H。如图 6-20 (a) 所示，修正频率的区域 I 和 II 由 $\Omega_s^{L\to0}$、
$\hat{L}_{hp1}^s$、$\hat{L}_{hp1}^s$、$\hat{L}_{hp2}^s$、$\Omega_s^{L\leftrightarrow\infty}$ 和 $\hat{L}_s^s<L_s^{\Omega\max}$ 限定。由于 $\hat{L}_{hp2}^s<L_s^{\Omega\max}$，所以最大修正频率是

$\Omega_s^{\Omega\max}$ 而不是 $\Omega_{hp2}^{\hat{s}}$，用两个电感获得在 $\Omega_{hp2}^{\hat{s}}<\Omega<\Omega_s^{\Omega\max}$ 范围内的修正频率。从图 6-4 可以看出，当 $U=9\text{m/s}$ 时，c_{hp} 为 1.63s^{-1}。图 6-20（b）中的电阻尼区域 I 和 II 由 $L_{hp1}^{\hat{s}}$、$L_{hp2}^{\hat{s}}$ 和 c_{hp} 界定，在区域 I 中，采集功率和位移都随 L 减小，并且当 $L=L_{hp1}^{\hat{s}}$ 时变为零。随着区域 II 中电感 L 增加，位移先增加然后保持恒定，而采集功率先急剧增加到最大值然后减小到零。随着风速进一步增加到 10m/s，图 6-8 中 $L_{hp2}^{\hat{s}}$、$L_{hp2}^{\hat{s}}$ 消失。在该风速下，图 6-21 中给出了修正频率、电阻尼、平均采集功率和位移的幅值随电感 L 的变化曲线。

由图可知，所有电感均发生驰振，修正频率的驰振范围从 $L_{hp2}^{\hat{s}}$ 到 $L_{hp2}^{\hat{s}}$。随电感改变的电阻尼小于 c_{hp}，且电感在 $100\sim10000\text{H}$ 之间对采集功率和位移有很大的影响。

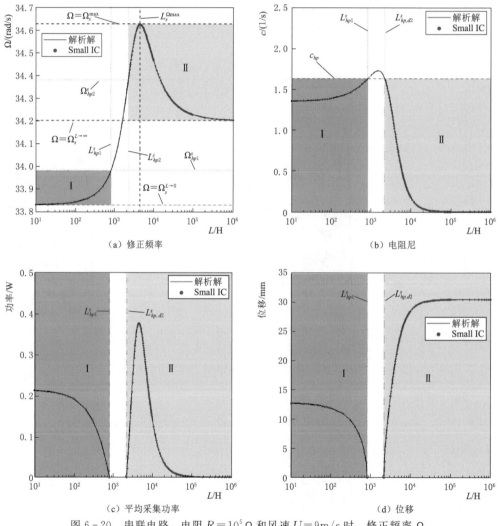

（a）修正频率 （b）电阻尼

（c）平均采集功率 （d）位移

图 6-20　串联电路，电阻 $R=10^5\Omega$ 和风速 $U=9\text{m/s}$ 时，修正频率 Ω、
电阻尼 c、平均采集功率和位移随电感 L 的变化。
"Small IC" 表示以小的初始条件得到的数值解

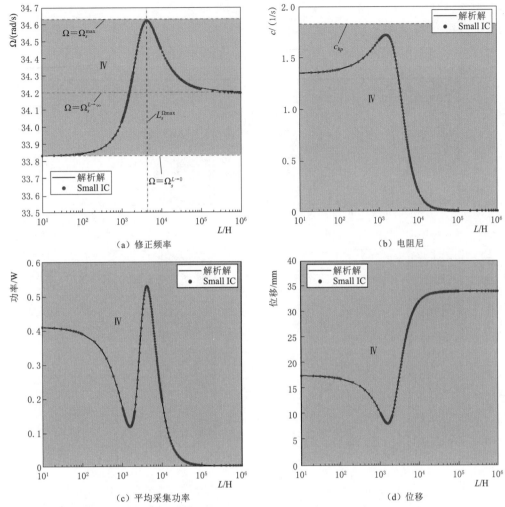

（a）修正频率　　　　　　　　　　　　（b）电阻尼

（c）平均采集功率　　　　　　　　　　（d）位移

图 6-21　串联电路，电阻 $R=10^5\,\Omega$ 和风速 $U=10\mathrm{m/s}$ 时，修正频率 Ω、
电阻尼 c、平均采集功率和位移随电感 L 的变化。
"Small IC"表示以小的初始条件得到的数值解

6.4.2　电感对并联电路的影响

图 6-22～图 6-25 为电感与外载电阻并联时，修正频率、电阻尼、平均采集功率和位移幅值随不同风速和外载电阻变化的曲线，解析解与数值结果吻合较好。与图 6-19～图 6-23 相比，小外载电阻 $R=10^4\,\Omega$ 时的并联响应与大外载电阻 $R=10^5\,\Omega$ 时的串联响应相似。不同之处在于，小风速 $U=2.5\mathrm{m/s}$ 时，小电感并联时发生驰振而大电感串联时发生驰振；在大风速 $U=10\mathrm{m/s}$ 情况下，与串联时相比，并联出现的最小修正频率 $\Omega_{\hat{p}}^{\min}$ 随电感的变化而变化，而不是最大修正频率 $\Omega_s^{\max}$ 随电感的变化而变化，并且电感对并联时修正频率的影响小于串联时影响。如图 6-13、图 6-16、图 6-24 和图 6-25 所示，大外载电阻 $R=5\times10^6\,\Omega$ 的并联连接响应几乎与小外载电阻 $R=10^3\,\Omega$ 的串联连接响应相同。对串并联情况，亚临界 Hopf 分岔出现在 $L=L_{hp1}$，而超临界 Hopf 分岔发生在 $L=L_{hp2}$，这些现象与本章中的非线性分析相吻合。

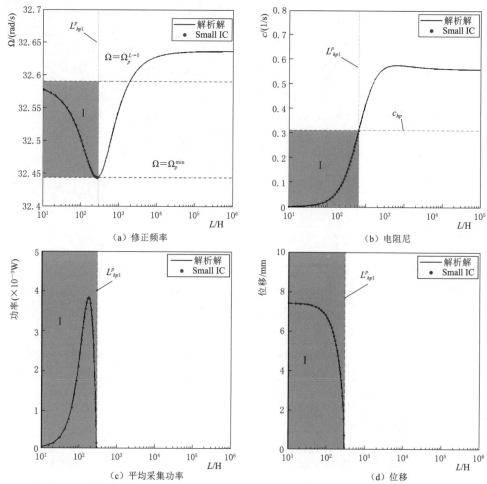

图 6-22　并联电路，电阻 $R = 10^4 \Omega$ 和风速 $U = 2.5\text{m/s}$ 时，修正频率 Ω、电阻尼 c、平均采集功率和位移随电感 L 的变化。"Small IC" 表示以小的初始条件得到的数值解

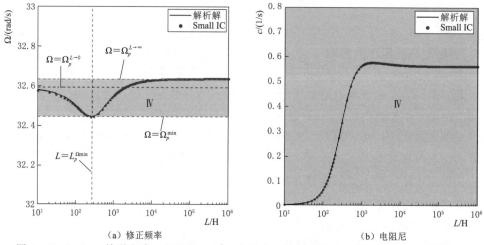

图 6-23（一）　并联电路，电阻 $R = 10^4 \Omega$ 和风速 $U = 10\text{m/s}$ 时，修正频率 Ω、电阻尼 c、平均采集功率和位移随电感 L 的变化。"Small IC" 表示以小的初始条件得到的数值解

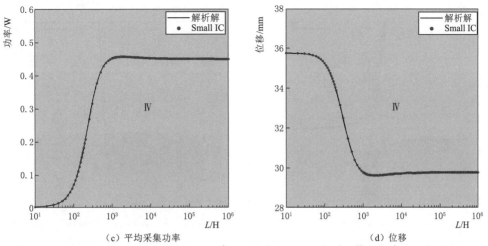

（c）平均采集功率　　　　　　　　　（d）位移

图 6-23（二）　并联电路，电阻 $R=10^4\,\Omega$ 和风速 $U=10\mathrm{m/s}$ 时，修正频率 Ω、电阻尼 c、平均采集功率和位移随电感 L 的变化。"Small IC" 表示以小的初始条件得到的数值解

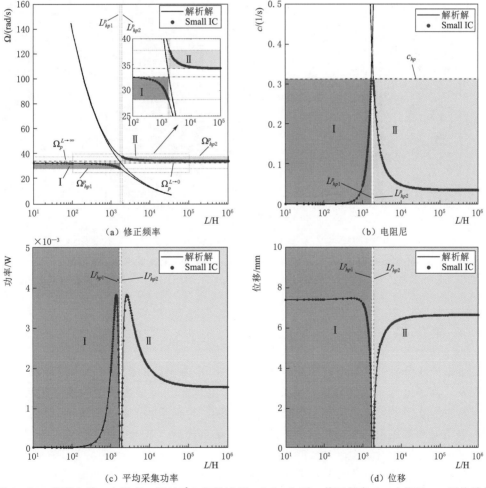

（a）修正频率　（b）电阻尼　（c）平均采集功率　（d）位移

图 6-24　并联电路，电阻 $R=5\times10^6\,\Omega$ 和风速 $U=2.5\mathrm{m/s}$ 时，修正频率 Ω、电阻尼 c、平均采集功率和位移随电感 L 的变化。"Small IC" 与 "Large IC" 表示以小、大初始条件得到数值解

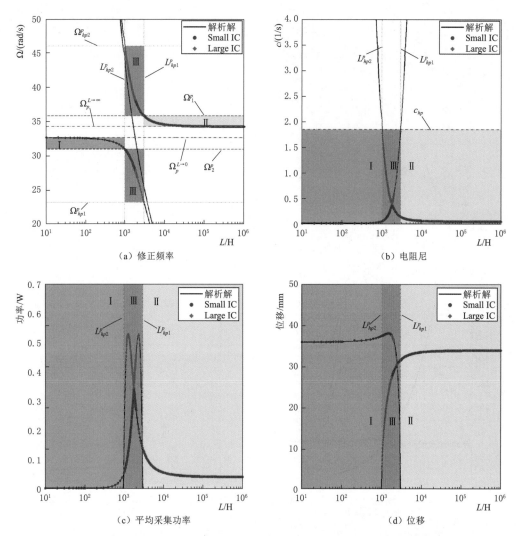

图 6-25   并联电路，电阻 $R=5\times10^6\,\Omega$ 和风速 $U=10\mathrm{m/s}$ 时，修正频率 Ω、电阻尼 c、平均采集功率和位移随电感 L 的变化。"Small IC" 与 "Large IC" 表示以小、大初始条件得到数值解

6.5   本章小结

在本章中，分析了具有串联和并联连接的电感-电阻电路的驰振式压电俘能器的 Hopf 分岔现象。为了进行非线性分析，简要推导了机电耦合分布参数模型的建立过程，采用 Galerkin 法将悬臂梁的位移离散为空间和时间变量，对得到的控制方程解耦，得到了两种不同的电阻尼和修正频率表达式的电路通用机电解耦模型。基于这些表达式，计算了当电感趋近于零和无穷大时，串联和并联连接的修正频率和电阻尼。结果表明，电感 $L\to0$ 的串联连接和 $L\to\infty$ 的并联连接都可简化为纯电阻电路；对于 $L\to\infty$ 的串联和 $L\to0$ 的并联情况，修正频率与外载电阻无关，且电阻尼都为零。此外，推导出了随电感变化的最大、

最小修正频率的解析表达式，并给出了相应的电感，提出了位移和采集功率的数学表达式。对于现有的能量采集系统，EDHB 被用于描述 Hopf 分岔，发现其只与风速有关。提出 IHB 分析电路对 Hopf 分岔的影响，IHB 的实根数由 Δ 的符号决定。将 Δ 表示为 EDHB 和外载电阻的函数，在 $\Delta = 0$ 的临界情况下，EDHB 的根作为外载电阻的函数来求解。对于串联连接电路，使用三次函数来计算 EDHB 的根，推导出实根数目和类型的判别式 Δ_{cubic}，由 $\Delta_{cubic} = 0$ 确定临界外载电阻 $R = R_{hp,c}^{\hat{s}}$。对于串联和并联连接而言，当 $c_{hp} > c_{hp,d0}$ 时，Δ 的符号不会改变，而当 $c_{hp} > c_{hp,di}$（$i = 1, 2, 3$）时，Δ 符号改变。

基于上述理论推导，利用解耦模型的解析解来确定风速、外载电阻和电感对系统 Hopf 分岔的影响。当系统的电阻尼小于 EDHB 时发生驰振，由于 EDHB 与风速呈线性正相关，随着风速的增加，更易出现驰振。为了更好地体现电路对 Hopf 分岔的影响，$\Delta = 0$ 时 EDHB 的根随外载电阻而变化。由于 EDHB 是环境风速的小正值，因此 $\Delta = 0$ 的最小正 EDHB 对 Hopf 分岔有很大影响。注意到当 $R = R_{hp1}$ 时，最小根发生变化。选取串联或并联情况下由 $R = R_{hp1}$ 分割的两个不同区域的不同外载电阻，分析电感和频率随风速的变化规律。两区域的外载电阻存在不同的 Hopf 分岔现象。一个有趣的结果是，串联连接的小外载电阻的非线性现象与并联情况下的大电阻现象相似，反之亦然。当外载电阻接近 R_{hp1} 时，电感的稳定区域会扩展。对于串联和并联情况，亚临界和超临界 Hopf 分岔分别发生在 $L = L_{hp1}$ 和 $L = L_{hp2}$ 处。采用小初始条件和大初始条件下的数值模拟来确定解析解，引入时域图、相位图和频谱图，以说明小初始条件和大初始条件二者结果的差异。大初始条件对应大的电阻尼，小初始条件对应小的电阻尼，这可以作为解释大的电阻尼很难被激发的原因。与一般概念不同，在某些特殊情况下，初始条件较小的位移大于初始条件较大的位移。通过非线性分析，发现当解析解位于驰振区域时，解析解与数值结果很好地吻合。

通过本章的介绍，能够令读者对实际应用中的驰振式压电俘能器系统中的非线性特征加以了解，并提供了分析其他流致振动类型压电俘能器的非线性研究方向，加深读者对于流致振动型压电俘能器的认知与了解。

7

流致振动型压电俘能器数值模拟

数值模拟（Numerical Simulation）也称计算机模拟。依靠电子计算机，结合有限元或有限容积的概念，通过数值计算和图像显示的方法，达到对工程问题和物理问题乃至自然界各类问题研究的目的。相比于试验研究，数值模拟具有成本低、计算快的优点，并且通过设置能够实现试验无法满足的情况。合理的数值模拟方法能够为试验研究与理论分析提供指导性的作用，可以弥补试验工作的不足。

在流致振动型压电俘能器系统中，钝体的振动幅度直接影响了压电片所能发出的电能大小，而钝体的振幅取决于其在流场中受到的升力，因此，对流致振动型压电俘能器的数值模拟实质上就是钝体扰流，例如圆柱扰流等。圆柱扰流作为最常见的钝体扰流现象，演绎出了大量的流体控制工程技术和理论研究课题。这类问题常见的有风掠过建筑物、气流对电线的作用、海水冲击海底电缆、河水对桥墩的冲击、气流经过冷凝器的排管、空中加油机的油管以及飞行器上的柱体等，具有很高的工程实践意义。

钝体扰流也是流体力学的经典问题，其蕴含了丰富的流动现象和深刻的物理机理，长久以来一直是众多理论分析、试验研究以及数值模拟的研究对象。流体流经钝体时，过流断面收缩，流速沿程增加，压强沿程减小。由于流体黏性力的存在，就会在钝体周围形成附面层的分离，即钝体扰流现象。在钝体扰流问题中，流体边界层的分离与脱落、剪切层的流动和变化、尾激区的分布和变动，以及它们三者之间的相互作用等因素，使钝体扰流成为一项复杂的研究课题。因此，利用数值模拟方法对钝体扰流进行研究，从流体动力学的角度直观了解流场中的压力分布与变化，尾涡强度与大小以及钝体所受升力大小，探明各类流致振动及相对应的压电俘能器之间性能差异、相同类型流致振动及相对应的压电俘能器由不同因素引起的性能差异的根本原因，这对于流致振动型压电俘能器的研究十分有意义。

7.1 流致振动型压电俘能器数值模拟方法

本章提供一种基于 ANSYS Fluent 的数值模拟方法，由于钝体扰流是 Fluent 应用中较为基础的案例，因此仅简要介绍数值模拟方法及流程。

7.1.1 计算模型及边界条件

数值模拟分为二维数值模拟与三维数值模拟，分别对应于二维计算模型与三维计算模型。

对于二维计算模型，可使用 Fluent 自带的建模功能，其能对简单的结构进行建模；而对于三维计算模型的建立较为困难。因此可以利用 Solidworks 三维建模软件对计算模型进行精确搭建。Solidworks 软件是一款辅助机械设计的工具，它包括基于特征设计、全参数优化设计、装配体建模设计；可实现在线模拟、视频动画及运动仿真等各项功能。利用 Solidworks 软件对钝体扰流模型进行搭建，进而导入 Fluent 中，即可进行后续操作。

如图 7-1 所示，以椭圆柱扰流为例，对计算模型的边界条件进行定义，椭圆柱扰流模型的计算域大小设置为 $8D \times 24D$，椭圆柱大小设定为 $D \times 0.4D$，椭圆柱钝体被放置在距离计算域入口 $4D$ 的横向中轴线位置；计算域的入口为速度入口条件，出口为压力条件，上下壁面采用对称边界，为自由滑移壁面，椭圆柱钝体的壁面一般设置为光滑壁面，若有粗糙度要求，可以通过调节粗糙元高度（Roughness Height）来改变其表面粗糙度。

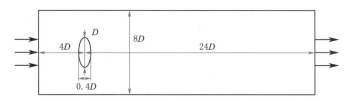

图 7-1 计算域

7.1.2 网格划分

为了保证计算结果的准确性，计算域的整体使用非结构性网格主导进行网格划分，由于钝体附近流场复杂，需要在椭圆边附近采用更小尺寸的非结构形网格进行加密，以保证网格质量达到要求，如图 7-2 所示。流体介质可采用水、风等流体，计算过程采用 SST $k-\varepsilon$ 湍流模型，使用 SIMPLE 算法处理速度与压力的耦合条件，时间迭代步长设置为 $0.001s$，步数设置为收敛后即可，守恒方程例如连续性方程、速度方程以及湍流方程等用二阶平流方案进行离散，以保证计算准确性，这些方程的残差减小到 10^{-4} 时收敛，且在计算时间内能够实现计算收敛。

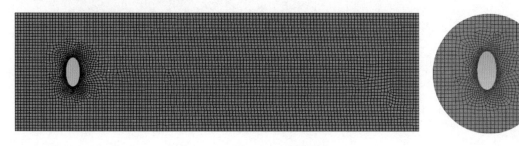

图 7-2 计算网格

分别完成计算模型搭建、网格划分以及计算设置后即可开始进行数值模拟计算。

7.2 流致振动型压电俘能器数值模拟结果

压力云图与速度云图是数值模拟中后处理的常用方法，它们是反映流场内压力变化、速度变化的有效手段，是流场分析最常用的两种图谱。根据伯努利方程 $p + 0.5\rho v^2 + \rho gh = C$，在流场中各处的重力势能、动能以及压力势能等于常数，式中：p 为流体中某点的压强；v 为流体该点的流速；ρ 为流体密度；g 为重力加速度；h 为该点所在高度；C 为一个常量。由此可知，实际流场中压力与流体流速存在一定关系，水流加速流动的区域对应低压区域，水流缓慢流动的区域对应高压区。高压区与低压区的分布决定了在钝体扰流问题中作用在钝体上的压差，这也是引起流致振动的根本原因，因此利用压力云图与速度云图对钝体扰流数值模拟结果进行分析具有重要意义。

尾涡是指运动物体后面或物休下游的紊乱旋涡。流体绕物体运动时，物体表面附近形成很薄的边界层涡旋区。如果物体是像建筑物或桥墩那样的非流线型物体，流动将从物体后部表面分离，并有旋涡断续地从物体表面脱落。一方面，旋涡的脱落频率接近于钝体的振动频率时共振发生；另一方面，由上游障碍物脱落的旋涡的强度直接影响了其对下游振动钝体的激励作用，因此有必要对流场中的旋涡进行数值计算与分析。而涡量是描写旋涡运动最重要的物理量之一，定义为流体速度矢量的旋度，涡旋通常用涡量来度量其强度和方向，在流场分析中引入涡量云图，对从钝体表面脱落的旋涡大小及强度进行分析。

7.2.1 涡激振动式压电俘能器数值模拟结果

将钝体扰流中的钝体形状设置为圆柱，即为经典的圆柱绕流，对圆柱绕流现象进行数值模拟能够直观了解作用在圆柱形钝体上的升力大小，从而判别圆柱发生涡激振动的振幅，进而推断相应涡激振动式压电俘能器的输出。利用 Fluent 后处理得到圆柱扰流中流场的速度云图、压力云图以及涡量云图，如图 7-3 所示。

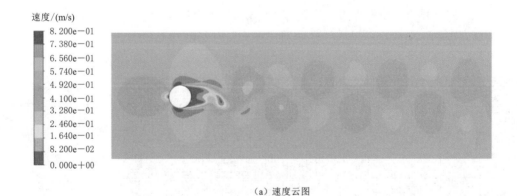

(a) 速度云图

图 7-3（一） 圆柱扰流的速度、压力以及涡量云图

压力/Pa

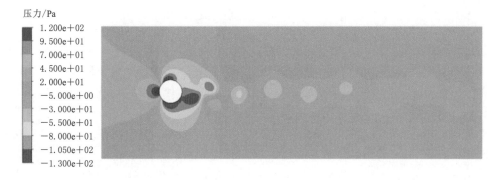

（b）压力云图

涡度/s⁻¹

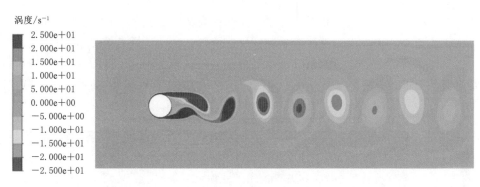

（c）涡量云图

图7-3（二）　圆柱扰流的速度、压力以及涡量云图

入口流体首先撞击圆柱钝体的前部，水流速度降低，如图7-3（a）中圆柱的前方红色区域，同时并在其前侧方产生一个正高压区域，如图7-3（b）蓝色部分所示，然后由于圆柱表面的曲率和逆压力梯度的存在，钝体两侧的水流分层，吸附表面附近的水从表面沿两侧加速，如图7-3（a）中圆柱两侧蓝色区域，并交替在圆柱钝体的侧后方产生负低压区域，如图7-3（b）红色部分所示。由钝体前侧方产生的正高压与其侧后方产生的负低压区域将在圆柱上产生压力差，正是压力差的存在使得其会发生失稳振动；由于正压和负压区域的位置周期性变化，所以圆柱受到的压力差方向也是周期性的，因此发生的流致振动也具有往复的特征，作用在圆柱钝体上的升力系数随时间的变化如图7-4所示。

图7-3（c）为圆柱扰流下流场中的涡量云图，从圆柱上脱落的旋涡为经典的2S模式，即在单个周期内脱落一个强度相近、旋向不同的涡对。对于置于流场中的圆柱，当旋涡脱落频率等于圆柱的自然频率时，圆柱发生共振，处于锁定（Lock-in）区间，此时圆柱振幅达到最大，对应的涡激振动式压电俘能器能够产生

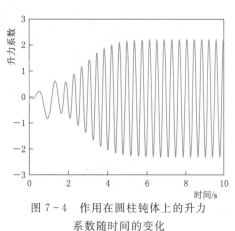

图7-4　作用在圆柱钝体上的升力系数随时间的变化

最大输出。

7.2.2 驰振式压电俘能器数值模拟结果

相比于涡激振动式压电俘能器，驰振式压电俘能器可选用的钝体有很多，比如椭圆柱、方柱、三棱柱、漏斗形柱等，因此对应于驰振式压电俘能器的数值模拟包括椭圆柱扰流、正方形柱扰流、三角形柱扰流以及漏斗形柱扰流等多种非圆柱的扰流形式。

7.2.2.1 椭圆柱扰流

设定椭圆柱长直径 $D=50\text{mm}$，短直径 $b=50\text{mm}$、40mm、30mm、20mm，将这四种椭圆柱（$b=50\text{mm}$ 为圆柱）置于流场中进行数值模拟，并加以比较，入口被设置为水流速 0.45m/s 的速度条件。分析如图 $5-7$ 所示的引起四种椭圆柱对应的驰振式压电俘能器输出差异巨大的流体动力学原因。

图 $7-5$ 和图 $7-6$ 分别为椭圆柱扰流下，计算收敛后 0.4s 内的压力云图与涡量云图。与椭圆柱扰流类似，入口水流首先撞击椭圆柱的前部，使水流速度降低，同时并在其前侧方产生一个正高压区域，然后水从表面沿两侧加速，在椭圆柱的侧后方产生负低压区域，进而在椭圆柱上形成压差，如图 $7-5$ 所示。而在 $20\text{mm}<b<50\text{mm}$ 的范围内，短直径 b

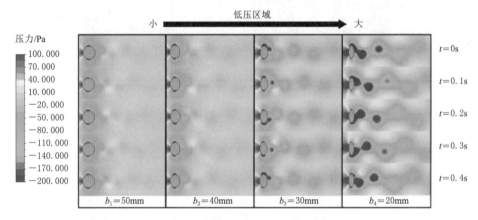

图 $7-5$ 椭圆柱扰流的压力云图

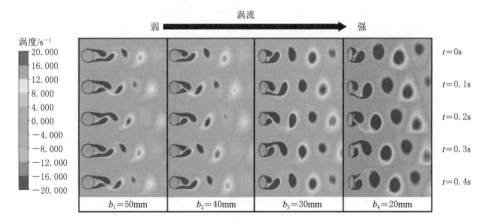

图 $7-6$ 椭圆柱扰流的涡量云图

越小的椭圆柱，形成的高压区与低压区的面积越大，引起在椭圆柱上形成的压差越大，最终导致了短直径越小的椭圆柱对应的驰振式压电俘能器输出电压高于更偏向于圆柱特征的钝体。

与压力分布类似，在 20mm$<b<$50mm 的范围内，由椭圆柱脱落漩涡强度与面积大小也均随着短直径的减小而增大。当短直径从 50mm 减小到 20mm 时，上下边缘的表面曲率从 20m^{-1} 增加到 125m^{-1}，而表面曲率决定了断崖体上边界层流动的分离，也影响了断崖体后的脱落涡拓扑。与 $b=$50mm 圆柱后面的涡相比，$b=$40mm 时后面的涡更接近椭圆柱本身，但仍没有与其接触。由于 $b=$30mm 的椭圆柱上下边缘的曲率高，脱落涡旋较强，与其自身接触。对于 $b=$20mm 的椭圆柱，上下边缘的曲率非常高，边界层被迫分离，如图 7-7 所示。分离后的剪切层流动非常不稳定，迅速形成强涡，挤压在崖体上。因此，与圆柱形钝体相比，椭圆柱钝体承受的升力随着更小的短直径而显著增加，然而当短直径 b 继续减小至一定值时，由短直径效应带来的增幅作用消失，如图 7-8 所示。

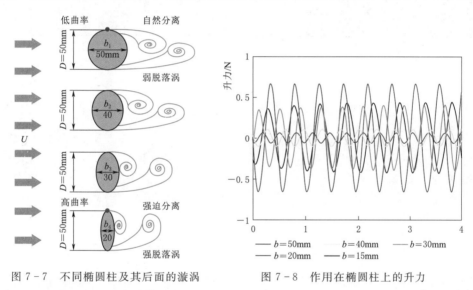

图 7-7 不同椭圆柱及其后面的漩涡　　　　图 7-8 作用在椭圆柱上的升力

7.2.2.2 漏斗形柱、三角形柱及正方形柱扰流

如图 7-9（a）所示，正方形柱存在和来流流速垂直的平面，故而在绕流过程中极易发生漩涡再附着的尾流现象；当该现象发生时，作用在正方形柱不同方向侧向力幅值出现明显不对称从而造成结构振动的失稳，有时候甚至还会使结构所受总的侧向力降低而减小结构的振动位移幅值；在保持结构沿着来流流向对称的前提下，首先将正方形后侧面的两个顶点合并，形成三角形柱如图 7-9（b），这样可以使不平行与来流流速的柱体侧面向结构内部凹陷从而避免漩涡再附着现象的发生，后侧带有尖角的结构大大加强柱体绕流时尾流脱落的协调性，保证左右两侧压力的统一性从而使结构的振动更加稳定。此外，通过适当延长结构的尺寸比（截面纵向尺寸与横向尺寸的比值）可以增加结构和流体总的作用面积，进而增加涡作用于侧面的概率，从而系统总体的压差阻力并增强结构升力，如图 7-9（c）所示。

图 7-10～图 7-12 分别是经过数值模拟得到的漏斗形柱、三角形柱以及正方形柱流

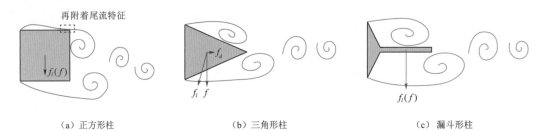

（a）正方形柱　　　　　　　（b）三角形柱　　　　　　　（c）漏斗形柱

图 7-9　正方形柱、三角形柱与漏斗形柱的尾流

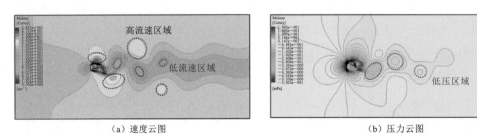

（a）速度云图　　　　　　　　　　　　　（b）压力云图

图 7-10　漏斗形柱的速度云图与压力云图

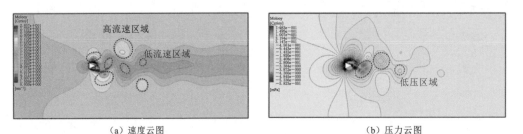

（a）速度云图　　　　　　　　　　　　　（b）压力云图

图 7-11　三角形柱的速度云图与压力云图

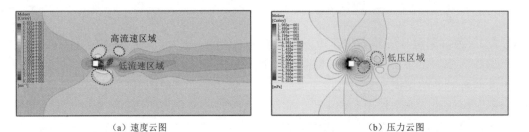

（a）速度云图　　　　　　　　　　　　　（b）压力云图

图 7-12　正方形柱的速度云图与压力云图

致振动作用下的速度云图和压力云图。从速度云图中可知，流体经过钝体迎风面两侧端点时流速开始变高，而且这种现象在迎风面两侧端点交替出现；低流速流体在钝体后面呈 S 形分布；在压力云图中，高压区域一般出现在钝体迎风面前端，而低压区域在下游区域交替分布，而且通过对速度云图和压力云图的对比发现，低压区域位于相邻的高流速区域和低流速区域之间，而且由于流速的差异使该区域产生涡。从图中可以看出，漏斗形柱钝体

两侧的流速差和压差更加明显，而且漏斗形柱钝体后方的流态更容易保持原始的模样，比如说更长的涡迹等；由此可知经漏斗形柱钝体绕流产生的涡具有较大强度，所以此类钝体的振动幅值要大于三角形和正方形，相应的驰振式压电俘能器的输出也会更高。

图 7 - 13 是经过数值模拟得到的漏斗形柱、三角形柱以及正方形柱在绕流作用下升力系数变化的对比图。从图中可知，升力系数从大到小的顺序依次为漏斗形、三角形和正方形，它们的升力系数值分别为 6、4 和 0.8。钝体的升力系数可以近似体现出在流致振动作用下其所受到驰振力的大小，从所得到的数据可以看出，漏斗形钝体所受到的驰振力约为三角形钝体的 1.5 倍，为正方形钝体的 7.5 倍，这与前述结论一致。

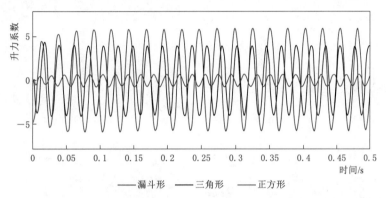

图 7 - 13　作用在漏斗形、三角形及正方形柱上的升力系数

7.2.3　尾流激振式压电俘能器数值模拟结果

对于双柱下的尾流激振，由于上游障碍物与下游振动钝体的形状均会对流致振动产生影响，进而改变尾流激振式压电俘能器的输出大小。因此，以 D - D、D - O、O - D、O - O 四种尾流激振的布置形式进行数值模拟为例，简单对尾流激振的部分内容进行分析。设定 D 型柱与 O 型柱迎水面宽度均为 D，双柱中心间距为 $4D$，流速为 0.6m/s。

图 7 - 14 分别为 D - D、D - O、O - D、O - O 四种布置形式下的流线图与涡量云图。与图 7 - 3 相比，下游柱体的漩涡脱落过程被上游障碍物柱体脱落的漩涡影响，涡量云图与单柱绕流明显不同。D - D 和 D - O 组合下，即半圆柱尾流下，下游柱体的脱落漩涡较为规律，两漩涡交替出现，向外扩散，仍为 2S 模式，即单个周期内脱落一个强度相近、旋向相反的涡对；而圆柱作为干扰柱时，下游柱体的脱体漩涡较为复杂，O - O 组合的脱落漩涡仍可视为 2S 模式，但有较小的漩涡伴随出现，O - D 组合的脱体漩涡在分类上类似 2T 模式，即半个周期脱落两个方向相同的涡，一个方向相反、强度较的涡，三个漩涡为一组，明显不同于其他三种组合，说明不同截面柱体组合对漩涡场有显著影响，从而影响下游柱体的振动过程，可以作为一种对尾流激振进行调控的手段。

图 7 - 15 是上面 4 种组合中，下游柱体的升力系数随时间变化曲线。从图 7 - 15 中可以看出，圆柱尾流条件下下游柱体的升力系数整体大于半圆柱尾流条件下的，而两种情况下半圆柱作为下游柱体的升力系数大于圆柱。这说明圆柱的绕流条件更好，而半圆柱的受力条件更好，也就是说圆柱作为干扰柱的效果优于半圆柱，而半圆柱作为钝体的响应优于圆柱，造成此差异的原因可能是柱体上游侧的圆弧面和平面不同，上游侧的圆弧面能比平

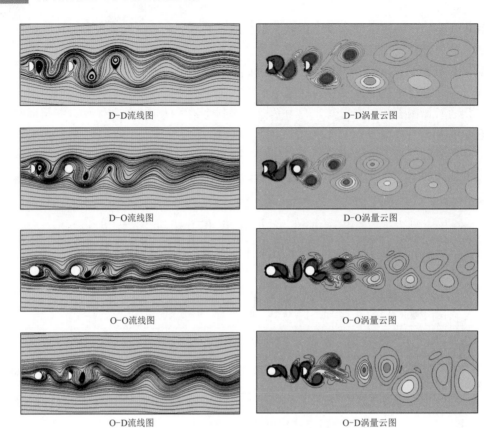

D-D流线图　　　　　　　　　D-D涡量云图

D-O流线图　　　　　　　　　D-O涡量云图

O-O流线图　　　　　　　　　O-O涡量云图

O-D流线图　　　　　　　　　O-D涡量云图

图 7-14　双柱绕流的流线与涡量云图

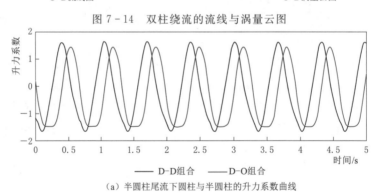

（a）半圆柱尾流下圆柱与半圆柱的升力系数曲线

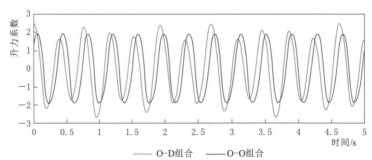

（b）圆柱尾流下圆柱与半圆柱的升力系数曲线

图 7-15　4 种组合的升力系数时程曲线

面产生对下游柱体作用力更大的流场,而平面受力大于圆弧面。下面将对 O-D 组合下,下游柱体的升力系数随间距和流速的变化情况进行分析。

图 7-16 为 $L/D=4$ 时不同入口流速下 O-D 组合的涡量云图。上下游柱体都在产生漩涡,上游柱体产生的漩涡撞击在下游柱体上,和下游柱体的尾流涡街一起作用,导致下游柱体的升力和阻力发生剧烈变化。随着入口流速增大,产生的漩涡增多,泄涡频率明显增大。入口流速为 0.3m/s 时,下游柱体产生的漩涡为 2S 模式,漩涡有规律地交替产生,随着流速增大,下游柱体产生的漩涡变长,表明此时下游柱体受到更为剧烈的流体力作用,与流体理论和试验研究结果相一致。

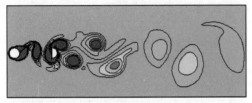
(a) 0.3m/s

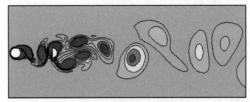
(b) 0.4m/s

(c) 0.5m/s

(d) 0.6m/s

图 7-16 不同入口流速下的涡量云图

图 7-17 是入口流速为 0.6m/s 下,不同约化间距下 O-D 组合的涡量云图。从图 7-17 中可以看出,$L/D=1.2$ 小间距下,上游柱体产生的脱体漩涡非常长,贴着下游柱体移动,可以视为边界层沿着下游柱体表面移动,只有下游柱体产生了漩涡,此时的漩涡形态更像一个长方形物体的脱体漩涡,此时下游柱体受到较小的作用力。从 $L/D=2$ 开始上游圆柱的漩涡在两柱体之间出现,上游圆柱的漩涡初步出现,尚未成型就被下游柱体破坏后重新形成漩涡,表现出明显的横向流动,此时下游柱体表现出明显的横向运动倾向,随着间距增大下游柱体的受力随逐渐成形的间隙涡作用逐渐变大,间距进一步增大则随间隙中漩涡的衰弱而减小。

通过数值模拟对双柱下的尾流激振计算,主要通过下游柱体的升力系数以及涡量云图对尾流激振特征进行分析。当上游柱体为圆柱而下游柱体为半圆柱时,下游柱体有着比单体绕流更大的升力系数而且具有更剧烈的漩涡,并且随着流速的增大而增大,在一个最优间距升力下达到最大。因此利用双柱绕流下的尾流激振实现能力采集是一种比传统的单体绕流更高效的手段,其中圆-半圆组合效果最好。

7.2.4 扰流激振式压电俘能器数值模拟结果

将图 5-50 所示的初始工况、工况一(10)和工况二(10)建立模型进行三维数值模拟,入口条件设置为 0.5m/s 速度入口,钝体形状为半圆柱。对阵列扰流柱群区域进行网

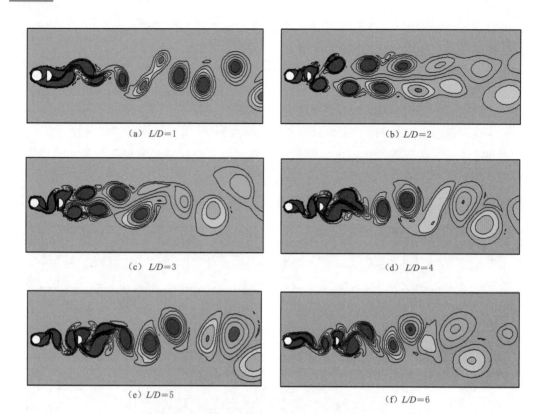

(a) L/D=1   (b) L/D=2

(c) L/D=3   (d) L/D=4

(e) L/D=5   (f) L/D=6

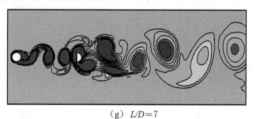

(g) L/D=7

图 7-17 不同约化间距下的涡量云图

格加密处理后，整体计算域网格数量大致为 1.5×10^6。计算域长度为 1m，高度为 0.1m，在高度为 0.3m 处进行截面处理，并在此基础上进行后续分析，如图 7-18 所示。

图 7-19 为进口流速为 0.5m/s 下初始工况、工况一（10）和工况二（10）三种情况的速度云图。可以看出，工况二（10）时半圆柱钝体附近的水流速度最大，其次为工况一（10），初始工作状态最小，因此可以推断出工况二（10）下作用于半圆柱钝体上的水动力最大，这与 5.4 节中的试验结果一致。半圆柱钝体正前方有两列扰动柱，工况一（10）去除其中一列，在半圆柱钝体附近有不均匀的流速分布，去除干扰柱的一侧流速较大。图 7-20 显示了进口流速在 0.5m/s 下初始工况、工况一（10）和工况二（10）三种情况的压力云图。红色代表高压区域，蓝色为低压区域。与初始工况相比，工况二（10）有更明显的高、低压区，较大的压差使半圆柱钝体的振动大于其他工况，这也与实验结果一致。

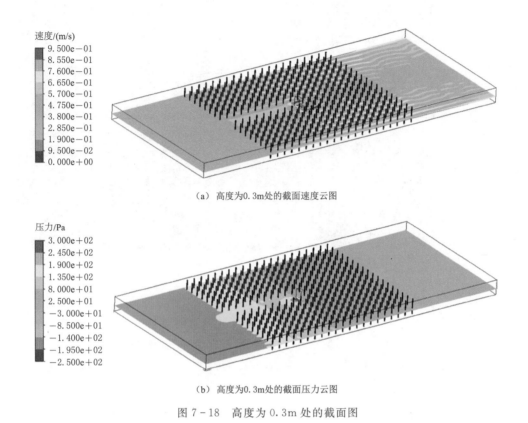

（a）高度为0.3m处的截面速度云图

（b）高度为0.3m处的截面压力云图

图 7-18 高度为 0.3m 处的截面图

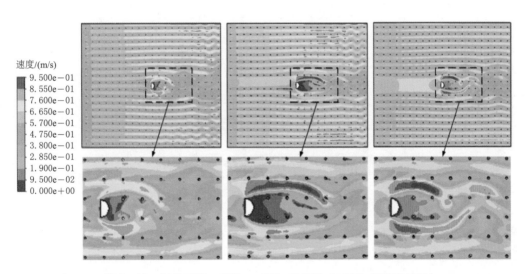

图 7-19 初始工况、工况一（10）和工况二（10）的速度云图

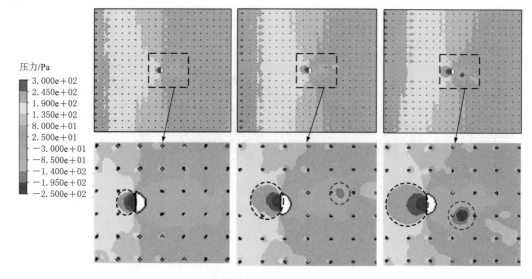

图 7-20　初始工况、工况一（10）和工况二（10）的压力云图

图 7-21 显示了在进口流速为 0.5m/s 的不同工况下，半圆柱钝体所受的升力系数随时间的变化。可以看出，升力系数不稳定且混乱，这是由扰动柱阵列的扰动造成的。以 6～8s 为例，初始工况下的升力系数最小，工况二（10）的升力系数最大。这可以解释三个工况对应的阵列扰流下压电俘能器的输出功率差异：升力越大，振幅越大，输出功率越大。

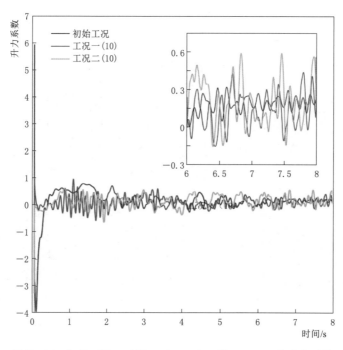

图 7-21　初始工况、工况一（10）和工况二（10）的升力系数

7.3　本章小结

　　本章利用数值模拟手段，对试验研究与理论分析后的流致振动型压电俘能器进行验证与补充，从流体动力学的角度解释各种因素影响下压电俘能器表现出不同性能的差异原因，主要基于数值模拟后的速度云图、压力云图、涡量云图以及作用在钝体上的升力，对具有不同形状、不同布置方式以及不同中心间距等工况进行对比分析。钝体扰流的数值模拟能使读者对钝体在流场中发生流致振动的过程有一个清晰、明确的认识，进一步加深读者对流致振动型压电俘能器的认知与理解。

8

流致振动型压电俘能器应用

设备的构思与开发最终目的是实际应用，体现在设备在现实中具有一定的可操作性，并且有一定的价值。流致振动型压电俘能器的实际应用价值在于其能够将环境中的流体能量转化为电能，并持续不断地为耗电设备供电，这种供电形式相比于电池供电，具有可持续、绿色清洁的优点。

而流致振动型压电俘能器的实际应用意义主要体现在以下两个方面。

（1）随着信息科技的发展，无线通信及低功耗嵌入式设备的发展已经取得了极大的进步，其应用涉及了环境监测、生产工序控制、安全应用、节能应用、工业应用、农业应用、生命健康、交通管控、军事侦察等远程控制领域。无线通信及低功耗嵌入式设备的发展还有极大的可开发空间，在水电厂各类传感器应用极多，主要有压力传感器、位移传感器、油量传感器、水位监测器、各类报警器等，如图 8-1 所示。在这些传感器当中无线传感器的应用非常少，而水电厂很多设备由于受到环境的限制，对无线传感器又有迫切的需求。如果能开发出适用于水电厂的无线自供能传感器，水电厂的自动化程度必将进一步加强。工程中使用的无线设备往往耗能较小、数量大且分布广泛，绝大部分无线传感设备的工作环境是交通不便、条件恶劣。目前所应用的无线传感设备的供能绝大部分是化学电池，化学电池的更换不仅十分困难而且成本高昂，极大地限制了无线传感设备的应用以及发展空间，化学电池对环境的影响又是不可避免的，这就使得解决传感器网络的供电方式成为该领域亟须解决的问题。

（2）水能、风能在世界范围内均有丰富的储备，而流致振动发电具有良好的发展潜能，可开发利用前景十分广阔；俘能器是一种能够将周围环境中的风能、波浪能、潮汐能、振动能等转换为电能的装置，利用能量俘能器将流致振动能量转换为电能供给耗能设备，既可以消耗掉这部分无用的能量达到振动抑制的目的，又可以克服化学电池供电的缺点，延长各类耗能设备的寿命甚至于实现持续永久供能，因而具有很大的应用研究前景；压电材料在外力作用下可以产生电荷，把这部分电荷先采集，再储存起来，然后作为用于驱动微功率电器的电源。

将流致振动、俘能器与压电技术有机结合的流致振动型压电俘能器能够随时随地采集能量，俘获周围环境的各种振动能，将其转变为电能为低功耗设备持续供能，可广泛应用于环境监测、状态监测以及微电子设备供电等领域。

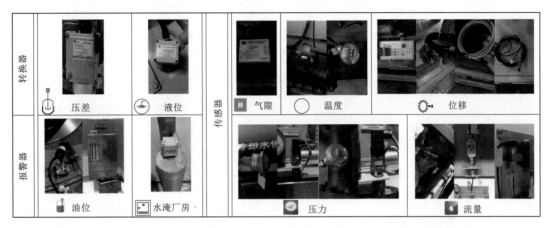

图 8-1 水电厂各类传感器

8.1 环境监测

环境监测，是指机构对环境质量状况进行监视和测定的活动。环境监测是通过对反映环境质量的指标进行监视和测定，以确定环境污染状况和环境质量的高低。环境监测是环境保护必不可少的基础性工作。环境监测的核心目标是提供环境质量现状及变化趋势的数据，判断环境质量，评价当前主要环境问题，为环境管理服务。

为了测量偏远地区的能够反映环境质量现状及变化趋势的数据，需要持续不断地为相关技术设备进行供电。而由于地域原因，如何实现持续不断地为设备供电成为热点问题。

8.1.1 生态流量监测

水电站下泄生态流量是为满足河流生态需水而下泄的流量，包括水电站尾水下泄流量、坝（闸）下泄流量。引水式电站、引水工程的建设会造成闸坝坝址下游河段减水甚至断流，引发生态环境破坏问题。必须下泄一定的生态流量及采取相应的生态流量泄放保障措施，减缓不利影响。流量监测可以有效监督水电站影响区内合理的生态环境需水保障，减轻水电站运行对河流生态系统的影响。同时，由于下泄生态流量可能影响水电站业主的发电权益，且需要定量核算，因此流量监测也是实施生态补偿核算、监管水电站生态运行的重要技术手段。

现有的生态流量实时监测系统存在一定局限性。由于需要进行生态流量监测的河道一般在偏远的山区，生态流量监测仪若采用常规的输电线路远距离接入电输电，需要额外为监测点铺设大量电缆线路，成本高且故障率高，若采用太阳能、风能发电，则容易受到天气（有无太阳、风力大小）的限制，不能实现对生态流量的不间断监测；若采用蓄电池供电，会产生电池的更换与处理带来的环境污染问题。

针对现有生态流量监测系统的不足，开发了一种以驰振式压电俘能器为基础的供电设备自供电式生态流量监测仪，其原理图如图 8-2 所示。驰振式压电俘能器将生态流量中的低速水流能转化为交流电，通过整流、滤波、稳压处理后储存在超级电容中，再给测控

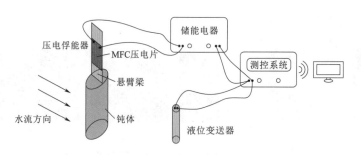

图8-2　自供电式生态流量监测仪原理图

系统及液位变送器供电。测控系统通过处理液位变送器的压力信号得到实时流量，并通过通信模块将实时流量按一定的时间间隔发送给监管平台，实现对下泄生态流量的实时可视化监测与跟踪。此外，当实时流量 Q 小于规定值 Q_0 后，单片机将发送报警信息，由监管部门及时处理下泄流量不足问题。

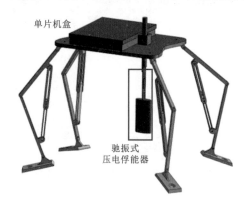

图8-3　作为供电部件的驰振式压电俘能器

作为供电部件的驰振式压电俘能器的结构如图8-3所示，其也为典型的悬臂式压电俘能器，以椭圆柱作为接受流致振动的钝体，能够产生更大的振幅与更强的尾涡，进而令驰振式压电俘能器产生更大的电压。

由于生态流量监测仪所需监测的环境因素为水流量信息，因此利用置于水中的流致振动型压电俘能器受环境因素的影响很小，并且利用的是生态流量本身的能量，具有绿色可持续的优点。

8.1.2　温度监测

Petrini 和 Gkoumas 开发了一种压电俘能器装置，该装置利用压电元件和适当的可定制的空气动力学附件来收集采暖、通风和空调（HVAC）系统内气流蕴涵的能量，该装置充分利用特定的气流现象（涡激振动及驰振），以便为湿度传感器和温度传感器供电，并在建筑自动化环境中无线传输数据。

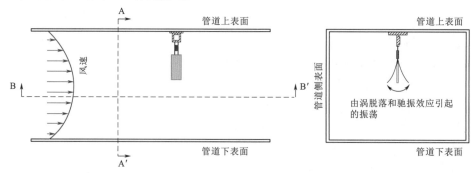

图8-4　用于监测温度的流致振动型压电俘能器

为了评估流致振动型压电俘能器在接近真实的条件下的行为，模拟它们在暖通空调管道内的存在，Petrini 和 Gkoumas 还进行了风洞试验，他们提出的流致振动型压电俘能器产生的功率为 $200\sim400\mu W$，产生的功率取决于空气动力鳍的横截面，这完全兼容驱动小型传感器的能量需求，在这种情况可为温度传感器完全供电。

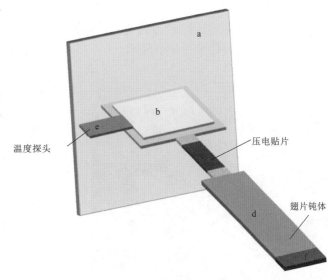

图 8-5 用于监测温度的流致振动型压电俘能器示意图

在设备的最终形式中，所有的电路和传输模块都位于管道的外部。如图 8-5 所示，插入导管的零件（通过导管侧表面上的适当孔）是翅片（组件 d）、压电贴片（组件 c），如果存在温度探头（组件 e）。其他部件被放置在外部，并使用磁铁固定在管道的上部或侧壁上，以确保外部部件和管道壁之间的完美黏附。橡胶触点可防止内部管道流从孔中逸出。图 8-6 提供了最终设备的实际照片（以及管道内部附件的钢支架），以及放置在 HVAC 管道上墙上的设备的渲染图。

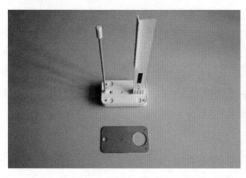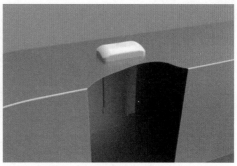

图 8-6 用于监测温度的流致振动型压电俘能器实物图

8.1.3 海上风速监测

随着陆地优质风能资源的逐步开发，海上风力发电已成为未来的发展趋势，海上风能资源丰富稳定，风力条件优于陆上。而且受土地利用、噪声污染、鸟类保护及电磁波干扰小，不涉及征地。然而，随着海上风电的不断发展，越来越多的海上风电厂将被运输、安装、调试和运行维护。海上风电厂的运输、安装、调试、运行和维护会受到气象和水文因素的影响，海上复杂气象和水文条件的变化需要从船舶的运行到风力发电机的运行进行处理。因此在开发海洋资源的同时，也要防止海洋造成的灾害，尤其是海上风速的变化。

目前海上风电厂的水文气象条件监测系统大多采用安装在固定塔上的风速计来测量海

上风速，这种风速计的供电事实上也可用流致振动型压电俘能器来实现。钝体在海上风的冲击下发生流致振动，带动压电材料发生形变，从而产生电能，可作为这类风速计的电源。由于需要监测的环境因素为风速，利用海上风自身的能量不仅实现了资源占有最小化，还符合了绿色可持续发展的理念。

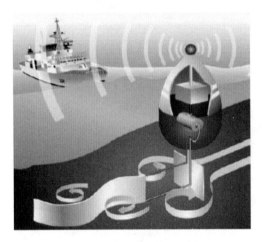

图 8-7　海上风速监测设备

对于海上风速的监测来说，可利用的流体资源不仅只有风能，海洋中蕴含的超大型水能资源例如波浪能，也是设计和安装流致振动型压电俘能器的基础。如图 8-7 所示为一种海上风速监测系统，该系统从海洋波浪中提取能量。该系统由发电系统、风力传感器和通信模块组成。发电系统是由 PVDF 薄膜制成的鳗鱼状结构，属于流致振动型压电俘能器的一种形式。这些"鳗鱼"在大小上是可扩展的，根据系统的大小和水流速度，有产生毫瓦到许多瓦的能力。由鳗鱼装的流致振动型压电俘能器产生的电能为风速传感器与通信模块提供电能。

8.2　状态监测

生产设备是制造业的基础，设备的运转情况直接决定生产的效益。随时了解设备运行状况就成为一项基础工作。比如导致生产异常的最常见的一种情况是设备故障，传统做法是"兵来将挡水来土掩"，设备坏了就安排维修（事后维修），由此导致生产的延误，其实是得不偿失的。甚至会危害人身安全，造成生产安全事故。实施设备状态监测、可预见性维护、故障诊断，最大可能地发现设备早期故障隐患及原因。

8.2.1　桥梁状态监测

近年来，自可持续的微电源被应用并驱动各种分布式传感器网络。几乎所有的微功率采集器，作为结构健康监测系统的自持电源，都使用了从相关基础设施（如桥梁、建筑、管道、机械和汽车）获得的若干寄生能量。

用于给桥梁监测系统供电的微能量采集器一部分利用了由过往车辆引起的微小间断的振动，然而，对于这类供电技术，寄生振动的频率与微观结构的固有频率之间存在着巨大的不匹配。具体来说，巨大的基础设施的振荡频率低于几十赫兹，例如金门大桥的横向振荡频率为 0.055Hz；由于其高材料刚度和小尺寸（或质量），几乎不可能将微观结构的固有频率降低到几十赫兹以下。当通过使用较大的质量或较低的材料刚度来修改微观结构以降低其固有频率时，微观结构不可避免地会受到机械冲击，并伴随着严重的可靠性问题。因此，为了提高基于寄生振动的微型动力收割机的效率，唯一可能的解决方案是使用具有相对较高频率的其他振动（如湍流风）作为输入源。

使用自然风，而不是寄生机械振动，作为一种新的微型动力收割机的输入源，产生电能来驱动桥梁健康监测系统，因为基础设施的顶部（如桥梁、建筑等）经常暴露在刮风很大的环境中。电力收割机的细长的悬臂式微观结构经历了由风（或气流）引起的振荡。因此，压电材料沉积的悬臂微结构能够有效地响应流动（或风）引起的振动。图 8-8 为基于风致振动的压电动俘能器概念性应用。如图 8-9 所示的风致振动型压电俘能器被用作多风环境下桥梁健康监测系统的自可持续电源。

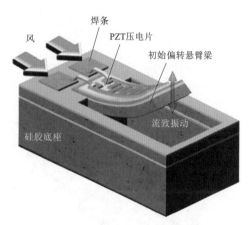

图 8-8　一种利用风致振动作为自可持续电源的压电俘
能器，用于多风环境下的桥梁健康监测传感器

图 8-9　风致振动压电俘能器

　　这类用于桥梁健康状态检测的风致振动型压电俘能器产生的电压与空气流速成正比。在流速为 1.5m/s、6.5m/s 和 12.4m/s 时，产生的功率及电压分别为 $0.42\mu W$ 和 0.92V、$0.9\mu W$ 和 1.34V、$1.77\mu W$ 和 1.88V。当风速达到 12.4m/s 时，单个复合悬臂梁能够产生的最大功率密度为 $0.42\mu W/cm^3$。通过串联多个悬臂梁，能够实现利用这种风致振动型压电俘能器作为自持续电源，并用于多风环境下的桥梁等基础设施健康检测系统。

8.2.2　电线状态监测

　　通过提供商业电网健康状况的评估，使优化的维护时间表得以制定，并确保工厂正常运行的时间，电线的状况监测使工程师受益。电线和设备的老化是电网运营商关心的主要问题。监测电线的状态对电网的安全运行越来越重要。

　　通常，在电力系统的某些战略位置安装状态监测传感器，以监测可能导致火灾的潜在不安全因素。此外，目前的数据通信还必须通过电缆进行传输。然而，安装电缆可能会限制传感器可以方便和经济地安装的位置。为了克服有线传感器网络的限制，提出了利用无线传感器网络进行电气设备在线监测的方法。无线传感器网络由相同或不同功能的智能无线传感器组成。其网络的自组织结构、灵活性和适应性拓扑结构可以极大地提高在线监控系统的可靠性。近年来，无线传感器网络由于其成本相对较低、安装简单，无须特殊基础，在工业传感应用中得到了广泛的应用。

　　一般来说，大多数无线传感器都使用电池作为电源。然而，任何电池的寿命都是有限的。在长寿命的系统（如商业电力网络状况监测）中，可能需要大量的传感器，更换电池是不现实的。由于依赖于电池的监测系统的运行寿命有限，从环境中收集能量被认为是一种在电池使用不方便的情况下提供电力的可能方法。环境能量储存在任何地方，有很多方法可以完成电气转换。

使用流致振动型压电俘能器就是方法之一，由于布置电线在高空环境，这种环境伴随着充足的风能资源。利用风致振动型压电俘能器与电磁相结合的原型机如图 8-10 所示。悬臂梁由 60mm×20mm×0.5mm 的铍青铜组成。铝支架设计为 U 形，并连接在悬臂梁的自由端。NdFeB 磁体（6mm×10mm×25mm）的残余磁化强度和相对磁导率分别为1.4T 和 1.04。磁轭的材料是低碳钢。ME 传感器是一个压电陶瓷 PZT 层（10mm×24mm×0.8mm）。

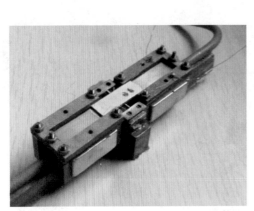

图 8-10　用以电线状态监测的原型机

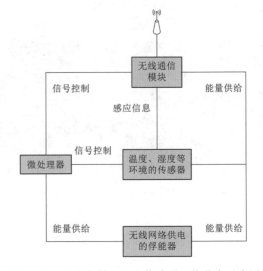

图 8-11　电线自供电无线传感器网络节点示意图

图 8-11 为电线自供电无线传感器网络节点示意图。该节点分别由能量收集器、传感器、微处理器和无线通信模块组成。根据从电缆中收集的电磁和振动能量，能量收集器可以为无线传感器、微处理器和无线通信模块供电。能量存储和释放可以由内部电源管理电路完成。然后，传感器收集信息，如温度、湿度、电流和气象条件。信息通过无线通信模块传输，该模块由微处理器控制。最后，节点发送电力线的状态参数数据，以实现正常的性能。

8.3　微电子设备供电

流致振动型压电俘能器的根本意义在于供电，事实上前述的有关于流致振动型压电俘能器在环境监测、状态监测方面的应用归根结底也是利用流致振动型压电俘能器为微电子设备供电，本节中再次举例了几种利用流致振动型压电俘能器为微电子设备供电的案例。

8.3.1　无线通信模块供电

Cha 等研究了通过压电材料从仿生鱼尾的振动中获得水下能量的可行性，提出并实验验证了一个建模框架来预测水下的尾部振动和相关的压电响应，如图 8-12 所示。尾部被建模为一个具有非均匀物理性质的几何锥形梁，在黏性流体中经历了很大的振幅振动，梁一侧粘贴复合压电材料，在几何锥形梁发生流致振动时带动复合压电材料发生形变产生电能。

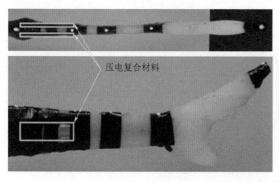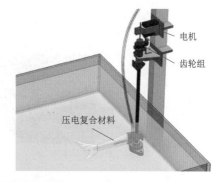

图 8-12 从压电仿生鱼尾中获取能量

这种仿生鱼尾的压电俘能器产生的电能被储存在一个线性器件 EH300A 模块中，如图 8-13 所示。该模块包括一个整流电路和两个 3.3mF 的电容器，总电容为 6.6mF。该储能模块为德州仪器公司的 eZ430-RF2500T 通信单元提供动力，其中包括一个温度传感器。通信单元传输到另一个 eZ430-RF2500T，并通过德州仪器 RF USB 调试接口连接到计算机上。采用 Simplic TI 网络协议进行通信，采用德州仪器 eZ430-RF2500 传感器监测软件监测通信状态和测量温度。

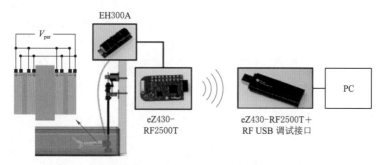

图 8-13 从仿生尾部的波动中为通信设备供电的可能性的试验装置

存储器的电容被预充电到 1.8V，这是通信模块可以工作的最小电压值。接下来，仿生鱼尾的压电俘能器在水下谐振频率下所能维持的最大振幅被激发。具体来说，基底激励为 0.085rad，频率为 1.6Hz。当存储模块的输出电压达到 2.5V 时，通信模块被激活并保持激活。这种仿生鱼尾的压电俘能器运行约 14.7h，向模块充电至 2.5V。图 8-14 显示了存储模块中跨电容的电压、通信日志和发射器处的温度。因此，持续的尾部流致振动使温度传感器读数的无线通信成为可能。具体地说，从 14.7h 的尾部收集的能量是 9.9mJ，根据存储模块中电容器能量的变化估计，这相当于大约 0.18mW 的功率收集。在这个收获的总能量中，8.7mJ 被用来启动通信模块。

8.3.2 无线传感网络供电

无线传感器网络（Wireless Sensor Networks，WSNs）是一项通过无线通信技术把数以万计的传感器节点以自由式进行组织与结合进而形成的网络形式。无线传感器网络所具有的众多类型的传感器，可探测包括地震、电磁、温度、湿度、噪声、光强度、压力、土

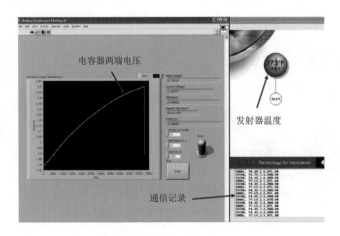

图 8-14　存储模块中电容器的电压，以及传感器监控软件
传输的通信日志和温度

壤成分、移动物体的大小、速度和方向等周边环境中多种多样的现象。潜在的应用领域可以归纳为军事、航空、防爆、救灾、环境、医疗、保健、家居、工业、商业等领域。

　　Tan 等将风致振动型压电俘能器及其相关的功率调节电子电路实现为硬件原型，为射频发射机的负载提供动力。图 8-15 和图 8-16 分别为风致振动型压电俘能器系统的原理图与实物图。功率调节电子电路由一个全二极管桥式整流器、一个功率存储和供电电路和

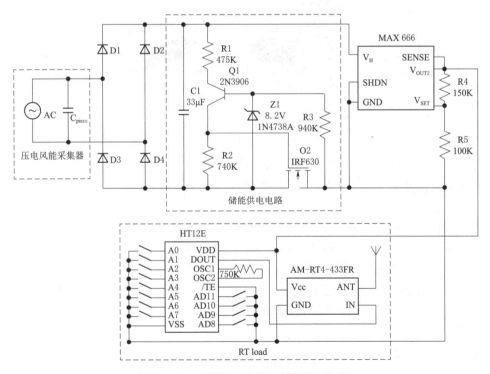

图 8-15　风致振动型压电俘能器原理图

一个线性调节器组成。来自压电元件（即双晶体）的电压在二极管桥式整流器中进行全波整流，然后在电解存储电容器上累积电荷，这些储存的电荷用来作为风速传感器的电源。

　　Zhao 等提出了一种小型化的利用风能的流致振动型压电俘能器，为无线传感器网络供电。该俘能器由一个锆钛酸铅（PZT）悬臂梁和一个柔性板组成，如图 8 - 17 所示。柔性板在低风速下引发飘动，使刚性的 PZT 悬臂梁产生大振幅的振动。在风洞中进行测试，测量了压电风能采集器的临界风速、输出电压和功率。在风速为 10m/s 和 15m/s 时，分别获得了 0.199mW 和 0.666mW 的最大功率。作为一种替代电源，采集器有很大的潜力来取代电池或延长无线传感器网络的寿命。

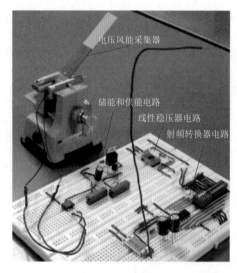

图 8 - 16　风致振动型压电俘能器实物图

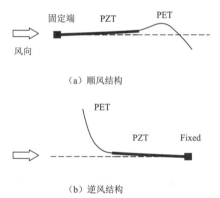

（a）顺风结构

（b）逆风结构

图 8 - 17　为 WSN 供电的颤振式压电俘能器

8.4　本章小结

　　本章列举了流致振动型压电俘能器在环境监测、设备状态监测以及给微电子设备进行供电方面的应用。应用压电俘能器将周围环境中的流致振动能转换为电能供给无线传感设备使得无线传感设备的维护成本大大降低，也极大地扩展了其应用范围，同时又可在一定程度上保护生态环境。将压电俘能器规模化发展，建设小型发电厂，将流致振动能大规模应用，为能源发展提供一种新思路。

参　考　文　献

[1]　Sun W P, Zhao D L, Tan T, et al. Low velocity water flow energy harvesting using vortex induced vibration and galloping [J]. Applied Energy, 2019, 251 (1): 113392.

[2]　Sun W P, Liu C H, Hu S, et al. Enhancing/diminishing piezoelectric energy harvesting by adjusting the attachment height [J]. Ocean Engineering, 2023, 269: 113700.

[3]　Sun W P, Tan T, Yan Z M, et al. Energy harvesting from water flow in open channel with macro fiber composite [J]. AIP Advances, 2018, 8: 095107.

[4]　Zhao D L, Hu X Y, Tan T, et al. Piezoelectric galloping energy harvesting enhanced by topological equivalent aerodynamic design [J]. Energy Conversion and Management, 2020, 222: 113260.

[5]　Zhao D L, Zhou J, Tan T, et al. Hydrokinetic piezoelectric energy harvesting by wake induced vibration [J]. Energy, 2021, 220: 119722.

[6]　Hu S, Zhao D L, Sun W P, et al. Investigation on galloping piezoelectric energy harvester considering the surface roughness in low velocity water flow [J]. Energy, 2023, 262: 125478.

[7]　Shi G W, Tan T, Hu S, et al. Hydrodynamic piezoelectric energy harvesting with topological strong vortex by forced separation [J]. International Journal of Mechanical Sciences, 2022, 223: 107261.

[8]　赵道利, 周捷, 孙维鹏, 等. 低速水流下的驰振式压电俘能器建模与实验研究 [J]. 太阳能学报, 2020, 41 (10): 35 - 42.

[9]　赵道利, 胡新宇, 孙维鹏, 等. 基于驰振的压电能量采集器建模与实验研究 [J]. 振动、测试与诊断, 2020, 40 (3): 437 - 442, 620.

[10]　赵道利, 刘园园, 周捷, 等. 低速水流下不同截面形状质量块压电能量收集器的实验研究 [J]. 固体力学学报, 2019, 40 (5): 417 - 426.

[11]　练继建, 燕翔, 刘昉. 流致振动能量利用的研究现状与展望 [J]. 南水北调与水利科技, 2018, 16 (1): 176 - 188.

[12]　中华文本库. 全球陆地风资源总体介绍 [EB/OL].

[13]　张浩东. 浅谈中国潮汐能发电及其发展前景 [J]. 能源与节能, 2019 (5): 53 - 54.

[14]　王传崑, 施伟勇. 中国海洋能资源的储量及其评价 [C] //中国可再生能源学会海洋能专业委员会第一届学术讨论会文集, 2008: 169 - 179.

[15]　刘美琴, 仲颖, 郑源, 等. 海流能利用技术研究进展与展望 [J]. 可再生能源, 2009, 27 (5): 78 - 81.

[16]　徐志, 马静, 贾金生, 等. 水能资源开发利用程度国际比较 [J]. 水利水电科技进展, 2018, 38 (1): 63 - 67.

[17]　张庆新, 林凯, 高云红, 等. 新型振动能量采集系统的设计与性能测试 [J]. 压电与声光, 2018, 40 (2): 215 - 219.

[18]　杜小振, 张龙波, 于红, 等. 自供能传感器能量采集技术的研究现状 [J]. 微纳电子技术, 2018, 55 (4): 265 - 275.

[19]　沈钦龙. PZN - PNN - PZT 压电陶瓷材料在能量采集装置中应用 [D]. 南京: 南京航空航天大学, 2015.

[20]　栾桂冬, 张金铎, 王仁乾. 压电换能器和换能器阵 (修订版) [M]. 北京: 北京大学出版

社，2005.

[21] Matiko J W，Grabham N J，Beeby S P，et al. Review of the application of energy harvesting in buildings [J]. Measurement Science & Technology，2014，25 (1)：012002 - [25pp].

[22] Hartung C，Han R，Seielstad C，et al. FireWxNet：A Multi - tiered portable wireless system for monitoring weather conditions in wildland fire environments [C]. International Conference on Mobile Systems，DBLP，2006.

[23] Dagdeviren C，Yang B D，Su Y，et al. Conformal piezoelectric energy harvesting and storage from motions of the heart，lung，and diaphragm [J]. Proceedings of the National Academy of Sciences of the United States of America，2014，111 (5)：1927.

[24] Ullah S，Higgins H，Braem B，et al. A Comprehensive Survey of Wireless Body Area Networks [J]. Journal of Medical Systems，2012，36 (3)：1065 - 1094.

[25] Anton S R，Sodano H A. A review of power harvesting using piezoelectric materials (2003 - 2006) [J]. Smart Materials and Structures，2007，16 (3)：R1 - R21.

[26] Mitcheson P，Yeatman E，Rao G，et al. Energy harvesting from human and machine motion for wireless electronic devices [J]. Proceedings of the IEEE，2008，96 (9)：1457 - 1486.

[27] 杨淑，董维杰，王大志，等. 全叉指电极 d33 模式压电悬臂梁俘能器研究 [J]. 传感器与微系统，2015，34 (11)：52 - 55.

[28] Feng C C. The measurement of vortex - induced effects on flow past stationary and oscillating circular D - section cylinders [D]. Kelowna：University of British Columbia，1968.

[29] Sarpkaya T. Fluid forces on oscillating cylinders [J]. Journal of Waterway Port Coast al and Ocean Division ASCE，1978，104：275 - 290

[30] Moe G，Wu Z J. The lift force on a cylinder vibrating in a current [J]. ASCE Journal of Off shore Mechanics and Arctic Engineering，1990，112：297 - 303.

[31] Gopalkrishnan R. Vortex induced forces on oscillating bluff cylinders [D]. USA：Massachusetts Institute of Technology，1993.

[32] Khalak A，Williamson C H K. Dynamics of a hydroelastic cylinder with very low mass and damping [J]. Journal of Fluids and Structures，1996，10：455 - 472.

[33] Khalak A，Williamson C H K. Motions，forces and mode transitions in vort ex - induced vibrations at low mass - damping [J]. Journal of Fluids and Structures，1999，13：813 - 851.

[34] Govardhan R，Williamson C H K. Modes of vortex formation and frequency response of a freely vibrating cylinder [J]. Journal of Fluid Mechanics，2000，420：85 - 130.

[35] Williamson C H K. Resonance forever：existence of a critical mass and an infinite regime of synchronization in vortex - induced vibration [J]. Journal of Fluid Mechanics，2002，473：147 - 166.

[36] Williamson C H K，Govardhan R. Vortex - induced vibration [J]. Annual Review of Fluid Mechanics，2004，36 (1)：413 - 455.

[37] 余建星，孙凡，傅明炀，等. 海底管线涡激振动响应动力特性 [J]. 天津大学学报，2009，42 (1)：1 - 5.

[38] 姚宗，陈刚，杨建民，等. 流速分层流场中细长柔性立管涡激振动试验研究 [J]. 上海交通大学学报，2009，43 (8)：1273 - 1283.

[39] 陈伟民，郑仲钦，张立武，等. 内波致剪切流作用下深海立管的涡激振动 [J]. 工程力学，2011，28 (12)：250 - 256.

[40] 黄维平，曹静，张恩勇，等. 大柔性圆柱体两自由度涡激振动试验研究 [J]. 力学学报，2011，43 (2)：436 - 440.

[41] 唐国强，吕林，滕斌，等. 大长细比柔性杆件涡激振动实验 [J]. 海洋工程，2011，29 (1)：

18 - 25.

[42] 杨兵，高福平，吴应湘. 单向水流作用下近壁管道横向涡激振动实验研究 [J]. 中国海上油气，2006，18 (1)：52 - 57.

[43] Bishop R E D，Hassan A Y. The lift and drag forces on a circular cylinder in a flowing fluid [J]. Proceedings of the Royal Society A：Mathematical，Physical and Engineering Sciences，1964，277 (1368)：32 - 50.

[44] Skop R A，Grifin O M. A model for the vortex - excited response of bluff cylinders [J]. Journal of Sound and Vibration，1973，27：225 - 233.

[45] Skop R A，Grifin O M. On a theory for the vortex - excited oscillations of flexible cylindrical structures [J]. Journal of Sound and Vibration，1975，41：263 - 274.

[46] Hartlen R T，Currie I G. Lift oscillation model for vortex - induced vibration [J]. Engineering Mechanics，1970，96：577 - 591.

[47] Wan W D，Blevins R. A model for vortex - induced oscillations of structures [J]. Journal of Applied Mechanics，1974，41 (3)：581 - 586.

[48] Iwan W D. The vortex induced oscillation of no uniform structure systems [J]. Journal of Sound and Vibration，1981，79 (2)：291 - 301.

[49] Kim W J，Perkins N C. Two - dimensional vortex - induced vibration of cable suspensions [J]. Journal of Fluids and Structures，2002，16：229 - 245.

[50] Facchinetti M L，DE Langer E，Biolle F. Coupling of structure and wake oscillators in vortex - induced vibrations [J]. Jounral of Fluids and Structures，2004，19：123 - 140.

[51] Guo H Y，Wang S Q. Dynamic characeristics of marine risers conveying fluid [J]. China Ocean Engineering，2000，14 (2)：153 - 160.

[52] Guo H Y，Wang Y B，Fu Q. The effect of internal fluid on the response of vortex - induced vibration of marine risers [J]. China Ocean Engineering，2004，18 (1)：11 - 20.

[53] 郭海燕，王树青，刘德辅. 海洋环境载荷下输液立管的动、静特性研究 [J]. 青岛海洋大学学报，2001，31 (4)：605 - 611.

[54] Facchinetti M L，Langre E de. Coupling of structure and wake oscillators in vortex - induced vibrations [J]. Journal of Fluids and Structures，2004，1：116 - 133.

[55] Farshidianfar A，Zanganeh H. A modified wake oscillator model for vortex - induced vibration of circular cylinders for a wide range of mass - damping ratio [J]. Journal of Fluids and Structures，2010，26 (3)：430 - 441.

[56] 薛鸿祥，唐文勇，张圣坤. 非均匀来流下深海立管涡激振动响应研究 [J]. 振动与冲击，2007，26 (12)：10 - 13.

[57] 黄旭东，张海，王雪松等. 海洋立管涡激振动的研究现状、热点与展望 [J]. 海洋学研究，2009，27 (4)：95 - 99.

[58] Schulz K，Kallinderis Y. Unsteady flow structure interaction for incompressible flows using deformable hybrid grids [J]. Journal of Computational Physics，1998，143：569 - 597.

[59] Guo T，Chew Y T，Luo S C，et al. A new numerical simulation method of high Reynolds number flow around a cylinder [J]. Computer Methods in Applied Mechanics and Engineering，1998，158 (3 - 4)：357 - 366.

[60] 何长江，段忠东. 二维圆柱涡激动振动的数值模拟 [J]. 海洋工程，2008，26 (1)：57 - 63.

[61] 徐枫，欧进萍. 方柱非定常绕流及涡激振动的数值模拟 [J]. 东南大学学报，2005，35 增刊 (1)：35 - 39.

[62] 黄维平，刘娟，唐世振. 考虑流固耦合的大柔性圆柱体涡激振动非线性时域模 [J]. 型振动与冲

击，2012，31（9）：140－143.

［63］ 赵鹏良，王嘉松，蒋世全，等. 海洋立管涡激振动的流固耦合模拟计算［J］. 海洋技术，2010，29（3）：73－77.

［64］ DEN Hartog J P. Mechanical Vibrations（Fourth Edition）［M］. New York：Mc Graw－Hill Book Company，1956.

［65］ Parkinson G V，Brooks N P H. On the aeroelastic instability of bluff cylinders［J］. Journal of applied mechanics，1961，28（2）：252－258.

［66］ Parkinson G V，Smith J D. The square prism as an aeroelastic non－linear oscillator［J］. The Quarterly Journal of Mechanics and Applied Mathematics，1964，17（2）：225－239.

［67］ Bearman P W，Gartshore I S，Maull D J，et al. Experiments on flow－induced vibration of a square－section cylinder［J］. Journal of Fluids and Structures，1987，1（1）：19－34.

［68］ Nemes A，Zhao J，Lo Jacono D，Sheridan J. The interaction between flow induced vibration mechanisms of a square cylinder with varying angles of attack［J］. Journal of Fluid Mechanics，2012，710：102－30.

［69］ Zhao J，Leontini J S，Jacono D L，et al. Fluid－structure interaction of a square cylinder at different angles of attack［J］. Journal of Fluid Mechanics，2014，747：688－721.

［70］ 徐枫，欧进萍，肖仪清. 不同截面形状柱体流致振动的 CFD 数值模拟［J］. 工程力学，2009，26（4）：7－15.

［71］ 丁林，张力，姜德义. 高雷诺数范围内不同形状柱体流致振动特性研究［J］. 振动与冲击，2015，12：176－181.

［72］ 张军，练继建，刘昉，等. 正三棱柱流致振动试验研究［J］. 振动与冲击，2016，35（20）：17－23.

［73］ 严波，蔡萌琦，吕欣，等. 四分裂导线尾流驰振数值模拟研究［J］. 振动与冲击，34（1）：182－189.

［74］ Inman D J. Piezoelectric energy harvesting［M］. Wiley，2011.

［75］ Erturk A，Inman D J. Piezoelectric energy harvesting［J］. John Wiley and Sons，2011，130（4）：041002．

［76］ Mitcheson P D，Miao P，Stark B H，et al. MEMS electrostatic micropower generator for low frequency operation［J］. Sensors & Actuators A Physical，2004，115（2）：523－529.

［77］ Saadon S，Sidek O. A review of vibration－based MEMS piezoelectric energy harvesters［J］. Energy Conversion and Management，2011，52（1）：500－504.

［78］ Williams C B，Shearwood C，Harradine M A，et al. Development of an electromagnetic micro－generator［J］. IEE Proceedings－Circuits，Devices and Systems，2001，148（6）：337－342.

［79］ Bernitsas M，Raghavan K，Ben－Simon Y，et al. VIVACE（Vortex Induced Vibration Aquatic Clean Energy）：A New Concept in Generation of Clean and Renewable Energy From Fluid Flow［C］. 25th International Conference on Offshore Mechanics and Arctic Engineering，2006.

［80］ Liang C W，Ai J X，Zuo L. Design，fabrication，simulation and testing of an ocean wave energy converter with mechanical motion rectifier［J］. Ocean Engineering，2017，136：190－200.

［81］ Wang D A，Chiu C Y，Pham H T. Electromagnetic energy harvesting from vibrations induced by Kármán vortex street［J］. Mechatronics，2012，22（6）：746－756.

［82］ 袁秋洁. 基于压电材料的振动能量收集理论及其结构分析［D］. 北京：华北电力大学，2010.

［83］ 邹玉炜，黄学良，谭林林. 悬臂梁压电发电机的基频谐振频率与功率［J］. 东南大学学报（自然科学版），2011，41（6）：1177－1181.

［84］ Priya S. Advances in energy harvesting using low profile piezoelectric transducers［J］. Journal of

Electroceramics，2007，19（1）：167－184.

［85］ Erturk A，Inman D J. Piezoelectric energy harvesting［J］. John Wiley and Sons，2011，130（4）：041002 .

［86］ Barrero－Gil A，Alonso G，Sanz－Andres A. Energy harvesting from transverse galloping［J］. Journal of Sound and Vibration，2010，329：2873－2883.

［87］ Sirohi J，Mahadik R J. Piezoelectric wind energy harvester for low－power sensors［J］. Journal of Intelligent Material Systems & Structures，2011，22：2215－28.

［88］ Sirohi J，Mahadik R J. Harvesting wind energy using a galloping piezoelectric beam［J］. Journal of Vibration and Acoustics，2012，134：011009.

［89］ Kwuimy C K，Litak G，Borowiec M，Nataraj C. Performance of a piezoelectric energy harvester driven by air flow［J］. Applied Physics Letters，2012，100：024103.

［90］ Erturk A，Inman D J. A distributed parameter electromechanical model for cantilevered piezoelectric energy harvesters［J］. Journal of Vibration and Acoustics，2008，130（4）：041002.

［91］ Patel R，McWilliam S，Popov A A. A geometric parameter study of piezoelectric coverage on a rectangular cantilever energy harvester［J］. Smart Materials and Structures，2011，20：085004.

［92］ Zhu M，Worthington E，Tiwari A. Design study of piezoelectric energy－harvesting devices for generation of higher electrical power using a coupled piezoelectric－circuit finite element method［J］. IEEE Transactions on Ultrasonics，Ferroelectrics，and Frequency Control，2010，57：427－437.

［93］ Ben Ayed S，Abdelkefi A，Najar F，et al. Design and performance of variable－shaped piezoelectric energy harvesters［J］. Journal of Intelligent Material Systems and Structures，2014，25：174－186.

［94］ Muthalif A G A，Nordin N H D. Optimal piezoelectric beam shape for single and broadband vibration energy harvesting：modeling，simulation and experimental results［J］. Mechanical Systems and Signal Processing，2015，54－55：417－426.

［95］ Abdelkefi A，Yan Z，Hajj M R. Modeling and nonlinear analysis of piezoelectric energy harvesting from transverse galloping［J］. Smart Materials & Structures，2013，22（2）：026016.

［96］ Abdelkefi A，Yan Z，Hajj M R. Performance analysis of galloping－based piezoaeroelastic energy harvesters with different cross－section geometries［J］. Journal of Intelligent Material Systems & Structures，2014，25（2）：246－256.

［97］ Yan Z，Abdelkefi A，Hajj M R. Piezoelectric energy harvesting from hybrid vibrations［J］. Smart Materials & Structures，2014，23（2）：025026.

［98］ Yan Z，Abdelkefi A. Nonlinear characterization of concurrent energy harvesting from galloping and base excitations［J］. Nonlinear Dynamics，2014，77（4）：1171－1189.

［99］ Bibo A，Abdelkefi A，Daqaq M F. Modeling and characterization of a piezoelectric energy harvester under combined aerodynamic and base excitations［J］. Journal of Vibration and Acoustics，2015，137（3）：031017.

［100］ 宋汝君，单小彪，李晋哲，等. 压电俘能器涡激振动俘能的建模与实验研究［J］. 西安交通大学学报，2016，50（2）：55－60.

［101］ 宋汝君，单小彪，范梦龙，等. 涡激振动型水力复摆式压电俘能器的仿真与实验研究［J］. 振动与冲击，2017，36（19）：78－83，118.

［102］ 曹旸，陈仁文. 基于风致振动机理的微型压电风能采集器［J］. 压电与声光，2016，38（4）：558－561.

［103］ 贺学锋，齐睿，程耀庆，等. 风致振动能量采集器驱动的无线风速传感器［J］. 振动工程学报，

2017，30（2）：290－296.

[104] 张敏，刘永臻，杨敬东，等. 内置压电臂流致振动能量俘能研究 [J]. 科学技术与工程，2017，17（25）：181－185.

[105] 张敏，张鸿鑫，刘永臻，等. 内置压电悬臂梁流致振动能量俘能实验研究 [J]. 重庆交通大学学报（自然科学版），2018，37（12）：133－137.

[106] 刘博. 柔性压电振子水下俘能特性研究 [D]. 哈尔滨：哈尔滨工业大学，2014.

[107] 白泉，魏克湘，钱学朋，等. 圆柱形压电能量俘能装置的设计与实验研究 [J]. 湖南工程学院学报，2016，26（2）：19－23.

[108] 杨敬东，刘永臻，张敏，等. 涡激振动能量俘能的理论建模与实验验证 [J]. 重庆交通大学学报（自然科学版），2017，36（9）：104－107.

[109] 阚君武，唐可洪，王淑云，等. 压电悬臂梁发电装置的建模与仿真分析 [J]. 光学精密工程，2008，16（1）：71－75.

[110] 王宏金，孟庆丰. 压电振动俘能器的等效电路建模分析与实验验证 [J]. 西安交通大学学报，2013，47（10）：75－80.

[111] 蒋树农，郭少华，李显方. 单压电片悬臂梁式压电俘能器效能分析 [J]. 振动与冲击，2012，（19）：90－94.

[112] 严波，刘小会，胡景，等. 覆冰四分裂导线节段模型驰振风洞模拟试验 [J]. 空气动力学学报，2014，32（1）：109－115.

[113] 崔岩，王飞，董维杰，等. 非线性压电式能量采集器 [J]. 光学精密工程，2012，20（12）：2737－2743.

[114] 曹东兴，马鸿博，张伟. 附磁压电悬臂梁流致振动俘能特性分析 [J]. 力学学报，2019：1－7.

[115] Tan T，Yan Z，Hajj M R. Electromechanical decoupled model for cantilever－beam piezoelectric energy harvesters [J]. Applied Physics Letters，2016，109（10）：101908.

[116] Tan T，Yan Z. Analytical solution and optimal design for galloping－based piezoelectric energy harvesters [J]. Applied Physics Letters，2016，109（25）：253902.

[117] Taylor G W，Burns J R，Kammann S M，et al. The Energy Harvesting Eel：a small subsurface ocean/river power generator [J]. IEEE Journal of Oceanic Engineering，2001，26（4）：539－547.

[118] Viet N V，Xie X D，Liew K M，et al. Energy harvesting from ocean waves by a floating energy harvester [J]. Energy，2016，112（1）：1219－1226.

[119] Perelli A，Leoncini D A，Sandroni G，et al. Design and performance analysis of the mechanical structure of a piezoelectric generator by Von Karman vortexes for underwater energy harvesting [C]. Oceans，IEEE，2013：1－8.

[120] Shan X B，Song R J，Liu B，et al. Novel energy harvesting：A macro fiber composite piezoelectric energy harvester in the water vortex [J]. Ceramics International，2015，44（1）：S763－S767.

[121] Chen X，Xu S，Yao N，et al. 1.6V Nanogenerator for Mechanical Energy Harvesting Using Pzt Nanofibers [J]. Nano Letters，2010，10（6）：2133－2137.

[122] Zhao J C，Zhang H，Su F，et al. A Novel Model of Piezoelectric－Electromagnetic Hybrid Energy Harvester Based on Vortex－induced Vibration [C]. International Conference on Green Energy and Applications，IEEE，2017.

[123] Qureshi F U，Muhtaroglu A，Tuncay K. Near－Optimal Design of Scalable Energy Harvester for Underwater Pipeline Monitoring Applications With Consideration of Impact to Pipeline Performance [J]. IEEE Sensors Journal，2017，17（7）：1981－1991.

[124] Song R J，Shan X B，Lv F C，et al. A study of vortex－induced energy harvesting from water using PZT piezoelectric cantilever with cylindrical extension [J]. Ceramics International，2015，41：

S768 – S773.

[125] 黄如宝，牛衍亮，赵鸿铎，等. 道路压电能量俘能技术途径与研究展望 [J]. 中国公路学报，2012，25（6）：1 – 8.

[126] 贺学锋，杜志刚，赵兴强，等. 悬臂梁式压电振动能采集器的建模及实验验证 [J]. 光学精密工程，2011，19（8）：1771 – 1778.

[127] 王志华，陈东洋，姚涛，等. 基于 PZT 悬臂梁的按压能量采集技术研究 [J]. 电源技术与应用，2018，44（10）：158 – 161.

[128] 刘宽，武文华，周文雅，等. 基于 MFC 的结构静态形状控制研究 [J]. 应用力学学报，2018，35（3）：571 – 576.

[129] 刘昉，姜凯，燕翔，等. 串列条件下静止圆柱对振动圆柱的流致振动影响试验研究 [J]. 水利水电技术，2018，49（4）：76 – 81.

[130] 张军. 正三棱柱流致振动和能量转化试验研究 [D]. 天津：天津大学，2015.

[131] Meirovitch L. Fundamentals of Vibration [M]. New York：McGraw Hill，2011.

[132] Yan Z，Hajj M R. Energy harvesting from an autoparametric vibration absorber [J]. Smart Materials and Structures，2015，24：115012.

[133] Erturk A，Inman D J. An experimentally validated bimorph cantilever model for piezoelectric energy harvesting from base excitations [J]. Smart Materials and Structures，2009，18：025009.

[134] Tan T，Yan Z. Electromechanical decoupled model for cantilever – beam piezoelectric energy harvesters with inductive – resistive circuits and its application in galloping mode [J]. Smart Materials and Structures，2017，26：035062.

[135] Guckenheimer J，Holmes P. Nonlinear oscillations，dynamical systems，and bifurcations of vector fields [M]. Salisbury，England：Composition House Ltd，2013.

[136] Hassard B D，Kazarinoff N D，Wan Y H. Theory and application of Hopf bifurcation [M]. Cambridge University Press，1981.

[137] Nickalls R W D. Descartes and the Cubic Equation [J]. The Mathematical Gazette，2016，90（518）：203 – 208.

[138] Hoopes J A，Anderson M W. Journal of the Hydraulics Division [M]. American Society of Civil Engineers，1900.

[139] Munson B R，Young D F，Okiishi T H，et al. Fundamentals of Fluid Mechanics [M]. John Wiley and Sons，Inc.，2013.

[140] Wang X Q，So R M C，Xie W C，et al. Free – stream turbulence effects on vortex – induced vibration of two side – by – side elastic cylinders [M]. Journal of Fluids and Structures，2008，24（5）：664 – 679.

[141] Daniels S，Castro I P，Xie Z T. Numerical analysis of freestream turbulence effects on the vortex – induced vibrations of a rectangular cylinder [J]. Journal of Wind Engineering and Industrial Aerodynamics，2016，153：13 – 25.

[142] Païdoussis M P，Price S J，E de Langre. Fluid – Structure Interactions：Cross – Flow – Induced Instabilities [M]. Cambridge：Cambridge University Press，2011.

[143] Corless R M，Parkinson G V. A model of the combined effects of vortex – induced oscillation and galloping [J]. Journal of Fluids and Structures，1988，2（3）：203 – 220.

[144] Farshidianfar A，Dolatabadi N. Modified higher – order wake oscillator model for vortex – induced vibration of circular cylinders [J]. Acta Mechanica，2013，224（7）：1441 – 1456.

[145] Abdelkefi A，Barsallo N. Comparative modeling of low – frequency piezomagnetoelastic energy harvesters [J]. Journal of Intelligent Material Systems and Structures，2014，25（14）：1771 – 1785.

[146] Paidoussis M P, Price S J, E de Langre. Fluid – structure snteraction: cross – flow – induced insta-bility [M]. Cambridge: Cambridge University Press, 2011.

[147] Huynh B H, Tjahjowidodo T, Zhong Z W, et al. Design and experiment of controlled bistable vor-tex induced vibration energy harvesting systems operating in chaotic regions [J]. Mechanical Sys-tems and Signal Processing, 2018, 98: 1097 – 1115.

[148] Murrin D C. A three – dimensional simulation of vortex induced vibrations (VIV) on marine risers at high Reynolds number using com. Experimental investigation of Reynolds number effect on vor-tex induced vibration of rigid circular cylinder on elastic supports [J]. Ocean Engineering, 2011, 38 (5 – 6): 719 – 731.

[149] Raghavan K, Bernitsas M M. Experimental investigation of Reynolds number effect on vortex in-duced vibration of rigid circular cylinder on elastic supports [J]. Ocean Engineering, 2011, 38: 719 – 731.

[150] Jiang X, Zhang H, Jing A. Effect of blockage ratio on critical velocity in tunnel model fire tests [J]. Tunnelling and Underground Space Technology, 2018, 82: 584 – 91.

[151] 高海霞. 表面粗糙度测量方法综述 [J]. 现代制造技术与装备, 2021, 57 (9): 145 – 146.

[152] Myers NO. Characterization of surface roughness [J]. Wear, 1962, 5 (3): 182 – 189.

[153] 章刚, 刘军, 刘永寿, 等. 表面粗糙度对表面应力集中系数和疲劳寿命影响分析 [J]. 机械强度, 2010, 32 (1): 110 – 115.

[154] Yang C, Tartaglino U, Persson BNJ. Influence of surface roughness on superhydrophobicity [J]. Physical review letters, 2006, 97 (11): 116103.

[155] 笑梅, 郭天文, 周中华, 等. 表面粗糙度对铸造纯钛表面细菌粘附影响的临床研究 [J]. 中华口腔医学杂志, 2001 (4): 52 – 54, 85.

[156] 包能胜, 霍福鹏, 叶枝全, 等. 表面粗糙度对风力机翼型性能的影响 [J]. 太阳能学报, 2005 (4): 458 – 462.

[157] Zhang H, Meng F, Chen Z. A numerical investigation of the effect on airfoil lift – drag ratio of lo-cally enhanced surface roughness [J]. Wind Engineering, 1998: 143 – 148.

[158] 张程宾, 陈永平, 施明恒, 等. 表面粗糙度的分形特征及其对微通道内层流流动的影响 [J]. 物理学报, 2009, 58 (10): 7050 – 7056.

[159] 产品几何技术规范 (GPS) 表面结构 轮廓法 表面粗糙度参数及其数值: GB/T 1031—2009 [S]. 北京: 中国标准出版社, 2009.

[160] Zdravkovich M M. The effects of interference between circular cylinders in cross flow [J]. Journal of Fluids and Structures, 1987, 1 (2): 239 – 261.

[161] Williamson C H K. Evolution of a single wake behind a pair of bluff bodies [J]. Journal of Fluid Mechanics, 1985, 159: 1 – 18.

[162] Sumner D, Price S J, Paidoussis M P. Tandem cylinders in impulsively started flow [J]. Journal of Fluids and Structures, 1999, 13 (7 – 8): 955 – 965.

[163] Gu Z F, Sun T F. On interference between two circular cylinders in staggered arrangement at high subcritical Reynolds numbers [J]. Journal of Wind Engineering and Industrial Aerodynamics, 1999, 80 (3): 287 – 309.

[164] Sumner D. Two circular cylinders in cross – flow: A review [J]. Journal of Fluids and Structures, 2010, 26 (6): 849 – 899.

[165] Bokaian A, Geoola F. Wake displacement as cause of lift force on cylinder pair [J]. Journal of En-gineering Mechanics, 1985, 111: 92 – 99.

[166] Kiya M, Arie M, Tamura H. Vortex shedding from two circular cylinders in staggered arrange-

ment [J]. Journal of Fluids Engineering, 1980, 102: 166 - 173.

[167] Igarashi T. Characteristics of the flow around two circular cylinders arranged in tandem: 1st report [J]. JSME International Journal Series B, 1981, 24 (188): 323 - 331.

[168] Igarashi T. Characteristics of the flow around two circular cylinders arranged in tandem: 2nd report, unique flow phenomenon at small spacing [J]. Bulletin of JSME, 1984, 29 (249): 751 - 757.

[169] Xu G, Zhou Y. Strouhal numbers in the wake of two inline cylinders [J]. Experiments in Fluids, 2004, 37: 248 - 256.

[170] Zhou Y, Yiu M W. Flow structure, momentum and heat transport in a two - tandem - cylinder wake [J]. Journal of Fluid Mechanics, 2006, 548: 17 - 48.

[171] Carmo B S, Meneghini J R, Sherwin S J. Possible states in the flow around two circular cylinders in tandem with separations in the vicinity of the drag inversion spacing [J]. Physics of Fluids, 2010, 22: 054101.

[172] Carmo B S, Meneghini J R, Sherwin S J. Secondary instabilities in the flow around two circular cylinders in tandem [J]. Journal of Fluid Mechanics, 2010, 644: 395 - 431.

[173] King R, Johns D J. Wake interaction experiments with two flexible circular cylinders in flowing water [J]. Journal of Sound and Vibration, 1976, 45 (2): 259 - 283.

[174] Brika D, Laneville A. The flow interaction between a stationary cylinder and a downstream flexible cylinder [J]. Journal of Fluids and Structures, 1999, 13 (5): 579 - 606.

[175] Assi G R S, Meneghini J R, Aranha. Experimental investigation of flow - induced vibration interference between two circular cylinders [J]. Journal of Fluids and Structures, 2006, 22 (6 - 7): 819 - 827.

[176] Assi G R S, Bearman P W, Meneghini J R. On the wake - induced vibration of tandem circular cylinders: the vortex interaction excitation mechanism [J]. Journal of Fluid Mechanics, 2010, 661: 365 - 401.

[177] 刘松, 符松. 串列双圆柱绕流问题的数值模拟 [J]. 计算力学学报, 2000 (3): 260 - 266.

[178] 贾晓荷. 单圆柱及双圆柱绕流的大涡模拟 [D]. 上海: 上海交通大学, 2008.

[179] Nguyen V T, Chan W H R, Nguyen H H. Numerical investigation of wake induced vibrations of cylinders in tandem arrangement at subcritical Reynolds numbers [J]. Ocean Engineering, 2018, 154: 341 - 356.

[180] Mysa R C, Kaboudian A, Jaiman R K. On the origin of wake - induced vibration in two tandem circular cylinders at low Reynolds number [J]. Journal of Fluid and Structures, 2016, 61: 76 - 98.

[181] Wang H K, Yang W Y, Nguyen K D. Wake - induced vibrations of an elastically mounted cylinder located downstream of a stationary larger cylinder at low Reynolds numbers [J]. Journal of Fluid and Structures, 2014, 50: 479 - 496.